中文版

AutoCAD 2018
从入门到精通

麓山文化编著

机械工业出版社
CHINA MACHINE PRESS

本书分为4篇,第1篇为基础篇,介绍了Auto CAD 2018入门、坐标系与辅助绘图工具、二维图形的绘制、二维图形的编辑、创建图形标注等内容;第2篇为精通篇,分别介绍了创建文字和表格、图层与图形特性、图块与外部参照、打印出图和输出等内容;第3篇为综合实例篇,分别介绍了机械设计与绘图、建筑设计与绘图、园林设计与绘图、室内设计与绘图、电气设计与绘图和产品造型设计与绘图等内容;第4篇为三维篇,主要介绍如何使用Auto CAD进行三维建模的相关工作。

本书选用了大量的案例,叙述清晰,内容实用,每个知识点都配有专门的案例,一些重点章节还安排了跟踪练习环节,共包含6大应用领域、180个案例、近900分钟的高清视频教案,使读者能够在实际操作中加深对知识的理解和掌握。每个练习和实例都取材于建筑、室内、机械和园林景观中的实际图形,使广大读者在学习Auto CAD的同时,能够了解和熟悉不同领域的专业知识和绘图规范。

本书定位于Auto CAD初、中级用户,可作为广大Auto CAD初学者和爱好者学习Auto CAD的专业指导教材。对广大专业技术人员来说也是一本不可多得的参考手册。

图书在版编目(CIP)数据

中文版AutoCAD 2018从入门到精通/麓山文化
编著. —5版. —北京:机械工业出版社,2018.3
ISBN 978-7-111-59611-0

Ⅰ. ①中… Ⅱ. ①麓… Ⅲ. ①Auto CAD 软件 Ⅳ. ①TP391.72
中国版本图书馆CIP数据核字(2018)第065936号

机械工业出版社(北京市百万庄大街22号 邮政编码100037)
责任编辑:曲彩云 责任校对:刘秀华 责任印制:常天培
北京铭成印刷有限公司印刷
2018年6月第5版第1次印刷
184mm×260mm · 21 印张 · 484 千字
0001—3000 册
标准书号:ISBN 978-7-111-59611-0
定价:69.00元

关于AutoCAD

AutoCAD是美国Autodesk公司开发的专门用于计算机绘图和设计工作的软件。自20世纪80年代AutoCAD公司推出AutoCAD R1.0以来，由于其具有简便易学、精确高效等优点，一直深受广大工程设计人员的青睐。迄今为止，AutoCAD历经了十余次的扩充与完善，最新的AutoCAD 2018中文版极大地提高了二维制图功能的易用性和三维建模功能。

本书内容

本书首先从易到难、由浅及深地介绍了AutoCAD软件各方面的基本操作，然后结合室内、建筑、园林景观等实际案例，深入讲解了AutoCAD在各设计行业的应用方法和技巧，最后介绍了AutoCAD与V-Ray渲染器结合，进行渲染输出的技巧。

本书分 4篇共19章，具体内容安排如下：

第1篇为基础篇，内容包括第1–5章。

第1章为"AutoCAD 2018 入门"，主要介绍AutoCAD软件的功能特点，以及软件的基本界面与操作。

第2章为"坐标系与辅助绘图工具"，主要介绍AutoCAD中的坐标系，以及一些常用的辅助绘图工具，使读者掌握软件最常用的图形绘制方法，快速上手。

第3章为"二维图形的绘制"，主要介绍AutoCAD中二维制图的一些主要工具，使读者进一步掌握AutoCAD的绘制方法。

第4章为"二维图形的编辑"，主要介绍AutoCAD中与二维制图有关的一系列编辑命令，使读者掌握对图样进行修改的方法。

第5章为"创建图形标注"，主要介绍AutoCAD中各种标注、注释工具的使用方法。

掌握第1篇的知识后读者可以具备初步的软件应用能力，如下图所示。

零件图　　　　斐波那契螺旋线　　　　地板装饰图案　　　　尺寸标注

第2篇为精通篇，内容包括第6–9章。

第6章为"创建文字和表格"，主要介绍AutoCAD文字与表格工具的使用方法。

第7章为"图层与图形特性"，主要介绍图层的概念以及AutoCAD中图层的使用与控制方法。

第8章为"图块与外部参照"，主要介绍图块的概念以及AutoCAD中图块的创建和使用方法。

第9章为"打印出图和输出"，主要介绍AutoCAD各种打印设置与控制打印输出的方法。

掌握第2篇的知识后读者可以具备一定的软件编辑能力，如下图所示。

图形的注释

批量输出PDF文件

第3篇为综合实例篇，内容包括第10-15章。

第10章为"机械设计与绘图"，介绍机械设计的相关标准与设计案例。

第11章为"建筑设计与绘图"，介绍建筑设计的相关标准与设计案例。

第12章为"园林设计与绘图"，介绍园林设计的相关标准与设计案例。

第13章为"室内设计与绘图"，介绍室内设计的相关标准与设计案例。

第14章为"电气设计与绘图"，介绍电气设计的相关标准与设计案例。

第15章为"产品造型设计及绘图"，介绍三维造型设计的相关方法与设计案例。

掌握第3篇的知识后读者可以具备较强的出图自审能力，如下图所示。

机械装配图

建筑剖面图

第4篇为三维篇，内容包括第16-19章。

第16章为"三维绘图基础"，介绍AutoCAD中建模的基本概念以及建模界面和简单操作。

第17章为"创建三维实体和曲面"，介绍AutoCAD中三维实体和三维曲面的建模方法。

第18章为"三维模型的编辑"，介绍AutoCAD中各种模型编辑修改工具的使用方法。

第19章为"三维渲染"，介绍AutoCAD中模型的渲染步骤与各相关命令的含义及操作方法。

掌握第四篇的知识后读者可以具备一定的三维建模能力，如下图所示。

钻石造型

饮料瓶渲染

本书配套资源

本书物超所值，随书附赠以下资源，扫描"资源下载"二维码即可获得下载方式。

配套教学视频：配套180集高清语音教学视频，总时长近900分钟。读者可以先通过教学视频学习本书内容，然后对照本书加以实践和练习，以提高学习效率。

本书案例的文件和完成素材：书中所有案例均提供了源文件和素材，读者可以使用AutoCAD 2018打开或访问。

书中第12~19章的内容均以高清的PDF文档给出，排版形式与书中正文一致，读者可以下载到计算机或手机等电子设备上进行阅读。

资源下载

本书作者

本书由麓山文化编著，参加编写的有：陈志民、江凡、张洁、马梅桂、戴京京、骆天、胡丹、陈运炳、申玉秀、李红萍、李红艺、李红术、陈云香、陈文香、陈军云、彭斌全、林小群、刘清平、钟睦、刘里锋、朱海涛、廖博、喻文明、易盛、陈晶、张绍华、黄柯、何凯、黄华、陈文轶、杨少波、杨芳、刘有良、刘珊、赵祖欣、毛琼健、宋瑾等。

由于作者水平有限，书中不足、疏漏之处在所难免。在感谢您选择本书的同时，也希望您能够把对本书的意见和建议告诉我们。

读者服务邮箱：lushanbook@qq.com

读者QQ群：327209040

读者交流

麓山文化

CONTENTS

目录
前言

第3章 ≫ 二维图形的绘制

第4章 ≫ 二维图形的编辑

第6章 ≫ 创建文字和表格

第7章 ≫ 图层与图形特性

第8章 ≫ 图块与外部参照

第9章 ≫ 打印出图和输出

第10章 ≫ 机械设计与绘图

第11章 ≫ 建筑设计与绘图

第12章 ≫ 园林设计与绘图（此章内容见光盘）

第13章 》 室内设计与绘图（此章内容见光盘）

第14章 》 电气设计与绘图（此章内容见光盘）

第15章 》 产品造型设计与绘图（此章内容见光盘）

第18章 ≫ 三维模型的编辑

第19章 ≫ 三维渲染

第1篇 基础篇

第1章
AutoCAD 2018 入门

　　本章介绍 AutoCAD 2018 的启动与退出、操作界面、视图的控制和工作空间等基本知识，使读者对 AutoCAD 及其操作方式有一个全面的了解和认识。

1.1 AutoCAD的启动与退出

要使用AutoCAD进行绘图，首先必须启动该软件。在完成绘制之后，应保存文件并退出该软件，以节省系统资源。

1.1.1 ► 启动AutoCAD 2018

安装好AutoCAD后，启动AutoCAD的方法有以下几种。

○ 【开始】菜单：单击【开始】按钮，在菜单中选择"所有程序|Autodesk| AutoCAD 2018-简体中文（Simplified Chinese）| AutoCAD 2018-简体中文（Simplified Chinese）"选项，如图1-1所示。

○ 与AutoCAD相关联格式文件：双击打开与AutoCAD相关格式的文件(*.dwg、*.dwt等)，如图1-2所示。

○ 快捷方式：双击桌面上的快捷图标，或者AutoCAD图纸文件。

图1-1 【开始】菜单打开AutoCAD 2018

图1-2 CAD图形文件

AutoCAD 2018启动后的界面如图1-3所示，主要由【快速入门】、【最近使用的文档】和【连接】三个区域组成。

图1-3 AutoCAD 2018的开始界面

○ 【快速入门】：单击其中的【开始绘制】区域，即可创建新的空白文档进行绘制，也可以单击【样板】下拉列表，在其中选择合适的样板文件进行创建。

○ 【最近使用的文档】：该区域主要显示最近用户使用过的图形，相当于"历史记录"。

○ 【连接】：在【连接】区域中，用户可以登录A360账户或向AutoCAD技术中心发送反馈。如果有产品更新的消息，将显示【通知】区域，在【通知】区域可以收到产品更新的信息。

1.1.2 ► 退出AutoCAD 2018

在完成图形的绘制和编辑后，退出AutoCAD的方法有以下几种。

○ 应用程序按钮：单击应用程序按钮，选择【关闭】选项，如图1-4所示。

○ 菜单栏：选择【文件】|【退出】命令，如图1-5所示。

○ 标题栏：单击标题栏右上角的【关闭】按钮，如图1-6所示。

○ 快捷键：Alt+F4或Ctrl+Q组合键。

○ 命令行：输入QUIT或EXIT命令，如图1-7所示。命令行中输入的字符不分大小写。

图1-4 【应用程序】菜单关闭软件

图1-5 菜单栏调用【关闭】命令

图1-6 标题栏【关闭】按钮关闭软件

图1-7 命令行输入关闭命令

若在退出AutoCAD 2018之前未进行文件的保存，系统会弹出如图1-8所示的提示对话框。提示使用者在退出软件之前是否保存当前绘图文件。单击【是】按钮，可以进行文件的保存；单击【否】按钮，将不对之前的操作进行保存而退出；单击【取消】按钮，将返回到操作界面，不执行退出软件的操作。

图1-8 退出提示对话框

1.2　AutoCAD 2018操作界面

AutoCAD的操作界面是显示、编辑图形的区域。AutoCAD的操作界面具有很强的灵活性，根据专业领域和绘图习惯的不同，用户可以设置适合自己的操作界面。

1.2.1　AutoCAD的操作界面简介

AutoCAD的默认界面为【草图与注释】工作空间的界面，关于【草图与注释】工作空间在1.5节中有详细介绍，此处仅简单介绍界面中的主要元素。该工作空间界面包括应用程序按钮、快速访问工具栏、菜单栏、标题栏、交互信息工具栏、功能区、标签栏、十字光标、绘图区、坐标系、命令行、状态栏及文本窗口等，如图1-9所示。

图1-9 AutoCAD 2018默认的工作界面

1.2.2 应用程序按钮

【应用程序】按钮▲位于窗口的左上角，单击该按钮，系统将弹出用于管理AutoCAD图形文件的菜单，包含【新建】、【打开】、【保存】、【另存为】、【输出】及【打印】等命令，右侧区域则是【最近使用的文档】列表，如图1-10所示。

此外，在应用程序【搜索】按钮左侧的空白区域输入命令名称，即会弹出与之相关的各种命令的列表，选择其中对应的命令即可执行，效果如图1-11所示。

图1-10 应用程序菜单　　图1-11 搜索功能

1.2.3 快速访问工具栏

快速访问工具栏位于标题栏的左侧，它包含了文档操作常用的7个快捷按钮，依次为【新建】、【打开】、【保存】、【另存为】、【打印】、【放弃】和【重做】，如图1-12所示。

可以通过相应的操作为【快速访问】工具栏增加或删除所需的工具按钮，有以下几种方法。

○ 单击【快速访问】工具栏右侧下拉按钮▼，在菜单栏中选择【更多命令】选项，在弹出的【自定义用户界面】对话框选择将要添加的命令，然后按住鼠标左键将其拖动至快速访问工具栏上即可。

○ 在【功能区】的任意工具图标上单击鼠标右键，选择其中的【添加到快速访问工具栏】命令。

而如果要删除已经存在的快捷键按钮，只需要在该按钮上单击鼠标右键，然后选择【从快速访问工具栏中删除】命令，即可完成删除按钮操作。

图1-12 快速访问工具栏

1.2.4 菜单栏

与之前版本的AutoCAD不同，在AutoCAD 2018中，菜单栏在任何工作空间都默认为不显示。只有在【快速访问】工具栏中单击下拉按钮▼，并在弹出的下拉菜单中选择【显示菜单栏】选项，才可将菜单栏显示出来，如图1-13所示。

菜单栏位于标题栏的下方，包括了12个菜单：【文件】、【编辑】、【视图】、【插入】、【格式】、【工具】、【绘图】、【标注】、【修改】、【参数】、【窗口】、【帮助】，几乎包含了所有绘图命令和编辑命令，如图1-14所示。

图1-13 显示菜单栏

图1-14 菜单栏

这12个菜单栏的主要作用介绍如下。

○ 【文件】：用于管理图形文件，如新建、打开、保存、另存为、打印、放弃和重做等。

○ 【编辑】：用于对文件图形进行常规编辑，如剪切、复制、粘贴、清除、链接、查找等。

○ 【视图】：用于管理AutoCAD的操作界面，例如缩放、平移、动态观察、相机、视口、三维视图、消隐和渲染等。

○ 【插入】：用于在当前AutoCAD绘图状态下，插入所需的图块或其他格式的文件，例如PDF参考底图、字段等。

○ 【格式】：用于设置与绘图环境有关的参数，如图层、颜色、线型、线宽、文字样式、标注样式、表格样式、点样式、厚度和图形界限等。

○ 【工具】：用于设置一些绘图的辅助工具，如选项板、工具栏、命令行、查询和向导等。

○ 【绘图】：提供绘制二维图形和三维模型的所有命令，例如：直线、圆、矩形、正多边形、圆环、边界和面域等。

○ 【标注】：提供对图形进行尺寸标注时所需的命令，如线性标注、半径标注、直径标注、角度标注等。

○ 【修改】：提供修改图形时所需的命令，如删除、复制、镜像、偏移、阵列、修剪、倒角和圆角等。

- 〇 【参数】：提供对图形约束时所需的命令，如几何约束、动态约束、标注约束和删除约束等。
- 〇 【窗口】：用于在多文档状态时设置各个文档的屏幕，如层叠、水平平铺和垂直平铺等。
- 〇 【帮助】：提供使用AutoCAD 2018所需的帮助信息。

1.2.5 标题栏

标题栏位于AutoCAD窗口的最上方，如图1-9所示，标题栏显示了当前软件的名称，以及显示当前新建的文件或者打开的文件的文件名称等。标题栏最右侧提供了用于【最小化】按钮■、【最大化】按钮□/【恢复窗口大小】按钮□和【关闭】按钮✕。

1.2.6 交互信息工具栏

交互信息工具栏主要包括搜索框 [键入关键字或短语] 👓、A360登录栏 [登录] 、Autodesk应用程序✕、外部连接 △ 等4个部分组成，具体作用说明如下。

1. 搜索框

如果用户在在使用AutoCAD的过程中，对某个命令不熟悉，可以在搜索框中输入该命令，打开帮助窗口来获得详细的命令信息。

2. A360登录栏

"云技术"的应用越来越多，AutoCAD 也日渐重视这一新兴的技术，并有效地将其和传统的图形管理连接起来。A360即是基于云的平台，可用于访问从基本编辑到强大的渲染功能等一系列云服务。除此之外还有一个更为强大的功能，那就是如果将图形文件上传至用户的A360账户，即可随时随地访问该图纸，实现云共享，无论是电脑还是手机等移动端，均可以快速查看图形文件，如图1-15和图1-16所示。

图1-15 在电脑上用AutoCAD软件打开图形

图1-16 在手机上用 AutoCAD 360 APP打开图形

而要体验A360云技术的便捷，只需单击登录按钮 [登录] ，在下拉列表中选择【登录到A360】对话框，即弹出【Autodesk-登录】对话框，在其中输入账号、密码即可，如图1-17所示。如果没有账号可以单击【注册】按钮，打开【Autodesk-创建账户】对话框，按要求进行填写即可进行注册，如图1-18所示。

图1-17 【Autodesk-登录】对话框　　图1-18 【Autodesk-创建账户】对话框

3. Autodesk应用程序

单击【Autodesk应用程序】按钮✕可以打开Autodesk应用程序网站，如图1-19所示。其中可以下载许多与AutoCAD相关的各类应用程序与插件。

图1-19 Autodesk应用程序网站

关于Autodesk应用程序的下载与具体应用请看本章的【案例1-1】：下载Autodesk应用程序实现文本翻译。

4. 外部连接

外部连接按钮 △ 的下拉列表中提供了各种快速分享窗口，如优酷、微博等，单击即可快速打开各网站内。

1.2.7 功能区

【功能区】是各命令选项卡的合称，它用于显示与绘图任务相关的按钮和控件，存在于【草图与注释】、【三维基础】和【三维建模】空间中。【草图与注释】工作空间的【功能区】包含了【默认】、【插入】、【注释】、【参数化】、【视图】、【管理】、【输出】、【附加模块】、【A360】、【精选应用】、【Performance】等12

个选项卡，如图1-20所示。每个选项卡包含有若干个面板，每个面板又包含许多由图标表示的命令按钮。

图1-20 功能区选项卡

用户创建或打开图形时，功能区将自动显示。如果没有显示功能区，那么用户可以执行以下操作来手动显示功能区。

○ 菜单栏：选择【工具】|【选项板】|【功能区】命令。

○ 命令行：ribbon。如果要关闭功能区，则输入ribbonclose命令。

1. 切换功能区显示方式

功能区可以以水平或垂直的方式显示，也可以显示为浮动选项板。另外，功能区可以以最小化状态显示，其方法是在功能区选项卡右侧单击下拉按钮，在弹出的列表中选择以下4种中一种最小化功能区状态选项。而单击切换按钮，则可以在默认和最小化功能区状态之间切换。

○ 【最小化为选项卡】：最小化功能区以便仅显示选项卡标题，如图1-21所示。

图1-21 【最小化为选项卡】时的功能区显示

○ 【最小化为面板标题】：最小化功能区以便仅显示选项卡和面板标题，如图1-22所示。

图1-22 【最小化为面板标题】时的功能区显示

○ 【最小化为面板按钮】：最小化功能区以便仅显示选项卡标题和面板按钮，如图1-23所示。

图1-23 【最小化为面板按钮】时的功能区显示

○ 【循环浏览所有项】：按以下顺序切换所有4种功能区状态：完整功能区、最小化面板按钮、最小化为面板标题、最小化为选项卡。

2. 自定义选项卡及面板的构成

用鼠标右键单击面板按钮，弹出显示控制快捷菜单，如图1-24与图1-25所示，可以分别调整【选项卡】与【面板】的显示内容，名称前被勾选则内容显示，反之则隐藏。

图1-24 调整功能选项卡显示　图1-25 调整选项卡内面板显示

专家提醒

面板显示子菜单会根据不同的选项卡进行变换，面板子菜单为当前打开选项卡的所有面板名称列表。

3. 调整功能区位置

在【选项卡】名称上单击鼠标右键，将弹出如图1-26所示的菜单，选择其中的【浮动】命令，可使【功能区】浮动在【绘图区】上方，此时用鼠标左键按住【功能区】左侧灰色边框拖动，可以自由调整其位置。

图1-26 浮动功能区

专家提醒

如果选择菜单中的【关闭】命令，则将整体隐藏功能区，进一步扩大绘图区区域，如图1-27所示。

图1-27 关闭【功能区】

4. 功能区选项卡的组成

因【草图与注释】工作空间最为常用，因此只介绍其中的部分选项卡。

◆【默认】选项卡

【默认】选项卡从左至右依次为【绘图】、【修改】、【图层】、【注释】、【块】、【特性】、【组】、【实用工具】、【剪贴板】和【视图】10大功能面板，如图1-28所示。【默认】选项卡集中了AutoCAD中常用的命令，涵盖绘图、标注、编辑、修改、图层、图块等各个方面，是最主要的选项卡。

图1-28 【默认】功能选项卡

◆【插入】选项卡

【插入】选项卡从左至右依次为【块】、【块定义】、【参照】、【点云】、【输入】、【数据】、【链接和提取】和【位置】8大功能面板，如图1-29所示。【插入】选项卡主要用于图块、外部参照等外在图形的调用。

图1-29 【插入】选项卡

◆【注释】选项卡

【注释】选项卡从左至右依次为【文字】、【标注】、【引线】、【表格】、【标记】和【注释缩放】6大功能面板，如图1-30所示。【注释】选项卡提供了详尽的标注命令，包括引线、公差、云线等等。

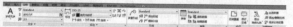

图1-30 【注释】选项卡

◆【参数化】选项卡

【参数化】选项卡从左至右依次为【几何】、【标注】、【管理】3大功能面板，如图1-31所示。【参数化】选项卡主要用于管理图形约束方面的命令。

图1-31 【参数化】选项卡

◆【视图】选项卡

【视图】选项卡从左至右依次为【视口工具】、【视图】、【模型视口】、【选项板】、【界面】、【导航】6大功能面板；如图1-32所示。【视图】选项卡提供了大量用于控制显示视图的命令，包括UCS的显现、绘图区上ViewCube和【文件】、【布局】等标签的显示与隐藏。

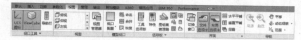

图1-32 【视图】选项卡

◆【管理】选项卡

【管理】选项卡从左至右依次为【动作录制器】、【自定义设置】、【应用程序】、【CAD标准】4大功能面板，如图1-33所示。【管理】选项卡可以用来加载AutoCAD的各种插件与应用程序。

图1-33 【管理】选项卡

◆【输出】选项卡

【输出】选项卡从左至右依次为【打印】、【输出为DWF/PDF】2大功能面板，如图1-34所示。【输出】选项卡集中了图形输出的相关命令，包含打印、输出PDF等。在功能区选项卡中，有些面板按钮右下角有箭头，表示有扩展菜单，单击箭头，扩展菜单会列出更多的操作命令，如图1-35所示的【绘图】扩展菜单。

图1-34 【输出】选项卡

图1-35 【绘图】扩展菜单

◆【附加模块】选项卡

【附加模块】选项卡如图1-36所示，在

Autodesk应用程序网站中下载的各类应用程序和插件都会集中在该选项卡。

图1-36 【附加模块】选项卡

◆ 【A360】选项卡

【A360】选项卡如图1-37所示，可以看作1.2.6小节所介绍的交互信息工具栏的扩展，主要用于A360的文档共享。

图1-37 【A360】选项卡

◆ 【精选应用】选项卡

在本书1.2.6小节的【Autodesk应用程序】中，已经介绍过了Autodesk应用程序网站，并在【案例1-1】中详细介绍了如何下载并使用这些应用程序来辅助AutoCAD进行工作。通过这些章节的学习，读者可以知道Autodesk其实提供了海量的AutoCAD应用程序与插件，本书所介绍的仅是沧海一粟。

在AutoCAD的【精选应用】选项卡中，就提供了许多最新、最热门的应用程序，供用户试用，如图1-38所示。这些应用种类各异，功能强大，本书无法尽述，有待读者去自行探索。

图1-38 【精选应用】选项卡

【案例1-1】下载 Autodesk 应用程序实现文本翻译
视频文件：DVD\ 视频 \ 第 1 章 \1-1.MP4

1.2.6节中介绍过Autodesk应用程序按钮，单击之后便可以打开Autodesk应用程序网站，在其中可以下载许多有用的各类AutoCAD插件，其中就包括COINS Translate这款翻译插件。使用该插件只需单击鼠标即可直接将AutoCAD中的单行、多行文字、尺寸标注、引线标注等各种文本对象转换为所需的语言，如图1-39所示，十分高效。

图1-39 使用插件快速翻译文本

（1）打开素材文件，素材文件中已经创建好了"我是设计师"的多行文字；然后单击交互信息工具栏中的【Autodesk 应用程序】按钮，打开 Autodesk 应用程序网站。

（2）在网页的搜索框中输入"coins"，搜索到 COINS Translate 应用程序，如图 1-40 所示。

图1-40 搜索到COINS Translate应用程序

（3）单击该应用程序图标，转到"项目详细信息"页面，单击页面右侧的下载按钮，进行下载，如图1-41 所示。

图1-41 下载COINS Translate应用程序

（4）下载完成后直接双击 COINS Translate.exe 文件（或者双击本书附件中提供的 COINS Translate.exe 文件），进行安装，安装过程略。安装完成后会在 AutoCAD 界面右上角出现如图 1-42 所示的提示。

（5）在 AutoCAD 功能区中转到【附加模块】选项卡，可以发现 COINS Translate 应用程序已被添加进来，如图 1-43 所示。

图1-42 COINS Translate成功加载的提示信息

图1-43 COINS Translate添加进【附加模块】选项卡

（6）单击【附加模块】选项卡中的 COINS Translate 按钮，然后选择要翻译的文本对象，如图1-44 所示。

（7）选择之后单击 Enter 键，弹出【COINS Translator】对话框，在对话框中可以选择要翻译成的语言种类（如英语），单击【GO】按钮即可实现翻译，如图 1-45 所示。

图1-44 选择要翻译的文本对象

图1-45 翻译效果

1.2.8 标签栏

文件标签栏位于绘图窗口上方，每个打开的图形文件都会在标签栏显示一个标签，单击文件标签即可快速切换至相应的图形文件窗口，如图1-46所示。

AutoCAD 2018的标签栏中【新建选项卡】图形文件选项卡重命名为【开始】，并在创建和打开其他图形时保持显示。单击标签栏上的 ✕ 按钮，可以快速关闭文件；单击标签栏右侧的 ✚ 按钮，可以快速新建文件；用鼠标右键单击标签栏的空白处，会弹出快捷菜单，如图1-47所示，利用该快捷菜单可以选择【新建】、【打开】、【全部保存】、【全部关闭】命令。

图1-46 标签栏

| 新建… |
| 打开… |
| 全部保存 |
| 全部关闭 |

图1-47 快捷菜单

此外，在光标经过图形文件选项卡时，将显示模型的预览图像和布局。如果光标经过某个预览图像，相应的模型或布局将临时显示在绘图区域中，并且可以在预览图像中访问【打印】和【发布】工具，如图1-48所示。

图1-48 文件选项卡的预览功能

1.2.9 绘图区

"绘图窗口"又常被称为"绘图区域"，它是绘图的焦点区域，绘图的核心操作和图形显示都在该区域中。在绘图窗口中有4个工具需注意，分别是光标、坐标系图标、ViewCube工具和视口控件，如图1-49所示。其中视口控件显示在每个视口的左上角，提供更改视图、视觉样式和其他设置的便捷操作方式，视口控件的3个标签将显示当前视口的相关设置。注意当前文件选项卡决定了当前绘图窗口显示的内容。

图1-49 绘图区

图形窗口左上角有三个快捷功能控件，可以快速地修改图形的视图方向和视觉样式，如图1-50所示。

图1-50 快捷功能控件菜单

1.2.10 命令行与文本窗口

命令行是输入命令名和显示命令提示的区域，默认的命令行窗口布置在绘图区下方，由若干文本行组成，如图1-51所示。命令行窗口中间有一条水平分界线，它将命令行窗口分成两个部分：命令行和命令历史窗口。位于水平线下方为"命令行"，它用于接收用户输入命令，并显示AutoCAD提示信息；位于水平线上方为"命令历史窗口"，它含有AutoCAD启动后所用过的全部命令及提示信息，该窗口有垂直滚动条，上下滚动查看以前用过的命令。

图1-51 命令行

AutoCAD文本窗口的作用和命令窗口的作用一样，它记录了对文档进行的所有操作。文本窗口在默认界面中没有直接显示，需要通过命令调取。调用文本窗口有以下几种方法。

○ 菜单栏：选择【视图】|【显示】|【文本窗口】命令。
○ 快捷键：Ctrl+F2。
○ 命令行：TEXTSCR。

执行上述命令后，系统弹出如图1-52所示的文本窗口，记录了文档进行的所有编辑操作。

将光标移至命令历史窗口的上边缘，当光标呈现 形状时，按住鼠标左键向上拖动即可增加命令窗口的高度。在工作中通常除了可以调整命令行的大小与位置外，在其窗口内单击鼠标右键，选择【选项】命令，单击弹出的【选项】对话框中的【字体】按钮，还可以调整【命令行】内文字字体、字形和大小，如图1-53所示。

图1-52 AutoCAD文本窗口

图1-53 调整命令行字体

1.2.11 状态栏

状态栏位于屏幕的底部，用来显示AutoCAD当前的状态，如对象捕捉、极轴追踪等命令的工作状态。主要由5部分组成，如图1-54所示。同时AutoCAD 2018将之前的模型布局标签栏和状态栏合并在一起，并且取消显示当前光标位置。

图1-54 状态栏

1. 快速查看工具

使用其中的工具可以快速地预览打开的图形，打开图形的模型空间与布局，以及在其中切换图形，使之以缩略图的形式显示在应用程序窗口的底部。

2. 坐标值

坐标值一栏会以直角坐标系的形式（x，y，z）实时显示十字光标所处位置的坐标。在二维制图模式下，只会显示X、Y轴坐标，只有在三维建模模式下才会显示第三个坐标轴Z轴的坐标。

3. 绘图辅助工具

主要用于控制绘图的性能，其中包括【推断约束】、【捕捉模式】、【栅格显示】、【正交模式】、【极轴追踪】、【对象捕捉】、【三维对象捕捉】、【对象捕捉追踪】、【允许/禁止动态UCS】、【动态输入】、【显示/隐藏线宽】、【显示/隐藏透明度】、【快捷特性】和【选择循环】等工具。各工具按钮具体说明见表1-1。

表 1-1　绘图辅助工具按钮一览

名　称	按　钮	功　能　说　明
推断约束	🔲	单击该按钮，打开推断约束功能，可设置约束的限制效果，如限制两条直线垂直、相交、共线、圆与直线相切等

名　称	按　钮	功　能　说　明
捕捉模式	▦	单击该按钮，开启或者关闭捕捉。捕捉模式可以使光标能够很容易地抓取到每一个栅格上的点
栅格显示	▦	单击该按钮，打开栅格显示，此时屏幕上将布满小点。其中，栅格的X轴和Y轴间距也可以通过【草图设置】对话框的【捕捉和栅格】选项卡进行设置
正交模式	┕	该按钮用于开启或者关闭正交模式。正交即光标只能走X轴或者Y轴方向，不能画斜线
极轴追踪	⌖	该按钮用于开启或关闭极轴追踪模式。在绘制图形时，系统将根据设置显示一条追踪线，可以在追踪线上根据提示精确移动光标，从而精确绘图
二维对象捕捉	▱	该按钮用于开启或者关闭对象捕捉。对象捕捉能使光标在接近某些特殊点的时候能够自动指引到那些特殊的点，如端点、圆心、象限点
三维对象捕捉	▱	该按钮用于开启或者关闭三维对象捕捉。对象捕捉能使光标在接近三维对象某些特殊点的时候能够自动指引到那些特殊的点
对象捕捉追踪	∠	单击该按钮，打开对象捕捉模式，可以通过捕捉对象上的关键点，并沿着正交方向或极轴方向拖曳光标，此时可以显示光标当前位置与捕捉点之间的相对关系。若找到符合要求的点，直接单击即可
允许/禁止动态UCS	⬈	该按钮用于切换允许和禁止UCS（用户坐标系）
动态输入	+☐	单击该按钮，将在绘制图形时自动显示动态输入文本框，方便绘图时设置精确数值
线宽	≡	单击该按钮，开启线宽显示。在绘图时如果为图层或所绘图形定义了不同的线宽（至少大于0.3mm），那单击该按钮就可以显示出线宽，以标识各种具有不同线宽的对象
透明度	▨	单击该按钮，开始透明度显示。在绘图时如果为图层和所绘图形设置了不同的透明度，那单击该按钮就可以显示透明效果，以区别不同的对象
快捷特性	▤	单击该按钮，显示对象的快捷特性选项板，能帮助用户快捷地编辑对象的一般特性。通过【草图设置】对话框的【快捷特性】选项卡可以设置快捷特性选项板的位置模式和大小
选择循环	▤	开启该按钮可以在重叠对象上显示选择对象
注释监视器	＋	开启该按钮后，一旦发生模型文档编辑或更新事件，注释监视器会自动显示
模型	模型	用于模型与图纸之间的转换

4. 注释工具

用于显示缩放注释的若干工具。对于不同的模型空间和图纸空间，将显示相应的工具。当图形状态栏打开后，将显示在绘图区域的底部；当图形状态栏关闭时，将移至应用程序状态栏。

- 注释比例 ⚘ 1:1 ▼：可通过此按钮调整注释对象的缩放比例。
- 注释可见性 ⚘：单击该按钮，可选择仅显示当前比例的注释或是显示所有比例的注释。

5. 工作空间工具

用于切换AutoCAD 2018的工作空间，以及进行自定义设置工作空间等操作。

- 切换工作空间 ⚙ ▼：切换绘图空间，可通过此按钮切换AutoCAD 2018的工作空间。
- 硬件加速 ◯：用于在绘制图形时通过硬件的支持提高绘图性能，如刷新频率。
- 隔离对象 ⧉：当需要对大型图形的个别区域进行重点操作，并需要显示或临时隐藏和显示选定的对象。
- 全屏显示 ⧉：单击即可控制AutoCAD 2018的全屏显示或者退出。
- 自定义 ≡：单击该按钮，可以对当前状态栏中的按钮进行添加或是删除，方便管理

1.3 基本文件操作

基本文件管理是软件操作的基础，它包含文件的新建、打开、保存和另存为等操作管理。

1.3.1 ▶ 新建文件

启动AutoCAD 2018后，系统将自动新建一个名为"Drawing1.dwg"的图形文件，该图形文件默认以acadiso.dwt为样板创建。用户也可以根据需要自行新建文件。

新建文件有以下几种方法。

○ 菜单栏：选择【文件】|【新建】命令。

○ 命令行：在命令行输入NEW并按Enter键。

○ 快捷键：按快捷键Ctrl+N。

○ 快速访问工具栏：单击【新建】按钮🗋。

○ 执行以上任意一种操作，系统弹出【选择样板】对话框，如图1-55所示。选择绘图样板之后，单击【打开】按钮，即可新建文件并进入绘图界面。

图1-55 【选择样板】对话框

1.3.2 ▶ 打开文件

在使用AutoCAD 2018进行图形编辑时，常需要对图形文件进行查看或编辑，这时就需要打开相应的图形文件。

打开文件有以下几种方法。

○ 菜单栏：选择【文件】|【打开】命令。

○ 命令行：在命令行输入OPEN并按Enter键。

○ 快捷键：按快捷键Ctrl+O。

○ 快速访问工具栏：单击【打开】按钮📂。

执行上述命令后，系统弹出【选择文件】对话框，如图1-56所示，在【查找范围】下拉列表框中浏览到文件路径，然后选中需要打开的文件，最后单击【打开】按钮即可。

图1-56 【选择文件】对话框

1.3.3 ▶ 保存文件 ※新功能※

保存文件就是将新绘制或编辑过的文件保存在计算机中，以便再次使用。也可以在绘制图形的过程中随时对图形进行保存，避免意外情况导致文件丢失。

保存文件有以下几种方法。

○ 菜单栏：选择【文件】|【保存】命令。

○ 命令行：在命令行输入SAVE并按Enter键。

○ 快捷键：按快捷键Ctrl+S。

○ 快速访问工具栏：单击【保存】按钮💾。

执行上述命令后，若文件是第一次保存，则会弹出【图形另存为】对话框，如图1-57所示。在【保存于】下拉列表框中设置文件的保存路径，在【文件名】下拉列表框中输入文件的名称，最后单击【保存】按钮即可。若文件不是第一次保存，则系统弹出提示对话框，如图1-58所示，单击【是】按钮将保存文件的修改。

图1-57 【图形另存为】对话框

图1-58 提示对话框

AutoCAD默认的DWG文件格式在2018版本中已更新，改善了打开和保存操作的效率，尤其是对于包含多个注释性对象和视口的图形。此外，三维实体和曲面创建现在使用最新的 Geometric Modeler (ASM)，它提供了改进的安全性和稳定性。

1.3.4 ▶ 另存文件

另存是将当前文件重新设置保存路径或保存名称，从而创建新的文件，这样不会对打开的源文件产生影响。

另存文件有以下几种方法。

○ 菜单栏：选择【文件】|【另存为】命令。

○ 命令行：在命令行输入SAVEAS并按Enter键。

○ 快捷键：按快捷键Ctrl+Shift+S。

○ 快速访问工具栏：单击【另存为】按钮。

○ 执行上述命令后，系统弹出【图形另存为】对话框，在其中重新设置保存路径或文件名，然后单击【保存】按钮。

1.3.5 ▶ 输入PDF文件 ※新功能※

在之前的版本中，AutoCAD已经实现了包括输出PDF在内的多种图形格式文件的功能。但是反过来，将PDF、JPEG等图形格式文件转换为可编辑的DWG文件功能却始终没能实现。

而这次AutoCAD 2018的升级中，终于实现了将PDF文件无损转换为DWG图纸的功能，尤其是从AutoCAD 图形生成的 PDF 文件（包含 SHX 文字），甚至可以将文字也存储为几何对象。用户可以在软件中使用 PDFSHXTEXT 命令将 SHX 几何图形重新转换为文字。此外，TXT2MTXT 命令已通过多项改进得到增强，可以用于强制执行文字的均匀行距选项。

【案例1-2】 输入 PDF 文件
视频文件：DVD\视频\第1章\1-2.MP4

（1）双击桌面上的 AutoCAD 2018 快捷图标，启动软件，然后单击【标准】工具栏上的【新建】按钮，新建一空白的图纸对象。

（2）单击【应用程序】按钮，在弹出的快捷菜单中选择【输入】选项，在右侧的输出菜单中选择【PDF】，如图1-59 所示。

（3）此时命令行提示在绘图区中选择 PDF 图像，或者执行"文件（F）"命令，打开保存在计算机中其他位置的 PDF 文件。

（4）此处可直接单击 Enter 或空格键，执行"文件（F）"命令，打开"选择 PDF 文件"对话框，然后定位至"素材/01 章/大齿轮.pdf"文件，如图1-60 所示。

（5）单击对话框中的"打开"按钮，系统自动转到【输入 PDF】对话框，如图 1-61 所示。在其中可以按要求自行设置各项参数。

图1-61 【输入PDF】对话框

（6）参数设置完毕后，单击"确定"按钮，即可将 PDF 文件导入至 AutoCAD 2018，如图1-62 所示。

（7）使用该新功能导入的图形文件，具备 DWG 图形的一切属性，可以被单独选择、编辑、标注，对象上也有夹点，如图1-63 所示。而不是像之前版本一样被视作一个单一的整体。

图1-59 输入PDF　　图1-60 【选择PDF文件】对话框

图1-62 由PDF转换而来的DWG图形

图1-63 转换后的图形具有DWG图形的效果

（8）使转换后图形中的文字对象被分解为若干零散的直线对象，不具备文字的属性，此时可在命令中输入 PDFSHXTEXT 指令，然后选择要转换为文字的部分，按 Enter 键弹出【识别 SHX 文字】对话框，提示转换成功，如图 1-64 所示。

图1-64 【识别SHX文字】对话框

（9）文字对象转换前后的对比如图 1-65 所示。

This Drawing has been
This Drawing has been

图1-65 转换前后的文字选择效果对比

专家提醒

从PDF转换至DWG图形后，文字对象只能通过PDFSHXTEXT指令再次执行转换，才可以变为可识别和编辑的AutoCAD文本（即多行文字、单行文字命令创建的文本）。且目前只对英文文本有效，汉字仍不能通过PDFSHXTEXT进行转换。

1.4 AutoCAD 2018执行命令的方式

命令是AutoCAD用户与软件交换信息的重要方式，本节将介绍执行命令的方式，如何终止当前命令、退出命令及如何重复执行命令等。

1.4.1 命令调用的5种方式

AutoCAD中调用命令的方式有很多种，这里仅介绍最常用的5种。本书在后面的命令介绍章节中，将专门以【执行方式】的形式介绍各命令的调用方法，并按常用顺序依次排列。

1. 使用功能区调用

三个工作空间都是以功能区作为调整命令的主要方式。相比其他调用命令的方法，功能区调用命令更为直观，适合不能熟记绘图命令的AutoCAD初学者。

功能区使绘图界面无需显示多个工具栏，系统会自动显示与当前绘图操作相应的面板，从而使应用程序窗口更加整洁。因此，可以将进行操作的区域最大化，使用单个界面来加快和简化工作，如图1-66所示。

图1-66 功能区面板

2. 使用命令行调用

使用命令行输入命令（见图1-67）是AutoCAD的一大特色功能，同时也是最快捷的绘图方式。这就要求用户熟记各种绘图命令，一般对AutoCAD比较熟悉的用户都用此方式绘制图形，这样可以大大提高绘图的速度和效率。

AutoCAD绝大多数命令都有其相应的简写方式。如【直线】命令LINE的简写方式是L，【矩形】命令RECTANGLE的简写方式是REC。对于常用的命令，用简写方式输入将大大减少键盘输入的工作量，提高工作效率。另外，AutoCAD对命令或参数输入不区分大小写，因此操作者不必考虑输入的大小写。

在命令行输入命令后，可以使用以下的方法响应其他任何提示和选项。

- 要接受显示在尖括号"[ ]"中的默认选项，则按Enter键。
- 要响应提示，则输入值或单击图形中的某个位置。
- 要指定提示选项，可以在提示列表（命令行）中输入所需提示选项对应的亮显字母，然后按Enter键。也可以使用鼠标单击选择所需要的选项，在命令行中单击选择"倒角（C）"选项，等同于在此命令行提示下输入"C"并按Enter键。

图1-67 使用命令行输入命令

3. 使用菜单栏调用

菜单栏调用是AutoCAD 2018提供的功能最全、最强大的命令调用方法。AutoCAD绝大多数常用命令都分门别类的放置在菜单栏中。例如，若需要在菜单栏中调用【多段线】命令，选择【绘图】|【多段线】菜单命令即可，如图1-68所示。

4. 使用快捷菜单调用

使用快捷菜单调用命令，即单击鼠标右键，在弹出的菜单中选择命令，如图1-69所示。

图1-68 菜单栏调用【多段线】命令　　图1-69 快捷菜单

5. 使用工具栏调用

工具栏调用命令是AutoCAD的经典执行方式，如图1-70所示，也是旧版本AutoCAD最主要的执

行方法。但随着时代进步，该种方式也日渐不适合人们的使用需求，因此与菜单栏一样，工具栏也不显示在三个工作空间中，需要通过【工具】|【工具栏】|【AutoCAD】命令调出。单击工具栏中的按钮，即可执行相应的命令。用户可以在其他工作空间绘图，也可以根据实际需要调出工具栏，如UCS、【三维导航】、【建模】、【视图】、【视口】等。

为了获取更多的绘图空间，可以按住快捷键Ctrl+0隐藏工具栏，再按一次即可重新显示。

图1-70 通过AutoCAD工具栏执行命令

1.4.2 命令的重复、撤销与重做

在使用AutoCAD绘图的过程中，经常会要重复用到某一命令或可能对某命令进行了误操作，因此有必要了解命令的重复、撤销与重做方面的知识。

1. 重复执行命令

在绘图过程中，有时需要重复执行同一个命令，如果每次都重复输入，会使绘图效率大大降低。执行【重复执行】命令有以下几种方法。

- 快捷键：按Enter键或空格键。
- 快捷菜单：单击鼠标右键，系统弹出的快捷菜单中选择【最近的输入】子菜单选择需要重复的命令。
- 命令行：MULTIPLE或MUL。

如果用户对绘图效率要求很高，可以将鼠标右键自定义为重复执行命令的方式。在绘图区的空白处单击右键，在弹出的快捷菜单中选择【选项】，打开【选项】对话框，然后切换至【用户系统配置】选项卡，单击【自定义右键单击（I）】按钮，打开【自定义右键单击】对话框，勾选两个【重复上一个命令】选项，即可将右键设置为重复执行命令，如图1-71所示。

图1-71 将右键设置为重复执行命令

2. 放弃命令

在绘图过程中，如果执行了错误的操作，此时就需要放弃操作。执行【放弃】命令有以下几种方法。

- ○ 菜单栏：选择【编辑】|【放弃】命令。
- ○ 工具栏：单击【快速访问】工具栏中的【放弃】按钮 ↶ 。
- ○ 命令行：Undo或U。
- ○ 快捷键：Ctrl+Z。

3. 重做命令

通过重做命令，可以恢复前一次或者前几次已经放弃执行的操作，重做命令与撤销命令是一对相对的命令。执行【重做】命令有以下几种方法。

- ○ 菜单栏：选择【编辑】|【重做】命令。
- ○ 工具栏：单击【快速访问】工具栏中的【重做】按钮 ↷ 。
- ○ 命令行：REDO。
- ○ 快捷键：Ctrl+Y。

专家提醒

如果要一次性撤销之前的多个操作，可以单击【放弃】 ↶ 按钮后的展开按钮 ，展开操作的历史记录如图1-72所示。该记录按照操作的先后，由下往上排列，移动指针选择要撤销的最近几个操作，如图1-73所示，单击即可撤销这些操作。

图1-72 命令操作历史记录　　图1-73 选择要撤销的最近
　　　　　　　　　　　　　　　　　几个操作

1.4.3 ▶ 透明命令

在AutoCAD 2018中，有部分命令可以在执行其他命令的过程中嵌套执行，而不必退出其他命令单独执行，这种嵌套的命令就称为透明命令。例如，在执行【圆】命令的过程中，是不可以再去另外执行【矩形】命令的，但却可以执行【捕捉】命令来指定圆心，因此【捕捉】命令就可以看作透明命令。透明命令通常是一些可以查询、改变图形设置或绘图工具的命令，如GRID、SNAP、OSNAP、ZOOM等命令。

执行完透明命令后，AutoCAD自动恢复原来执行的命令。工具栏和状态栏上有些按钮本身就定义成透明使用的，便于在执行其他命令时调用，如【对象捕捉】、【栅格显示】和【动态输入】等。执行【透明】命令有以下几种方法。

- ○ 在执行某一命令的过程中，直接通过菜单栏或工具按钮调用该命令。
- ○ 在执行某一命令的过程中，在命令行输入单引号，然后输入该命令字符并按Enter键执行该命令。

1.4.4 ▶ 自定义快捷键

丰富的快捷键功能是AutoCAD的一大特点，用户可以修改系统默认的快捷键，或者创建自定义的快捷键。例如【重做】命令默认的快捷键是Ctrl+Y，在键盘上这两个键因距离太远而操作不方便，此时可以将其设置为Ctrl+2。

选择【工具】|【自定义】|【界面】命令，系统弹出【自定义用户界面】对话框，如图1-74所示。在左上角的列表框中选择【键盘快捷键】选项，然后在右上角【快捷方式】列表中找到要定义的命令，双击其对应的主键值并进行修改，如图1-75所示。需注意的是，按键定义不能与其他命令重复，否则系统弹出提示信息对话框，如图1-76所示。

图1-74 【自定义用户界面】对话框

图1-75 修改【重做】按键

图1-76 提示信息对话框

【案例 1-3】向功能区面板中添加【多线】按钮

视频文件：DVD\ 视频 \ 第 1 章 \1-3.MP4

AutoCAD的功能区面板中并没有显示出所有的可用命令按钮，如绘制墙体的【多线】（MLine）命令在功能区中就没有相应的按钮，这给习惯使用面板按钮的用户带来了不便。因此学会根据需要添加、删除和更改功能区中的命令按钮，就会大大提高绘图效率。

（1）单击功能区【管理】选项卡【自定义设置】组面板中【用户界面】按钮 **CUI**，系统弹出【自定义用户界面】对话框，如图 1-77 所示。

图1-77　【自定义用户界面】对话框

（2）在【所有文件中的自定义设置】选项框中选择【所有自定义文件】下拉选项，依次展开其下的【功能区】|【面板】|【二维常用选项卡 - 绘图】树列表，选择要放置命令按钮的位置，如图 1-78 所示。

（3）在【命令列表】选项框中选择【绘图】下拉选项，在绘图命令列表中找到【多线】选项，如图 1-79 所示。

图1-78　选择要放置命令按　　图1-79　选择要放置的命令
　　　　　钮的位置　　　　　　　　　按钮选项

（4）单击【二维常用选项卡 - 绘图】树列表，显示其下的子选项，并展开【第 3 行】树列表，在对话框右侧的【面板预览】中可以预览到该面板的命令按钮布置，可见第 3 行中仍留有空位，可将【多线】按钮放置在此，如图 1-80 所示。

图1-80　【二维常用选项卡 - 绘图】中的命令按钮布置

（5）点选【多线】选项并向上拖动至【二维常用选项卡 - 绘图】树列表下【第 3 行】树列表中，放置在【修订 云线】命令之下，拖动成功后在【面板预览】的第 3 行位置处出现【多线】按钮，如图 1-81 所示。

图1-81　在【第3行】中添加【多线】按钮

（6）在对话框中单击【确定】按钮，完成设置。这时【多线】按钮便被添加进了【默认】选项卡下的【绘图】面板中，只需单击便可进行调用，如图 1-82 所示。

图1-82　添加至【绘图】面板中的【多线】按钮

1.5　AutoCAD视图的控制

在绘图过程中，为了更好地观察和绘制图形，通常需要对视图进行平移、缩放、重生成等操作。本节将详细介绍AutoCAD视图的控制方法。

1.5.1 ▶ 视图缩放

视图缩放命令可以调整当前视图大小，既能观察较大的图形范围，又能观察图形的细部而不改变图形的实际大小。视图缩放只是改变视图的比例，并不改变图形中对象的绝对大小，打印出来的图形仍是设置的大小。执行【视图缩放】命令有以下几种方法。

○ 功能区：在【视图】选项卡中，单击【导航】面板选择视图缩放工具，如图1-83所示。

○ 菜单栏：选择【视图】|【缩放】命令。

○ 工具栏：单击【缩放】工具栏中的按钮。

○ 命令行：ZOOM或Z。

○ 快捷操作：滚动鼠标滚轮。

图1-83 【视图】选项卡中的【导航】面板

1.5.2 ▶ 视图平移

视图平移不改变视图的大小和角度，只改变其位置，以便观察图形的其他组成部分，如图1-84所示。图形显示不完全，且部分区域不可见时，即可使用视图平移，很好的观察图形。

图1-84 视图平移效果

执行【平移】命令有以下几种方法。

○ 功能区：单击【视图】选项卡中【导航】面板的【平移】按钮。

○ 菜单栏：选择【视图】|【平移】命令。

○ 工具栏：单击【标准】工具栏上的【实时平移】按钮。

○ 命令行：PAN或P。

○ 快捷操作：按住鼠标滚轮拖动，可以快速进行视图平移。

视图平移可以分为【实时平移】和【定点平移】两种，其含义如下。

○ 实时平移：光标形状变为手形，按住鼠标左键拖曳可以使图形的显示位置随鼠标向同一方向移动。

○ 定点平移：通过指定平移起始点和目标点的方式进行平移。

在【平移】子菜单中，【左】、【右】、【上】、【下】分别表示将视图向左、右、上、下4个方向移动。必须注意的是，该命令并不是真的移动图形对象，也不是真正改变图形，而是通过位移图形进行平移。

1.5.3 ▶ 使用导航栏

导航栏是一种用户界面元素，是一个视图控制集成工具，用户可以从中访问通用导航工具和特定于产品的导航工具。单击视口左上角的"[-]"标签，在弹出菜单中选择【导航栏】选项，可以控制导航栏是否在视口中显示，如图1-85所示。

导航栏中有以下通用导航工具。

○ ViewCube：指示模型的当前方向，并用于重定向模型的当前视图。

○ SteeringWheels：用于在专用导航工具之间快速切换的控制盘集合。

○ ShowMotion：用户界面元素，为创建和回放电影式相机动画提供屏幕显示，以便进行设计查看、演示和书签样式导航。

○ 3Dconnexion：一套导航工具，用于使用 3Dconnexion 三维鼠标重新设置模型当前视图的方向。

导航栏中有以下特定于产品的导航工具，如图1-86所示。

○ 平移：沿屏幕平移视图。

○ 缩放工具：用于增大或减小模型的当前视图比例的导航工具集。

○ 动态观察工具：用于旋转模型当前视图的导航工具集。

图1-85 使用导航栏　　　　图1-86 导航工具

1.5.4 ▶ 重画与重生成视图

在AutoCAD中，某些操作完成后，其效果往往不会立即显示出来，或者在屏幕上留下绘图的痕迹与标记。因此，需要通过刷新视图重新生成当前图形，以观察到最新的编辑效果。

视图刷新的命令主要有两个：【重画】命令和

【重生成】命令。这两个命令都是自动完成的，不需要输入任何参数，也没有可选选项。

1. 重画视图

AutoCAD常用数据库以浮点数据的形式储存图形对象的信息，浮点格式精度高，但计算时间长。AutoCAD重生成对象时，需要把浮点数值转换为适当的屏幕坐标。因此对于复杂图形，重新生成需要花很长的时间。为此软件提供了【重画】这种速度较快的刷新命令。重画只刷新屏幕显示，因而生成图形的速度更快。执行【重画】命令有以下几种方法。

○ 菜单栏：选择【视图】|【重画】命令。

○ 命令行：REDRAWALL或RADRAW或RA。

在命令行中输入REDRAW并按Enter键，将从当前视口中删除编辑命令留下来的点标记；而输入REDRAWWALL并按Enter键，将从所有视口中删除编辑命令留下来的点标记。

2. 重生成视图

AutoCAD使用时间太久、或者图纸中内容太多，有时就会影响到图形的显示效果，让图形变得很粗糙，这时就可以用到【重生成】命令来恢复。

【重生成】命令不仅重新计算当前视图中所有对象的屏幕坐标，并重新生成整个图形，还重新建立图形数据库索引，从而优化显示和对象选择的性能。执行【重生成】命令有以下几种方法。

○ 菜单栏：选择【视图】|【重生成】命令。

○ 命令行：REGEN或RE。

【重生成】命令仅对当前视图范围内的图形执行重生成，如果要对整个图形执行重生成，可选择【视图】|【全部重生成】命令。重生成的效果如图1-87所示。

a) 重生成前　　　　　b) 重生成后

图1-87 重生成前后的效果

1.6 AutoCAD 2018工作空间

中文版AutoCAD 2018为用户提供了【草图与注释】、【三维基础】以及【三维建模】3种工作空间。选择不同的空间可以进行不同的操作，例如在【三维建模】工作空间下，可以方便地进行更复杂的三维建模为主的绘图操作。

1.6.1 【草图与注释】工作空间

AutoCAD 2018默认的工作空间为【草图与注释】空间。其界面主要由【应用程序】按钮、功能区选项板、快速访问工具栏、绘图区、命令行窗口和状态栏等元素组成。在该空间中，可以方便地使用【默认】选项卡中的【绘图】、【修改】、【图层】、【注释】、【块】和【特性】等面板绘制和编辑二维图形，如图1-88所示。

图1-88 【草图与注释】工作空间

1.6.2 【三维基础】工作空间

【三维基础】空间与【草图与注释】工作空间类似，但【三维基础】空间功能区包含的是基本的三维建模工具，如各种常用的三维建模、布尔运算以及三维编辑工具按钮，能够非常方便地创建简单的基本三维模型，如图1-89所示。

图1-89 【三维基础】工作空间

1.6.3 【三维建模】工作空间

【三维建模】空间界面与【三维基础】空间界面较相似，但功能区包含的工具有较大差异。其功能区选项卡中集中了实体、曲面和网格的多种建模和编辑命令，以及视觉样式、渲染等模型显示工具，为绘制和观察三维图形、附加材质、创建动画、设置光源等操作提供了非常便利的环境，如图1-90所示。

图1-90 【三维建模】工作空间

1.6.4 切换工作空间

在【草图与注释】工作空间中绘制出二维草图，然后转换至【三维基础】工作空间进行建模操作，再转换至【三维建模】工作空间赋予材质、布置灯光进行渲染，此即AutoCAD建模的大致流程。可见这三个工作空间是互为补充的，而切换工作空间则有以下几种方法。

○ 快速访问工具栏：单击快速访问工具栏中的【切换工作空间】下拉按钮 草图与注释，在弹出的下拉列表中进行切换，如图1-91所示。

○ 菜单栏：选择【工具】|【工作空间】命令，在子菜单中进行切换，如图1-92所示。

图1-91 通过下拉列表切换工作空间

图1-92 通过菜单栏切换工作空间

○ 工具栏：在【工作空间】工具栏的【工作空间控制】下拉列表框中进行切换，如图1-93所示。

○ 状态栏：单击状态栏右侧的【切换工作空间】按钮，在弹出的下拉菜单中进行切换，如图1-94所示。

图1-93 通过工具栏切换工作空间　图1-94 通过状态栏切换工作空间

【案例1-4】创建个性化的工作空间
视频文件：DVD\ 视频\ 第 1 章 \1-4.MP4

除以上提到的3个基本工作空间外，根据绘图的需要，用户还可以自定义自己的个性空间（如【案例1-2】中含有【多线】按钮的工作空间），并将其保存在工作空间列表中，以备工作时随时调用。

（1）启动 AutoCAD 2018，将工作界面按自己的偏好进行设置，如在【绘图】面板中增加【多线】按钮，如图 1-95 所示。

（2）选择【快速访问】工具栏工作空间类表框中的【将当前空间另存为】选项，如图 1-96 所示。

图1-95 自定义的工作空间

图1-96 工作空间列表框

图1-97 【保存工作空间】对话框

（3）系统弹出【保存工作空间】对话框，输入新工作空间的名称，如图1-97所示。

（4）单击【保存】按钮，自定义的工作空间即创建完成，如图1-98所示。在以后的工作中，可以随时通过选择该工作空间，快速将工作界面切换为相应的状态。

图1-98 工作空间列表框

1.6.5 工作空间设置

通过【工作空间设置】可以修改AutoCAD默认的工作空间。这样做的好处就是能将用户自定义的工作空间设为默认，在启动AutoCAD后即可快速工作，无需再进行切换。

执行【工作空间设置】的方法与切换工作空间一致，只需在列表框中选择【工作空间设置】选项即可。选择之后弹出【工作空间设置】对话框，如

图1-99所示。在【我的工作空间（M）=】下拉列表中选择要设置为默认的工作空间，即可将该空间设置为AutoCAD启动后的初始空间。

不需要的工作空间，可以将其在工作空间列表中删除。选择工作空间列表框中的【自定义】选项，打开【自定义用户界面】对话框，在不需要的工作空间名称上单击鼠标右键，在弹出的快捷菜单中选择【删除】选项，即可删除不需要的工作空间，如图1-100所示。

图1-99 【工作空间设置】对话框

图1-100 删除不需要的工作空间

【案例1-5】 创建带【工具栏】的经典工作空间
视频文件：DVD\视频\第1章\1-5.MP4

从2015版开始，AutoCAD取消了【经典工作空间】的界面设置，结束了长达十余年之久的工具栏命令操作方式。但对于一些有基础的用户来说，相较于2018版，他们更习惯于2005版、2008版、2012版等经典版本的工作界面，也习惯于使用工具栏来调用命令，如图1-101所示。

图1-101 旧版本AutoCAD的经典工作空间

在 AutoCAD 2018 中，仍然可以通过设置工作空间的方式，创建出符合自己操作习惯的经典界面，方法如下。

（1）单击快速访问工具栏中的【切换工作空间】下拉按钮，在弹出的下拉列表中选择【自定义】选项，如图 1-102 所示。

（2）系统自动打开【自定义用户界面】对话框，然后选择【工作空间】一栏，单击右键，在弹出的快捷菜单中选择【新建工作空间】选项，如图 1-103 所示。

图1-102 选择【自定义】信息　　图1-103 新建工作空间

（3）在【工作空间】树列表中新添加了一工作空间，将其命名为【经典工作空间】，然后单击对话框右侧【工作空间内容】区域中的【自定义工作空间】按钮，如图 1-104 所示。

图1-104 命名经典工作空间

（4）返回对话框左侧的【所有自定义文件】区域，单击 ⊞ 按钮展开【工具栏】树列表，依次勾选其中的【标注】、【绘图】、【修改】、【标准】、【样式】、【图层】、【特性】等7个工具栏，即旧版本 AutoCAD 中的经典工具栏，如图 1-105 所示。

（5）再返回勾选上一级的整个【菜单栏】与【快速访问工具栏】下的【快速访问工具栏 1】，如图 1-106 所示。

图1-105 勾选7个经典工具栏　　图1-106 勾选菜单栏与快速访问工具栏

（6）在对话框右侧的【工作空间内容】区域中已经

可以预览到该工作空间的结构，确定无误后单击其上方的【完成】按钮，如图 1-107 所示。

图1-107 完成经典工作空间的设置

（7）在【自定义工作界面】对话框中先单击【应用】按钮，再单击【确定】按钮，退出该对话框。

（8）将工作空间切换至刚创建的【经典工作空间】，效果如图 1-108 所示。

图1-108 创建的经典工作空间

（9）可见在原来的【功能区】区域已经消失，但仍空出了一大块，影响界面效果。可以在此处右击，在弹出的快捷菜单中选择【关闭】选项，即可关闭【功能区】显示，如图 1-109 所示。

图1-109 创建的经典工作空间

（10）将各工具栏拖移到合适的位置，最终效果如图 1-110 所示。保存该工作空间后即可随时启用。

图1-110 经典工作空间

第2章
坐标系与辅助绘图工具

要利用 AutoCAD 来绘制图形，首先就要了解坐标、对象选择和一些辅助绘图工具方面的内容。本章将介绍相关内容，并通过实例来帮助大家加深理解。此外，本章还将介绍 AutoCAD 绘图环境的设置，如背景颜色、光标大小等。

2.1 AutoCAD的坐标系

AutoCAD的图形定位，主要是由坐标系进行确定。要想正确、高效地绘图，必须先了解AutoCAD坐标系的概念和坐标输入方法。

2.1.1 认识坐标系

在AutoCAD 2018中，坐标系分为世界坐标系（WCS）和用户坐标系（UCS）两种。

1. 世界坐标系（WCS）

世界坐标系（World Coordinate SYstem，简称WCS）是AutoCAD的基本坐标系。它由三个相互垂直的坐标轴X、Y和Z组成，在绘制和编辑图形的过程中，它的坐标原点和坐标轴的方向是不变的。

如图2-1所示，世界坐标系在默认情况下，X轴正方向水平向右，Y轴正方向垂直向上，Z轴正方向垂直屏幕平面方向，指向用户。坐标原点在绘图区左下角，在其上有一个方框标记，表明是世界坐标系统。

2. 用户坐标系（UCS）

为了更好地辅助绘图，经常需要修改坐标系的原点位置和坐标方向，这时就需要使用可变的用户坐标系（User Coordinate SYstem，简称USC）。在用户坐标系中，可以任意指定或移动原点和旋转坐标轴，默认情况下，用户坐标系和世界坐标系重合，如图2-2所示。

图2-1 世界坐标系图标　　图2-2 用户坐标系图标
　　（WCS）　　　　　　　　（UCS）

2.1.2 坐标的4种表示方法

在指定坐标点时，既可以使用直角坐标，也可以使用极坐标。在AutoCAD中，一个点的坐标可以用绝对直角坐标、绝对极坐标、相对直角坐标和相对极坐标4种方法表示。

1. 绝对直角坐标

绝对直角坐标是指相对于坐标原点（0,0）的直角坐标，要使用该指定方法指定点，应输入逗号隔开的X、Y和Z值，即用（X,Y,Z）表示。当绘制二维平面图形时，其Z值为0，可省略而不必输入，仅输入X、Y值即可，如图2-3所示。

2. 相对直角坐标

相对直角坐标是基于上一个输入点而言，以某点相对于另一特定点的相对位置来定义该点的位置。相对特定坐标点（X，Y，Z）增加（nX，nY，nZ）的坐标点的输入格式为（@nX，nY，nZ）。相对坐标输入格式为（@X,Y），"@"符号表示使用相对坐标输入，是指定相对于上一个点的偏移量，如图2-4所示。

图2-3 绝对直角坐标　　　图2-4 相对直角坐标

> **专家提醒**
>
> 坐标分隔的逗号","和"@"符号都应是英文输入法下的字符，否则无效。

3. 绝对极坐标

该坐标方式是指相对于坐标原点（0,0）的极坐标。例如，坐标（12<30）是指从X轴正方向逆时针旋转30°，距离原点12个图形单位的点，如图2-5所示。在实际绘图工作中，由于很难确定与坐标原点之间的绝对极轴距离，因此该方法使用较少。

4. 相对极坐标

以某一特定点为参考极点，输入相对于参考极点的距离和角度来定义一个点的位置。相对极坐标输入格式为（@A<角度），其中A表示指定与特定点的距离。例如，坐标（@14<45）是指相对于前一点角度为45°，距离为14个图形单位的一个点，如图2-6所示。

图2-5 绝对极坐标 　　　图2-6 相对极坐标

【案例 2-1】通过绝对直角坐标绘制图形
视频文件：DVD\视频\第 2 章\2-1.MP4

以绝对直角坐标输入的方法绘制如图2-7所示的图形。图中O点为AutoCAD的坐标原点，坐标即（0，0），因此A点的绝对坐标则为（10，10），B点的绝对坐标为（50，10），C点的绝对坐标为（50，40）。因此绘制步骤如下：

（1）在【默认】选项卡中，单击【绘图】面板上的【直线】按钮 ，执行直线命令。

（2）命令行出现"指定第一点"的提示，直接在其后输入"10,10"，即第一点A点的坐标，如图2-8所示。

（3）单击Enter键确定第一点的输入，接着命令行提示"指定下一点"，再按相同方法输入B、C点的绝对坐标值，即可得到如图2-7所示的图形效果。完整的命令行操作过程如下。

图2-7 图形效果

命令: L LINE	//调用【直线】命令
指定第一个点: 10,10✓	//输入A点的绝对坐标
指定下一点或 [放弃(U)]: 50,10✓	//输入B点的绝对坐标
指定下一点或 [放弃(U)]: 50,40✓	//输入C点的绝对坐标
指定下一点或 [闭合(C)/放弃(U)]: c✓	//闭合图形

图2-8 输入绝对坐标确定第一点

【案例 2-2】通过相对直角坐标绘制图形
视频文件：DVD\视频\第 2 章\2-2.MP4

以相对直角坐标输入的方法绘制如图2-7所示的图形。在实际绘图工作中，大多数设计师都喜欢随意在绘图区中指定一点为第一点，这样就很难界定该点及后续图形与坐标原点（0,0）的关系，因此往往多采用相对坐标的输入方法来进行绘制。相比于绝对坐标的刻板，相对坐标显得更为灵活多变。

（1）在【默认】选项卡中，单击【绘图】面板上的【直线】按钮 ，执行直线命令。

（2）输入A点。可按上例中的方法输入A点，也可以在绘图区中任意指定一点做为A点。

（3）输入B点。在图 2-7 中，B点位于A点的正X轴方向、距离为40点处，Y轴增量为0，因此相对于A点的坐标为（@40,0），可在命令行提示"指定下一点"时输入"@40,0"，即可确定B点，如图2-9所示。

（4）输入C点。由于相对直角坐标是相对于上一点进行定义的，因此在输入C点的相对坐标时，要考虑它和B点的相对关系，C点位于B点的正上方，距离为30，即输入"@0,30"，如图 2-10 所示。

图2-9 输入B点的相对直角坐标

图2-10 输入C点的相对直角坐标

（5）将图形封闭即绘制完成。完整的命令行操作过程如下。

命令：L LINE   //调用【直线】命令
指定第一个点：10,10↙   //输入A点的绝对坐标
指定下一点或 [放弃(U)]：@40,0↙   //输入B点相对于上一个点（A点）的相对坐标
指定下一点或 [放弃(U)]：@0,30↙   //输入C点相对于上一个点（B点）的相对坐标
指定下一点或 [闭合(C)/放弃(U)]：c↙   //闭合图形

【案例 2-3】通过相对极坐标绘制图形
视频文件：DVD\视频\第2章\2-3.MP4

以相对极坐标输入的方法绘制如图2-7所示的图形。相对极坐标与相对直角坐标一样，都是以上一点为参考基点，输入增量来定义下一个点的位置。只不过相对极坐标输入的是极轴增量和角度值。

（1）在【默认】选项卡中，单击【绘图】面板上的【直线】按钮，执行直线命令。

（2）输入A点。可按上例中的方法输入A点，也可以在绘图区中任意指定一点作为A点。

（3）输入C点。A点确定后，就可以通过相对极坐标的方式确定C点。C点位于A点的37°方向，距离为50（由勾股定理可知），因此相对极坐标为（@50<37），在命令行提示"指定下一点"时输入"@50<37"，即可确定C点，如图2-11所示。

（4）输入B点。B点位于C点的 -90° 方向，距离为30，因此相对极坐标为（@30<-90），输入"@30<-90"即可确定B点，如图2-12所示。

图2-11 输入C点的相对极坐标

图2-12 输入B点的相对极坐标

（5）将图形封闭即绘制完成。完整的命令行操作过程如下。

命令：_line   //调用【直线】命令
指定第一个点：10,10↙   //输入A点的绝对坐标
指定下一点或 [放弃(U)]：@50<37↙   //输入C点相对于上一个点（A点）的相对极坐标
指定下一点或 [放弃(U)]：@30<-90↙   //输入B点相对于上一个点（C点）的相对极坐标
指定下一点或 [闭合(C)/放弃(U)]：c↙   //闭合图形

2.1.3 坐标值的显示

在AutoCAD状态栏的左侧区域，会显示当前光标所处位置的坐标值，该坐标值有3种显示状态。

○ 绝对直角坐标状态：显示光标所在位置的坐标
（ 118.8822, -0.4634, 0.0000 ）。

○ 相对极坐标状态：在相对于前一点来指定第二点时可以使用此状态（ 37.6469<216, 0.0000 ）。

○ 关闭状态：颜色变为灰色，并"冻结"关闭时所显示的坐标值，如图2-13所示。
用户可根据需要在这3种状态之间相互切换。

○ 按Ctrl+I组合键可以关闭开启坐标显示。

○ 当确定一个位置后，在状态栏中显示坐标值的区域，单击也可以进行切换。

○ 在状态栏中显示坐标值的区域，用鼠标右键单击即可弹出快捷菜单，如图2-14所示，可在其中选择所需状态。

图2-13 关闭状态下的坐标值

图2-14 坐标的快捷菜单

2.2 辅助绘图工具

本节将介绍AutoCAD 2018辅助工具的设置。通过对辅助功能进行适当的设置，可以提高用户制图的工作效率和绘图的准确性。在实际绘图中，用鼠标定位虽然方便快捷，但精度不够，因此为了解决快速准确定位问题，AutoCAD提供了一些绘图辅助工具，如动态输入、栅格、栅格捕捉、正交和极轴追踪等。

【栅格】类似定位的小点，可以直观地观察到距离和位置；【栅格捕捉】用于设定鼠标光标移动的间距；【正交】控制直线在0°、90°、180°或270°等正平竖直的方向上；【极轴追踪】用以控制直线在30°、45°、60°等常规或用户指定角度上。

2.2.1 动态输入

在绘图的时候，有时可在光标处显示命令提示或尺寸输入框，这类设置即称作【动态输入】。在AutoCAD中，【动态输入】有2种显示状态，即指针输入和标注输入状态，如图2-15所示。

【动态输入】功能的开、关切换有以下两种方法。

❍ 快捷键：按F12键切换开、关状态。

❍ 状态栏：单击状态栏上的【动态输入】按钮，若亮显则为开启，如图2-16所示。

图2-15 不同状态的【动态输入】

图2-16 在状态栏中开启【动态输入】功能

右键单击状态栏上的【动态输入】按钮，选择弹出的【动态输入设置】选项，打开【草图设置】对话框中的【动态输入】选项卡，该选项卡可以控制在启用【动态输入】时每个部件所显示的内容。选项卡中包含3个组件，即指针输入、标注输入和动态显示，如图2-17所示，分别介绍如下。

1. 指针输入

单击【指针输入】选项区的【设置】按钮，打开【指针输入设置】对话框，如图2-18所示。可以在其中设置指针的格式和可见性。在工具提示中，十字光标所在位置的坐标值将显示在光标旁边。命令提示用户输入点时，可以在工具提示框（而非命令行）中输入坐标值。

图2-17 【动态输入】选项卡

图2-18 【指针输入设置】对话框

2. 标注输入

在【草图设置】对话框的【动态输入】选项卡中，选择【可能时启用标注输入】复选框，启用标注输入功能。单击【标注输入】选项区域的【设置】按钮，打开如图2-19所示的【标注输入的设置】对话框。利用该对话框可以设置夹点拉伸时标注输入的可见性等。

3. 动态提示

【动态显示】选项组中各选项按钮含义说明如下：

○ 【在十字光标附近显示命令提示和命令输入】复选框：勾选该复选框，可在光标附近显示命令显示和输出。

○ 【随命令提示显示更多提示】复选框：勾选该复选框，显示使用 Shift 键和 Ctrl 键进行夹点操作的提示。。

○ 【绘图工具提示外观】按钮：单击该按钮，弹出如图2-20所示的【工具提示外观】对话框，从中进行颜色、大小、透明度和应用场合的设置。

图2-19 【标注输入的设置】对话框　　图2-20 【工具提示外观】对话框

2.2.2 栅格

【栅格】相当于手工制图中使用的坐标纸，它按照相等的间距在屏幕上设置栅格点（或线）。使用者可以通过栅格点数目来确定距离，从而达到精确绘图的目的。【栅格】不是图形的一部分，只供用户视觉参考，打印时不会被输出。

控制【栅格】显示的方法如下：

○ 快捷键：按F7键可以切换开、关状态。

○ 状态栏：单击状态栏上的【显示图形栅格】按钮 ▦ ，若亮显则为开启，如图2-21所示。

用户可以根据实际需要自定义【栅格】的间距、大小与样式。在命令行中输入DS【草图设置】命令，系统自动弹出【草图设置】对话框，在【栅格间距】选项区中设置间距、大小与样式。或是调用GRID命令，根据命令行提示同样可以控制栅格的特性。

1. 设置栅格显示样式

在AutoCAD 2018中，栅格有两种显示样式：

点矩阵和线矩阵，默认状态下显示的是线矩阵栅格，如图2-22所示。

图2-21 在状态栏中开启【栅格】功能　　图2-22 默认的线矩阵栅格

右键单击状态栏上的【显示图形栅格】按钮 ▦ ，选择弹出的【网格设置】选项，打开【草图设置】对话框中的【捕捉和栅格】选项卡，然后选择【栅格样式】区域中的【二维模型空间】复选框，即可显示点矩阵样式的栅格，如图2-23所示。

图2-23 显示点矩阵样式的栅格

同理，勾选【块编辑器】或【图纸/布局】复选框，即可在对应的绘图环境中开启点矩阵的栅格样式。

2. 设置栅格间距

如果栅格以线矩阵而非点矩阵显示，那么其中会有若干颜色较深的线（称为主栅格线）和颜色较浅的线（称为辅助栅格线）间隔显示，栅格的组成如图2-24所示。在以小数单位或英尺、英寸绘图时，主栅格线对于快速测量距离尤其有用。在【草图设置】对话框中，可以通过【栅格间距】区域来设置栅格的间距。

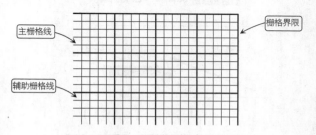

图2-24 栅格的组成

专家提醒

【栅格界限】只有使用Limits命令定义了图形界限之后方能显现，详见本书第4章4.1.4设置图形界限小节。

【栅格间距】区域中的各命令含义说明如下：

- 〇 【栅格X轴间距】文本框：输入辅助栅格线在X轴上（横向）的间距值；
- 〇 【栅格Y轴间距】文本框：输入辅助栅格线在Y轴上（纵向）的间距值；
- 〇 【每条主线之间的栅格数】文本框：输入主栅格线之间的辅助栅格线的数量，因此可间接指定主栅格线的间距，即：主栅格线间距=辅助栅格线间距×数量。

默认情况下，X轴间距和Y轴间距值是相等的，如需分别输入不同的数值，需取消【X轴间距和Y轴间距相等】复选框的勾选，方能输入。不同间距下的栅格效果如图2-25所示。

图2-25 不同间距下的栅格效果

3. 在缩放过程中动态更改栅格

如果放大或缩小图形，将会自动调整栅格间距，使其适合新的比例。例如，如果缩小图形，则显示的栅格线密度会自动减小；相反，如果放大图形，则附加的栅格线将按与主栅格线相同的比例显示。这一过程称为自适应栅格显示，如图2-26所示。

视图缩小栅格随之缩小　　视图放大栅格随之放大

图2-26 【自适应栅格】效果

勾选【栅格行为】下的【自适应栅格】复选框，即可启用该功能。如果再勾选其下的【允许小于栅格间距的间距再拆分】复选框，则在视图放大时，会生成更多间距更小的栅格线，即以原辅助栅格线替换为主栅格线，然后再进行平分。

4. 栅格与UCS的关系

栅格和捕捉点始终与UCS原点对齐。如果需要移动栅格和栅格捕捉原点，需移动UCS。如果需要沿特定的对齐方式或角度绘图，可以通过旋转用户坐标系（UCS）来更改栅格和捕捉角度，如图2-27所示。

正常UCS状态下的栅格　　将UCS旋转了30°后的栅格

图2-27 UCS旋转效果与栅格

此旋转将十字光标在屏幕上重新对齐，以与新的角度匹配。在图2-27样例中，将UCS旋转30度以与固定支架的角度一致。

2.2.3 捕捉

【捕捉】功能可以控制光标移动的距离。它经常和【栅格】功能联用，当捕捉功能打开时，光标便能停留在栅格点上，这样就只能绘制出栅格间距整数倍的距离。

控制【捕捉】功能的方法如下：

- 〇 快捷键：按F9键可以切换开、关状态。
- 〇 状态栏：单击状态栏上的【捕捉模式】按钮，若亮显则为开启。

同样，也可以在【草图设置】对话框中的【捕捉和栅格】选项卡中控制捕捉的开关状态及其相关属性。

1. 设置栅格捕捉间距

在【捕捉间距】下的【捕捉X轴间距】和【捕捉Y轴间距】文本框中可输入光标移动的间距。通常情况下，【捕捉间距】应等于【栅格间距】，这样在启动【栅格捕捉】功能后，就能将光标限制在栅格点上，如图2-28所示；如果【捕捉间距】不等于【栅格间距】，则会出现捕捉不到栅格点的情况，如图2-29所示。

在正常工作中，【捕捉间距】不需要和【栅格间距】相同。例如，可以设定较宽的【栅格间距】用作参照，但使用较小的【捕捉间距】以保证定位点时的精确性。

图2-28 【捕捉间距】与【栅格间距】相等时的效果

图2-29 【捕捉间距】与【栅格间距】不相等时的效果

栅格，适用于等轴测视图，如图2-31所示。

图2-30 【矩形捕捉】模式下   图2-31 【等轴测捕捉】
的栅格   模式下的栅格

2. 设置捕捉类型

捕捉有两种捕捉类型：栅格捕捉和极轴捕捉，两种捕捉类型分别介绍如下。

◆ 栅格捕捉

设定栅格捕捉类型。如果指定点，光标将沿垂直或水平栅格点进行捕捉。【栅格捕捉】下分两个单选按钮：【矩形捕捉】和【等轴测捕捉】，分别介绍如下：

- 【矩形捕捉】单选按钮：将捕捉样式设定为标准"矩形"捕捉模式。当捕捉类型设定为【栅格】并且打开【捕捉】模式时，光标将捕捉矩形捕捉栅格，适用于普通二维视图，如图2-30所示。

- 【等轴测捕捉】单选按钮：将捕捉样式设定为"等轴测"捕捉模式。当捕捉类型设定为【栅格】并且打开【捕捉】模式时，光标将捕捉等轴测捕捉

◆ PolarSnap（极轴捕捉）

将捕捉类型设定为【PolarSnap】。如果启用了【捕捉】模式并在极轴追踪打开的情况下指定点，光标将沿在【极轴追踪】选项卡（见本章3.2.4小节）上相对于极轴追踪起点设置的极轴对齐角度进行捕捉。

启用【PolarSnap】后，【捕捉间距】变为不可用，同时【极轴间距】文本框变得可用，可在该文本框中输入要进行捕捉的增量距离，如果该值为0，则【PolarSnap】捕捉的距离采用【捕捉X轴间距】文本框中的值。启用【PolarSnap】后无法将光标定位至栅格点上，但在执行【极轴追踪】时，可将增量固定为设定的整数倍，效果如图2-32所示。

图2-32 PolarSnap（极轴捕捉）效果

【PolarSnap】设置应与【极轴追踪】或【对象捕捉追踪】结合使用，如果两个追踪功能都未启用，则【PolarSnap】设置视为无效。

【案例 2-4】通过【栅格】与【捕捉】绘制图形
视频文件：DVD\视频\第2章\2-4.MP4

除了前面练习中所用到的通过输入坐标方法绘图，在AutoCAD中还可以借助【栅格】与【捕捉】来进行绘制。该方法适合绘制尺寸圆整、外形简单的图形，本例同样绘制如图2-7所示的图形，以方便读者进行对比。

（1）用鼠标右键单击状态栏上的【捕捉模式】按钮

▼，选择【捕捉设置】选项，如图2-33所示，系统弹出【草图设置】对话框。

（2）设置栅格与捕捉间距。在图2-7中可知最小尺寸为10，因此可以设置栅格与捕捉的间距同样为10，使得十字光标以10为单位进行移动。

（3）勾选【启用捕捉】和【启用栅格】复选框，在

【捕捉间距】选项区域改为捕捉 X 轴间距 10，捕捉 Y 轴间距 10；在【栅格间距】选项区域，改为栅格 X 轴间距为 10，栅格 Y 轴间距为 10、每条主线之间的栅格数为 5，如图 2-34 所示。

图2-33　设置选项

图2-34　设置参数

（4）单击【确定】按钮，完成栅格的设置。

（5）在命令行中输入 L，调用【直线】命令，可见光标只能在间距为 10 的栅格点处进行移动，如图 2-35 所示。

（6）捕捉各栅格点，绘制最终图形如图 2-36 所示。

图2-35　捕捉栅格点进行绘制　　　图2-36　最终图形

2.2.4 ▶ 正交

在绘图过程中，使用【正交】功能便可以将十字光标限制在水平或者垂直轴向上，同时也限制在当前的栅格旋转角度内。使用【正交】功能就如同使用了丁字尺绘图，可以保证绘制的直线完全呈水平或垂直状态，方便绘制水平或垂直直线。

打开或关闭【正交】功能的方法如下。

○ 快捷键：按F8键可以切换正交开、关模式。
○ 状态栏：单击【正交】按钮 ，若亮显则为开启，如图2-37所示。

因为【正交】功能限制了直线的方向，所以绘制水平或垂直直线时，指定方向后直接输入长度即可，不必再输入完整的坐标值。开启【正交】功能后光标状态如图2-38所示，关闭正交后光标状态如图2-39所示。

图2-37　状态栏中开启【正交】功能

图2-38　开启【正交】效果　　图2-39　关闭【正交】效果

【案例 2-5】通过【正交】绘制工字钢
视频文件：DVD\视频\第2章\2-5.MP4

通过【正交】绘制如图2-40所示的图形。【正交】功能开启后，系统自动将光标定位在水平或垂直位置上，在引出的追踪线上，直接输入一个数值即可定位目标点，而不用手动输入坐标值或捕捉栅格点来进行确定。

（1）启动 AutoCAD 2018，新建一个空白文档。

（2）单击状态栏中的 按钮，或按 F8 功能键，激活【正交】功能。

（3）单击【绘图】面板中的 按钮，激活【直线】命令，配合【正交】功能，绘制图形。命令行操作过程如下：

图2-40　通过正交绘制图形

```
命令:_line
指定第一点:                          //在绘图区任意栅格点处单击左键，作为起点A
指定下一点或 [放弃(U)]:10↙          //向上移动光标，引出90° 正交追踪线，如图2-41所示，输入10，定位B点
指定下一点或 [放弃(U)]:20↙          //向右移动光标，引出0° 正交追踪线，如图2-42所示，输入20，定位C点
指定下一点或 [放弃(U)]:20↙          //向上移动光标，引出270° 正交追踪线，输入20，定位D点
……
```

（4）根据以上方法，配合【正交】功能绘制其他线段，最终的结果如图2-43所示。

图2-41 绘制第一条直线　　　图2-42 绘制第二条直线　　　图2-43 通过正交绘制图形

极轴追踪

　　【极轴追踪】功能实际上是极坐标的一个应用。使用极轴追踪绘制直线时，捕捉到一定的极轴方向即确定了极角，然后输入直线的长度即确定了极半径，因此和正交绘制直线一样，极轴追踪绘制直线一般使用长度输入确定直线的第二点，代替坐标输入。【极轴追踪】功能可以用来绘制带角度的直线，如图2-44所示。

　　一般来说，极轴可以绘制任意角度的直线，包括水平的0°、180°与垂直的90°、270°等，因此某些情况下可以代替【正交】功能使用。【极轴追踪】绘制的图形如图2-45所示。

图2-44 开启【极轴追踪】　　图2-45 【极轴追踪】模式
　　　　效果　　　　　　　　　绘制的直线

　　【极轴追踪】功能的开、关切换有两种方法。

○ 快捷键：按F10键切换开、关状态。

○ 状态栏：单击状态栏上的【极轴追踪】按钮
　若亮显则为开启，如图2-46所示。

　　右键单击状态栏上的【极轴追踪】按钮
弹出追踪角度列表，如图2-46所示，其中的数值便
为启用【极轴追踪】时的捕捉角度。在弹出的快捷

菜单中选择【正在追踪设置】选项，打开【草图设置】对话框，在【极轴追踪】选项卡中设置极轴追踪开关和其他角度值的增量角等，如图2-47所示。

图2-46 选择【正在追　　图2-47 【极轴追踪】选项卡
踪设置】命令

　　【极轴追踪】选项卡中各选项的含义如下。

○ 【增量角】列表框：用于设置极轴追踪角度。当光标的相对角度等于该角，或者是该角的整数倍时，屏幕上将显示出追踪路径，如图2-48所示。

○ 【附加角】复选框：增加任意角度值作为极轴追踪的附加角度。勾选【附加角】复选框，并单击【新建】按钮，然后输入所需追踪的角度值，即可捕捉至附加角的角度，如图2-49所示。

图2-48 设置【增量角】进行捕捉

图2-49 设置【附加角】进行捕捉

图2-51 可从极轴追踪角度显示对象捕捉路径

- 【仅正交追踪】单选按钮：当对象捕捉追踪打开时，仅显示已获得的对象捕捉点的正交(水平和垂直方向)对象捕捉追踪路径，如图2-50所示。
- 【用所有极轴角设置追踪】单选按钮：当对象捕捉追踪打开时，将从对象捕捉点起沿任何极轴追踪角进行追踪，如图2-51所示。

- 【极轴角测量】选项组：设置极轴角的参照标准。【绝对】单选按钮表示使用绝对极坐标，以X轴正方向为0°。【相对上一段】单选按钮根据上一段绘制的直线确定极轴追踪角，上一段直线所在的方向为0°，如图2-52所示。

图2-50 仅从正交方向显示对象捕捉路径

图2-52 不同的【极轴角测量】效果

专家提醒

细心的读者可能发现，极轴追踪的增量角与后续捕捉角度都是成倍递增的，如图2-46所示；但图中有一个例外，那就是23°的增量角后直接跳到了45°，与后面的各角度也不成整数倍关系。这是由于AutoCAD的角度单位精度设置为整数，因此22.5°就被四舍五入为23°。所以只需选择菜单栏【格式】|【单位】，在【图形单位】对话框中将角度精度设置为【0.0】，即可使得23°的增量角还原为22.5°，使用极轴追踪时也能正常捕捉至22.5°，如图2-53所示。

图2-53 图形单位与极轴捕捉的关系

【案例 2-6】通过【极轴追踪】绘制导轨截面

📀视频文件：DVD\视频\第2章\2-6.MP4

通过【极轴追踪】绘制如图2-54所示的图形。极轴追踪功能是一个非常重要的辅助工具，此工具可以在任何角度和方向上引出角度矢量，从而可以很方便地精确定位角度方向上的任何一点。相比于坐标输入、栅格与捕捉、正交等绘图方法来说，极轴追踪更为便捷，可以绘制绝大部分图形，因此是使用最多的一种绘图方法。

（1）启动 AutoCAD 2018，新建一空白文档。

（2）右键单击状态栏上的【极轴追踪】按钮，然后在弹出的快捷菜单中选择【正在追踪设置】选项，在打开的【草图设置】对话框中勾选【启用极轴追踪】复选框，并将当前的增量角设置为45，再勾选【附加角】复选框，新建一个85°的附加角，如图 2-55 所示。

图2-54 通过极轴追踪绘制导轨图形

图2-55 设置极轴追踪参数

（3）单击【绘图】面板中的 按钮，激活【直线】命令，配合【极轴追踪】功能，绘制外框轮廓线。命令行操作过程如下。

```
命令：_line
指定第一点：                              //在适当位置单击左键，拾取一点作为起点A
指定下一点或 [放弃(U)]：50↙              //向上移动光标，在85°的位置可以引出极轴追踪虚线，如图
2-56所示，此时输入50，得到第2点B
指定下一点或 [放弃(U)]：20↙              //水平向右移动光标，引出0°的极轴追踪虚线，如图2-57所示，
输入20，定位第3点C
指定下一点或 [放弃(U)]：30↙              //向右下角移动光标，引出45°的极轴追踪线，如图2-58示，输
入30，定位第4点D
指定下一点或 [放弃(U)]：10↙              //垂直向下移动光标，引出90°的极轴追踪虚线，如图2-59所
示，输入10，定位定第5点E
......
```

图2-56 引出85°的极轴追踪　　图2-57 引出0°的极轴追　　图2-58 引出45°的极轴追　　图2-59 引出90°的极轴
　　　　虚线　　　　　　　　　　　踪虚线　　　　　　　　　　踪虚线　　　　　　　　追踪虚线

（4）根据以上方法，配合【极轴追踪】功能绘制其他线段，即可绘制出如图 2-60 所示的图形。

图2-60 通过极轴追踪绘制图形

2.3　对象捕捉

通过【对象捕捉】功能可以精确定位现有图形对象的特征点，如圆心、中点、端点、节点、象限点等，从而为精确绘制图形提供了有利条件。

2.3.1 ▶ 对象捕捉概述

鉴于点坐标法与直接肉眼确定法的各种弊端，AutoCAD提供了【对象捕捉】功能。在【对象捕捉】开启的情况下，系统会自动捕捉某些特征点，如圆心、中点、端点、节点、象限点等。因此，【对象捕捉】的实质是对图形对象特征点的捕捉，如图2-61所示。

捕捉点　　　　启用【对象捕捉】结果　　　　不启用【对象捕捉】结果

图2-61 对象捕捉

【对象捕捉】功能生效需要具备2个条件。

○ 【对象捕捉】开关必须打开。

○ 必须是在命令行提示输入点位置的时候。

如果命令行并没有提示输入点位置，则【对象捕捉】功能是不会生效的。因此，【对象捕捉】实际上是通过捕捉特征点的位置，来代替命令行输入特征点的坐标。

2.3.2 ▶ 设置对象捕捉点

开启和关闭【对象捕捉】功能的方法如下。

○ 菜单栏：选择【工具】|【草图设置】命令，弹出【草图设置】对话框。选择【对象捕捉】选项卡，选中或取消选中【启用对象捕捉】复选框，也可以打开或关闭对象捕捉，但这种操作太烦琐，实际中一般不使用。

○ 快捷键：按F3键可以切换开、关状态。

○ 状态栏：单击状态栏上的【对象捕捉】按钮 ，若亮显则为开启，如图2-62所示。

○ 命令行：输入OSNAP，打开【草图设置】对话框，单击【对象捕捉】选项卡，勾选【启用对象捕捉】复选框。

在设置对象捕捉点之前，需要确定哪些特性点是需要的，哪些是不需要的。这样不仅可以提高效率，也可以避免捕捉失误。使用任何一种开启【对象捕捉】的方法之后，系统弹出【草图设置】对话框，在【对象捕捉模式】选项区域中勾选用户需要

的特征点，单击【确定】按钮，退出对话框即可，如图2-63所示。

图2-62 状态栏中开启【对象捕捉】功能

图2-63 【草图设置】对话框

在AutoCAD 2018中，对话框共列出14种对象捕捉点和对应的捕捉标记，含义分别介绍如下。

○ 【端点】：捕捉直线或曲线的端点。

○ 【中点】：捕捉直线或是弧段的中心点。

○ 【圆心】：捕捉圆、椭圆或弧的中心点。

○ 【几何中心】：捕捉多段线、二维多段线和二维样条曲线的几何中心点。

○ 【节点】：捕捉用【点】、【多点】、【定数等分】、

【定距等分】等POINT类命令绘制的点对象。

- 【象限点】：捕捉位于圆、椭圆或弧段上0°、90°、180°和270°处的点。
- 【交点】：捕捉两条直线或弧段的交点。
- 【延长线】：捕捉直线延长线路径上的点。
- 【插入点】：捕捉图块、标注对象或外部参照的插入点。
- 【垂足】：捕捉从已知点到已知直线的垂线的垂足。
- 【切点】：捕捉圆、弧段及其他曲线的切点。
- 【最近点】：捕捉处在直线、弧段、椭圆或样条曲线上，而且距离光标最近的特征点。
- 【外观交点】：在三维视图中，从某个角度观察两个对象可能相交，但实际并不一定相交，可以使用【外观交点】功能捕捉对象在外观上相交的点。
- 【平行】：选定路径上的一点，使通过该点的直线与已知直线平行。

启用【对象捕捉】功能之后，在绘图过程中，当十字光标靠近这些被启用的捕捉特殊点后，将自动对其进行捕捉，效果如图2-64所示。这里需要注意的是，在【对象捕捉】选项卡中，各捕捉特殊点前面的形状符号，如□、×、○等，便是在绘图区捕捉时显示的对应形状。

图2-64 各捕捉效果

专家提醒

当需要捕捉一个物体上的点时，只要将鼠标指针靠近某个或某物体，不断地按Tab键，这个或这些物体的某些特殊点（如直线的端点、中间点、垂直点、与物体的交点、圆的四分圆点、中心点、切点、垂直点、交点）就会轮换显示出来，选择需要的点左键单击即可以捕捉这些点，如图2-65所示。

【第1次按Tab键】 【第2次按Tab键】 【第3次按Tab键】

图2-65 按Tab键切换捕捉点

2.3.3 对象捕捉追踪

在绘图过程中，除了需要掌握对象捕捉的应用外，也需要掌握对象追踪的相关知识和应用的方法，从而能提高绘图的效率。

【对象捕捉追踪】功能的开、关切换有以下两种方法。

- 快捷键：按F11键，切换开、关状态。
- 状态栏：单击状态栏上的【对象捕捉追踪】按钮 ✍ 。

启用【对象捕捉追踪】后，在绘图的过程中需要指定点时，光标可以沿基于其他对象捕捉点的对齐路径进行追踪，图2-66所示为中点捕捉追踪效果，图2-67所示为交点捕捉追踪效果。

图2-66 中点捕捉追踪　　图2-67 交点捕捉追踪

专家提醒

由于对象捕捉追踪的使用是基于对象捕捉进行操作的，因此，要使用对象捕捉追踪功能，必须先开启一个或多个对象捕捉功能。

已获取的点将显示一个小加号（＋），一次最多可以获得7个追踪点。获取点之后，当在绘图路径上移动光标时，将显示相对于获取点的水平、垂直或指定角度的对齐路径。

例如，在如图2-68所示的示意图中，启用了【端点】对象捕捉，单击直线的起点1开始绘制直线，将光标移动到另一条直线的端点2处获取该点，然后沿水平对齐路径移动光标，定位要绘制的直线的端点3。

图2-68 对象捕捉追踪示意图

2.4 临时捕捉

除了前面介绍的对象捕捉功能之外，AutoCAD还提供了临时捕捉功能，同样可以捕捉如圆心、中点、端点、节点、象限点等特征点。与对象捕捉功能不同的是临时捕捉属于"临时"调用，无法一直生效，但在绘图过程中可随时调用。

2.4.1 临时捕捉述

临时捕捉是一种一次性的捕捉模式，这种捕捉模式不是自动的，当用户需要临时捕捉某个特征点时，需要在捕捉之前手工设置需要捕捉的特征点，然后进行对象捕捉。这种捕捉不能反复使用，再次使用捕捉需重新选择捕捉类型。

1. 临时捕捉的启用方法

执行临时捕捉有以下两种方法：

○ 右键快捷菜单：在命令行提示输入点的坐标时，如果要使用临时捕捉模式，可按住Shift键然后单击鼠标右键，系统弹出快捷菜单，如图2-69所示，可以在其中选择需要的捕捉类型。

○ 命令行：可以直接在命令行中输入执行捕捉对象的

快捷指令来选择捕捉模式。例如在绘图过程中，输入并执行MID快捷命令将临时捕捉图形的中点，如图2-70所示。AutoCAD常用对象捕捉模式及快捷命令见表2-1。

图 2-69 临时捕捉快捷菜单

图 2-70 在命令行中输入指令

表 2-1 常用对象捕捉模式及其指令

捕捉模式	快捷命令	捕捉模式	快捷命令	捕捉模式	快捷命令
临时追踪点	TT	节点	NOD	切点	TAN
自	FROM	象限点	QUA	最近点	NEA
两点之间的中点	MTP	交点	INT	外观交点	APP
端点	ENDP	延长线	EXT	平行	PAR
中点	MID	插入点	INS	无	NON
圆心	CEN	垂足	PER	对象捕捉设置	OSNAP

专家提醒

这些指令即第1章所介绍的透明命令，可以在执行命令的过程中输入。

【案例 2-7】使用【临时捕捉】绘制带传动简图

视频文件：DVD\视频\第 2 章\2-7.MP4

（1）打开"第 2 章 /2-7 使用临时捕捉绘制带传动简图 .dwg"素材文件，素材图形如图 2-71 所示，已经绘制好了两个传动轮。

（2）在【默认】选项卡中，单击【绘图】面板上的【直线】按钮 ，命令行提示指定直线的起点。

（3）此时按住 Shift 键然后单击鼠标右键，在临时捕捉选项中选择【切点】，然后将指针移到传动轮 1 上，出现切点捕捉标记，如图 2-72 所示，在此位置单击确定直线第一点。

图2-71 素材图形　　图2-72 切点捕捉标记　　图2-73 绘制的第一条公　　图2-74 绘制的第二条公
　　　　　　　　　　　　　　　　　　　　　　　切线　　　　　　　　　　切线

（4）确定第一点之后，临时捕捉失效。再次按住 Shift 键，然后单击鼠标右键在临时捕捉选项中选择【切点】，将指针移到传动轮 2 的同一侧上，出现切点捕捉标记时单击，完成公切线绘制，如图 2-73 所示。

（5）重复上述操作，绘制另外一条公切线，如图 2-74 所示。

专家提醒

带传动具有结构简单、传动平稳、能缓冲吸振、可以在大的轴间距和多轴间传递动力，且造价低廉、不需润滑、维护容易等优点，在近代机械传动中应用十分广泛。

2. 临时捕捉的类型

通过图 2-69 的快捷菜单可知，临时捕捉比【草图设置】对话框中的对象捕捉点要多出 4 种类型，即临时追踪点、自、两点之间的中点、点过滤器。各类型具体含义分别介绍如下。

2.4.2 临时追踪点

【临时追踪点】是在进行图像编辑前临时建立

的、一个暂时的捕捉点，以供后续绘图参考。在绘图时可通过指定【临时追踪点】来快速指定起点，而无需借助辅助线。执行【临时追踪点】命令有以下两种方法。

○ 快捷键：按住 Shift 键同时单击鼠标右键，在弹出的菜单中选择【临时追踪点】选项。
○ 命令行：在执行命令时输入 tt。

执行该命令后，系统提示指定一临时追踪点，后续操作即以该点为追踪点进行绘制。

【案例 2-8】使用【临时追踪点】绘制图形
视频文件：DVD\视频\第 2 章\2-8.MP4

如果要在半径为 20mm 的圆中绘制一条指定长度为 30mm 的弦，通常情况下都是以圆心为起点，分别绘制 2 条辅助线，才可以得到最终图形，如图 2-75 所示。

1.原始图形　　　　2.绘制第一条辅助线　　　　3.绘制第二条辅助线　　　　4.绘制长度为 30 的弦

图2-75 指定弦长的常规画法

而如果使用【临时追踪点】进行绘制，则可以跳过辅助线的绘制步骤，直接从第 1 步原始图形跳到第 4 步，绘制出长度为 30mm 的弦。该方法详细步骤如下。

（1）打开素材文件"第 2 章 /2-8 使用临时追踪点绘制图形 .dwg"，其中已经绘制好了半径为 20mm 的圆，如图 2-76 所示。

（2）在【默认】选项卡中，单击【绘图】面板上的【直线】按钮，执行直线命令。

（3）执行临时追踪点。命令行出现"指定第一点"的提示时，输入 tt，执行【临时追踪点】命令，如图2-77所示。也可以在绘图区中单击鼠标右键，在弹出的快捷菜单中选择【临时追踪点】选项。

图2-76 素材图形

图2-77 执行【临时追踪点】

（4）指定【临时追踪点】。将光标移动至圆心处，然后水平向右移动光标，引出 0° 的极轴追踪虚线，接着输入 15，即将临时追踪点指定为圆心右侧距离为15mm的点，如图2-78所示。

（5）指定直线起点。垂直向下移动光标，引出 270° 的极轴追踪虚线，到达与圆的交点处，作为直线的起点，如图 2-79 所示。

（6）指定直线终点。水平向左移动光标，引出 180° 的极轴追踪虚线，到达与圆的另一交点处，作为直线的终点，该直线即为所绘制长度为30mm的弦，如图 2-80 所示。

图2-78 指定【临时追踪点】   图2-79 指定直线起点   图2-80 指定直线终点

2.4.3 【自】功能

【自】功能可以帮助用户在正确的位置绘制新对象。当需要指定的点不在任何对象捕捉点上，但在X、Y方向上距现有对象捕捉点的距离是已知的，就可以使用【自】功能来进行捕捉。执行【自】功能有以下几种方法。

○ 快捷键：按住Shift键同时单击鼠标右键，在弹出的快捷菜单中选择【自】选项。

○ 命令行：在执行命令时输入 from。

执行某个命令来绘制一个对象，例如L【直线】命令，然后启用【自】功能，此时提示需要指定一个基点，指定基点后会提示需要一个偏移点，可以使用相对坐标或者极轴坐标来指定偏移点与基点的位置关系，偏移点就将作为直线的起点。

【案例 2-9】使用【自】功能绘制图形
视频文件：DVD\ 视频 \ 第 2 章 \2-9.MP4

假如要在如图2-81所示的正方形中绘制一个小长方形，如图2-82所示。一般情况下只能借助辅助线来进行绘制，因为对象捕捉只能捕捉到正方形每个边上的端点和中点，这样即使通过对象捕捉的追踪线也无法定位至小长方形的起点（图中A点）。这时就可以用到【自】功能进行绘制，操作步骤如下。

图2-81 素材图形   图2-82 在正方体中绘制
小长方形

（1）打开素材文件"第 2 章 /2-9 使用【自】功能绘制图形 .dwg"，其中已经绘制好了边长为 10mm 的正方形，如图 2-81 所示。

（2）在【默认】选项卡中，单击【绘图】面板上的【直线】按钮／，执行直线命令。

（3）执行【自】功能。命令行出现"指定第一点"的提示时，输入 from，执行【自】命令，如图 2-83 所示。也可以在绘图区中单击鼠标右键，在弹出的快捷菜单中选择【自】选项。

（4）指定基点。此时提示需要指定一个基点，选择正方形的左下角点作为基点，如图 2-84 所示。

图2-83 执行【自】功能　　图2-84 指定基点

（5）输入偏移距离。指定完基点后，命令行出现"<偏移 :>"提示，此时输入小长方形起点 A 与基点的

相对坐标（@2,3），如图 2-85 所示。

（6）绘制图形。输入完毕后即可将直线起点定位至 A 点处，然后按给定尺寸绘制图形即可，如图 2-86 所示。

图2-85 输入偏移距离　　图2-86 绘制图形

专家提醒

在为【自】功能指定偏移点的时候，即使动态输入中默认的设置是相对坐标，也需要在输入时加上 "@" 来表明这是一个相对坐标值。动态输入的相对坐标设置仅适用于指定第2点时，例如，绘制一条直线时，输入的第一个坐标被当作绝对坐标，随后输入的坐标才被当作相对坐标。

2.4.4 两点之间的中点

　　两点之间的中点（MTP）命令修饰符可以在执行对象捕捉或对象捕捉替代时使用，用以捕捉两定点之间连线的中点。两点之间的中点命令使用较为灵活，熟练掌握的话可以绘制快速出众多独特的图形。执行【两点之间的中点】命令有以下几种方法。

○ 快捷键：按住 Shift 键同时单击鼠标右键，在弹出的菜单中选择【两点之间的中点】选项。

○ 命令行：在执行命令时输入 mtp。

○ 执行该命令后，系统会提示指定中点的第一个点和第二个点，指定完毕后便自动跳转至该两点之间连线的中点上。

【案例 2-10】使用【两点之间的中点】绘制铜钱

视频文件：DVD\ 视频 \ 第 2 章 \2-10.MP4

（1）打开素材文件"第 2 章 /2-10 使用【两点之间的中点】绘制图形 .dwg"，其中已经绘制好了直径为 20mm 的圆，如图 2-87 所示。

（2）在【默认】选项卡中，单击【绘图】面板上的【直线】按钮／，执行直线命令。

（3）执行【两点之间的中点】。命令行出现"指定第一点"的提示时，输入 mtp，执行【两点之间的中点】命令，如图 2-88 所示。也可以在绘图区中单击鼠标右键，在弹出的快捷菜单中选择【两点之间的中点】选项。

（4）指定中点的第一个点。将光标移动至圆心处，捕捉圆心为中点的第一个点，如图 2-89 所示。

（5）指定中点的第二个点。将光标移动至圆最右侧的象限点处，捕捉该象限点为第二个点，如图 2-90 所示。

图2-89 捕捉圆心为中点的　　图2-90 捕捉象限点为中点的
　　　第一个点　　　　　　　　第二个点

（6）直线的起点自动定位至圆心与象限点之间的中

图2-87 素材图形　　图2-88 执行【两点之间的中点】

点处，接着按相同方法将直线的第二点定位至圆心与上象限点的中点处，如图2-91所示。

图2-91 定位直线的第二个点

（7）按相同方法，绘制其余段的直线，最终效果如图2-92所示。

图2-92 【两点之间的中点】绘制图形效果

2.4.5 ▶ 点过滤器

点过滤器可以提取一个已有对象的X坐标值和另一个对象的Y坐标值，来拼凑出一个新的（X，Y）坐标位置。执行【点过滤器】命令有以下几种方法。

○ 快捷键：按住Shift键同时单击鼠标右键，在弹出的菜单中选择【点过滤器】选项后的子命令。
○ 命令行：在执行命令时输入.X或.Y
○ 执行上述命令后，通过对象捕捉指定一点，输入另外一个坐标值，接着可以继续执行命令操作。

2.5 选择图形

对图形进行任何编辑和修改操作的时候，必须先选择图形对象。针对不同的情况，采用最佳的选择方法，能大幅提高图形的编辑效率。AutoCAD 2018提供了多种选择对象的基本方法，如点选、框选、栏选、围选等。

2.5.1 ▶ 点选

如果选择的是单个图形对象，可以使用点选的方法。直接将拾取光标移动到选择对象上方，此时该图形对象会虚线亮显表示，单击鼠标左键，即可完成单个对象的选择。点选方式一次只能选中一个对象，如图2-93所示。连续单击需要选择的对象，可以同时选择多个对象，如图2-94所示，虚线显示部分为被选中的部分。

图2-93 点选单个对象　　图2-94 点选多个对象

专家提醒

按下Shift键并再次单击已经选中的对象，可以将这些对象从当前选择集中删除；按Esc键，可以取消对当前全部选定对象的选择。

如果需要同时选择多个或者大量的对象，再使用点选的方法不仅费时费力，而且容易出错。此时，宜使用AutoCAD 2018提供的窗口、窗交、栏选等选择方法。

2.5.2 ▶ 窗口选择

窗口选择是一种通过定义矩形窗口选择对象的方法。利用该方法选择对象时，从左往右拉出矩形窗口，框住需要选择的对象，此时绘图区将出现一个实线的矩形方框，选框内颜色为蓝色，如图2-95所示。释放鼠标后，被方框完全包围的对象将被选中，如图2-96所示；虚线显示部分为被选中的部分，按Delete键删除选择对象，结果如图2-97所示。

图2-95 窗口选择　图2-96 选择结果　图2-97 删除对象

2.5.3 ▶ 窗交选择

窗交选择对象的选择方向正好与窗口选择相反，它是按住鼠标左键向左上方或左下方拖动，框住需要选择的对象，框选时绘图区将出现一个虚线的矩形方框，方框内颜色为绿色，如图2-98所示。释放鼠标右键后，与方框相交和被方框完全包围的对象都将被选中，如图2-99所示；虚线显示部分为被选中的部分，删除选中对象，如图2-100所示。

2.5.4 ▶ 栏选

栏选图形是指在选择图形时拖曳出任意折线，如图2-101所示。凡是与折线相交的图形对象均被选中，如图2-102所示；虚线显示部分为被选中的部分，删除选中对象，如图2-103所示。

光标空置时，在绘图区空白处单击，然后在命令行中输入F并按Enter键，即可调用栏选命令，再根据命令行提示分别指定各栏选点，命令行操作如下：

图2-98 窗交选择　图2-99 选择结果　图2-100 删除对象

图2-101 栏选　图2-102 选择结果　图2-103 删除对象

指定对角点或 [栏选(F)/圈围(WP)/圈交(CP)]: F↙　//选择【栏选】方式
指定第一个栏选点:
指定下一个栏选点或 [放弃(U)]:

使用该方式选择连续性对象非常方便，但栏选线不能封闭或相交。

2.5.5 ▶ 圈围

圈围是一种多边形窗口选择方式，与窗口选择对象的方法类似，不同的是圈围方法可以构造任意形状的多边形，如图2-104所示。被多边形选择框完全包围的对象才能被选中，如图2-105所示；虚线显示部分为被选中的部分，删除选中对象，如图2-106所示。

光标空置时，在绘图区空白处单击，然后在命

令行中输入WP并按Enter键，即可调用圈围命令，命令行提示如下：

图2-104 圈围选择　图2-105 选择结果　图2-106 删除对象

指定对角点或 [栏选(F)/圈围(WP)/圈交(CP)]: WP↙　//选择【圈围】选择方式
第一圈围点:
指定直线的端点或 [放弃(U)]:
指定直线的端点或 [放弃(U)]:

圈围对象范围确定后，按Enter键或空格键确认选择。

2.5.6 ▶ 圈交

圈交是一种多边形窗交选择方式，与窗交选择对象的方法类似，不同的是圈交方法可以构造任意形状的多边形，它可以绘制任意闭合但不能与选择框自身相交或相切的多边形，如图2-107所示。选择完毕后可以选择多边形中与它相交的所有对象，如图2-108所示；虚线显示部分为被选中的部分，删除选中对象，如图2-109所示。

光标空置时，在绘图区空白处单击，然后在命令行中输入CP并按Enter键，即可调用圈围命令，命令行提示如下。

图2-107 圈交选择　图2-108 选择结果　图2-109 删除对象

指定对角点或 [栏选(F)/圈围(WP)/圈交(CP)]：CP↙　　//选择【圈交】选择方式
第一圈围点：
指定直线的端点或 [放弃(U)]：
指定直线的端点或 [放弃(U)]：

圈交对象范围确定后，按Enter键或空格键确认选择。

2.5.7 ▶ 套索选择

　　套索选择是AutoCAD2018新增的选择方式，是框选命令的一种延伸，使用方法跟以前版本的"框选"命令类似。只是当拖动鼠标指针围绕对象拖动时，将生成不规则的套索选区，使用起来更加人性化。根据拖动方向的不同，套索选择分为窗口套索和窗交套索两种。

○　顺时针方向拖动为窗口套索选择，如图2-110所示。

图2-110　窗口套索选择效果

○　逆时针拖动则为窗交套索选择，如图2-111所示。

图2-111　窗交套索选择效果

2.5.8 ▶ 快速选择图形对象

　　快速选择可以根据对象的图层、线型、颜色、图案填充等特性选择对象，从而可以准确快速地从复杂的图形中选择满足某种特性的图形对象。

　　选择【工具】|【快速选择】命令，弹出【快速选择】对话框，如图2-112所示。用户可以根据要求设置选择范围，单击【确定】按钮，完成选择操作。

　　如要选择图2-113中的圆弧，除了手动选择的方法外，就可以利用快速选择工具来进行选取。选择【工具】|【快速选择】命令，弹出【快速选择】对话框，在【对象类型】下拉列表框中选择【圆弧】选项，单击【确定】按钮，选择结果如图2-114所示。

图2-112　【快速选择】对话框

图2-113　示例图形　　　　图2-114　快速选择后的结果

【案例 2-11】完善间歇轮图形
　视频文件：DVD\ 视频 \ 第 2 章 \2-11.MP4

　　间歇轮又叫槽轮，常被用来将主动件的连续转动转换成从动件的带有停歇的单向周期性转动。一般用于转速不高的自动机械、轻工机械或仪器仪表中，有的电影放映机的送片机构中就有间歇轮，如图2-115所示。

图2-115　间歇轮

本案例用不同的方式选择要修剪的对象，修剪如图2-116所示的间歇轮。

（1）启动 AutoCAD 2018，打开"第 2 章 /2-11 完善间歇轮图形 .dwg"文件，素材如图2-116所示。

（2）点选图形。单击【修改】面板中的【修剪】按钮，修剪 R9mm 的圆，如图 2-117 所示。命令行操作如下。

图2-116 素材图形　　　　图2-117 修剪对象

```
命令: _trim
当前设置:投影=UCS，边=无
选择剪切边...
选择对象或 <全部选择>: 找到 1 个                //选择R26.5mm的圆
选择对象:
选择要修剪的对象，或按住 Shift 键选择要延伸的对象，或
[栏选(F)/窗交(C)/投影(P)/边(E)/删除(R)/放弃(U)]:     //单击R9的圆在R26.5mm圆外的部分
选择要修剪的对象，或按住 Shift 键选择要延伸的对象，或
[栏选(F)/窗交(C)/投影(P)/边(E)/删除(R)/放弃(U)]:     //继续单击其他R9mm的圆
```

（3）窗口选择对象。按住左键由右下向左上框选所有图形对象，如图 2-118 所示，然后按住 Shift 键取消选择 R26.5mm 的圆。

（4）修剪图形。单击【修改】面板中的修剪按钮，修剪 R26.5mm 的圆弧，结果如图 2-119 所示。

图2-120 设置选择对象　　图2-121 快速选择后的结果

（6）修剪图形。单击【修改】面板中的【修剪】按钮，依次单击 R3mm 的圆，修剪结果如图 2-122 所示。

图2-118 框选对象　　　图2-119 修剪结果

（5）快速选择对象。选择【工具】|【快速选择】命令，设置【对象类型】为【直线】，【特性】为【图层】，【值】为"0"，如图 2-120 所示。单击【确定】按钮，选择结果如图 2-121 所示。

图2-122 修剪结果

2.6 绘图环境的设置

绘图环境指的是绘图的单位、图纸的界限、绘图区的背景颜色等。本章将介绍这些设置方法，而且可以将大多数设置保存在一个样板中，这样就无需每次绘制新图形时重新进行设置。

2.6.1 ▶ 设置图形界限

AutoCAD 的绘图区域是无限大的，用户可以绘制任意大小的图形，但由于现实中使用的图纸均有特定的尺寸（如常见的 A4 纸大小为 297mm×210mm），为了使绘制的图形符合纸张大小，需要设置一定的图形界限。执行【设置绘图界限】命令操作有以下几种方法。

- 菜单栏：选择【格式】|【图形界限】命令。
- 命令行：LIMITS。

通过以上任一种方法执行图形界限命令后，在命令行输入图形界限的两个角点坐标，即可定义图形界限。而在执行图形界限操作之前，需要激活状态栏中的【栅格】按钮▦，只有启用该功能才能查看图形介限的设置效果。它确定的区域是可见栅格指示的区域。

【案例 2-12】设置 A4（297 mm×210 mm）的图形界限
🎬 视频文件：DVD\ 视频 \ 第 2 章 \2-12.MP4

（1）单击快速访问工具栏中的【新建】按钮，新建文件。

（2）选择【格式】|【图形界限】命令，设置图形界限，命令行提示如下。此时若选择 ON 选项，则绘图时图形不能超出图形界限，若超出系统不予显示，选择 OFF 选项时准予超出图形界限。

```
命令: _limits                                          //调用【图形界限】命令
重新设置模型空间界限:
指定左下角点或 [开(ON)/关(OFF)] <0.0,0.0>: 0,0↙         //指定坐标原点为图形界限左下角点
指定右上角点<420.0,297.0>: 297,210↙                     //指定右上角点
```

（3）右击状态栏上的【栅格】按钮▦，在弹出的快捷菜单中选择【网格设置】命令，或在命令行输入 SE 并按 Enter 键，系统弹出【草图设置】对话框，在【捕捉和栅格】选项卡中，取消选中【显示超出界限的栅格】复选框，如图 2-123 所示。

（4）单击【确定】按钮，设置的图形界限以栅格的范围显示，如图 2-124 所示。

（5）将设置的图形界限(A4 图纸范围)放大至全屏显示，如图 2-125 所示，命令行操作如下。

```
命令: zoom↙                                            //调用视图缩放命令
指定窗口的角点，输入比例因子 (nX或nXP)，或者
[全部(A)/中心(C)/动态(D)/范围(E)/上一个(P)/比例(S)/窗口(W)/对象(O)] <实时>: A↙
                                                      //激活【全部】选项，正在重生成模型
```

图2-123　【草图设置】对话框　　　图2-124　以栅格范围显示绘图界限　　　图2-125　布满整个窗口的栅格

2.6.2 ▶ 设置AutoCAD界面颜色

【选项】对话框的第二个选项卡为【显示】选项卡，如图2-126所示。在【显示】选项卡中，可以设置AutoCAD工作界面的一些显示选项，如窗口元素、布局元素、显示精度、显示性能、十字光标大小和淡入度控制等显示属性。

图2-126 【显示】选项卡

在AutoCAD中，提供了2种配色方案：明、暗，可以用来控制AutoCAD界面的颜色。在【显示】选项卡中选择【配色方案】下拉列表中的两种选项即可，效果分别如图2-127和图2-128所示。

图2-127 配色方案为【明】

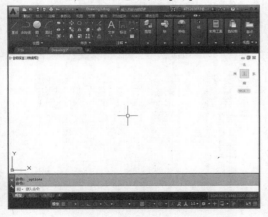

图2-128 配色方案为【暗】

2.6.3 设置工具按钮提示

AutoCAD 2018中有一项很人性化的设置，那就是将鼠标悬停至功能区的命令按钮上时，可以出现命令的含义介绍，悬停时间稍长还会出现相关的操作提示，如图2-129所示，这有利于初学者熟悉相应的命令。

该提示的出现与否可以在【显示】选项卡的【显示工具提示】复选框进行控制，如图2-130所示。取消勾选即不会再出现命令提示。

图2-129 光标置于命令按钮上出现提示

图2-130 【显示工具提示】复选框

2.6.4 设置AutoCAD可打开文件的数量

AutoCAD 2018为方便用户工作，可支持用户同时打开多个图形，并在其中来回切换。这种设置虽然方便了用户操作，但也有一定的操作隐患：如果图形过多，修改时间一长就很容易让用户遗忘哪些图纸被修改过。

这时可限制AutoCAD打开文件的数量，使得当用软件打开一个图形文件后，再打开另一个图形文件时，软件自动将之前的图形文件关闭退出，即在【窗口】下拉菜单中，始终只显示一个文件名称。启用这功能只需取消勾选【显现】选项卡中的【显示文件选项卡】复选框即可，如图2-131所示。

图2-131 取消勾选【显示文件选项卡】复选框

2.6.5 设置绘图区背景颜色

在AutoCAD中可以按用户喜好自定义绘图区的背景颜色。在旧版本的AutoCAD中，绘图区默认背景颜色为黑，而在AutoCAD 2018中默认背景颜色为白。

单击【显示】选项卡中的【颜色】按钮，打开【图形窗口颜色】对话框，在该对话框中可设置各类背景颜色，如二维模型空间、三维平行投影、命令行等，如图2-132所示。

2.6.6 设置布局显示效果

在【显示】选项卡左下方的【布局元素】区域，可以设置可以布局显示有关的一系列参数，包括模型与布局选项卡、布局中的可打印区域、布局中的图纸背景等。

1. 设置模型与布局选项卡

在AutoCAD 2018状态栏的左下角，有【模型】和【布局】选项卡，用于切换模型与布局空间。有时由于误操作，会造成该选项卡的消失。此时就可以在【显示】选项卡中勾选【显示布局和模型选项卡】复选框进行调出，如图2-133所示。

图2-132 【图形窗口颜色】对话框

图2-133 【显示布局和模型选项卡】复选框

模型、布局选项卡的消隐效果如图2-134所示。

图2-134 模型、布局选项卡的消隐

2. 隐藏布局中的可打印区域

单击状态栏中的【布局】选项卡，将界面切换至布局空间，该空间的界面组成如图2-135所示。最外层的是纸张边界，是在【纸张设置】中由纸张类型和打印方向确定的。靠里面的一个虚线线框是打印边界，其作用就好像Word文档中的页边距一样，只有位于打印边界内部的图形才会被打印出来。位于图形四周的实线线框为视口边界，边界内部的图形就是模型空间中的模型，视口边界的大小和位置是可调的。

如果取消【显示可打印区域】复选框的勾选，将不会在布局空间中显示打印边界，效果如图2-136所示。

图2135 布局空间

图2-136 打印边界被隐藏

3. 隐藏布局中的图纸背景

布局空间中纸张边界外侧的大片灰色区域即是图纸背景，取消勾选【显示图纸背景】复选框可将该区域完全隐藏，效果如图2-137所示。另外其下的【显示图纸阴影】复选框可以控制纸张边界处的阴影显示效果。

4. 取消布局中的自动视口

在新建布局时，系统会自动创建一个视口，用以显示模型空间中的图形。但在通常情况下，用户会根据需要自主创建视口，而不使用由系统自动创建的视口，因此可以通过取消勾选【在新布局中创建视口】复选框来取消自动视口的创建，如图2-138所示。

图2-137 隐藏布局中的图纸
背景　　图2-138 取消布局中的自动
视口

2.6.7 设置默认保存类型

在日常工作中，经常要与客户或同事进行图纸往来，有时就会出现因为彼此AutoCAD版本不同而打不开图纸的情况。虽然按照练习的方法可以解决该问题，但仅限于当前图形。而通过修改【打开与保存】选项卡中的保存类型，就可以让以后的图形都以低版本进行保存，达到一劳永逸的目的。该选项卡用于设置是否自动保存文件、是否维护日志、是否加载外部参照，以及指定保存文件的时间间隔等。

在【打开和保存】选项卡的【另存为】下拉列表中选择要默认保存的文件类型，如【AutoCAD2000/LT2000图形（*.dwg）】选项，如图2-139所示。则以后所有新建的图形在进行保存时，都会保存为低版本的AutoCAD 2000类型，实现无障碍打开。

图2-139 设置默认保存类型

2.6.8 设置十字光标大小

部分读者可能习惯于较大的十字光标，这样的好处就是能直接将十字光标作为水平、垂直方向上的参考。

在【显示】选项卡的【十字光标大小】区域中，用户可以根据自己的操作习惯，调整十字光标的大小，十字光标可以延伸到屏幕边缘。拖动右下方【十字光标大小】区域的滑动钮，如图2-140所示，即可调整光标长度，调整效果如图2-141所示。十字光标预设尺寸为5，其大小的取值范围为1-100，数值越大，十字光标越长，100表示全屏显示。

图2-140 拖动滑动钮

图2-141 较大的十字光标

2.6.9 设置鼠标右键功能模式

【选项】对话框中的【用户系统配置】选项卡，为用户提供了可以自行定义的选项。这些设置不会改变AutoCAD的系统配置，但是可以满足不同用户使用上的偏好。

在AutoCAD中，鼠标动作有特定的含义，例如左键双击对象将执行编辑，单击鼠标右键将展开快捷菜单。用户可以自主设置鼠标动作的含义。打开【选项】对话框，切换到【用户系统配置】选项卡，在【Windows标准操作】选项组中设置鼠标动作，如图2-142所示。单击【自定义右键单击】按钮，系统弹出【自定义右键单击】对话框，如图

2-143所示，可根据需要设置右键单击的含义。

图2-142 【用户系统配置】选项卡

图2-143 【自定义右键单击】对话框

2.6.10 设置自动捕捉标记效果

【选项】对话框中的【绘图】选项卡可用于对象捕捉、自动追踪等定形和定位功能的设置，包括自动捕捉和自动追踪时特征点标记的颜色、大小和显示特征等，如图2-144所示。

1. 自动捕捉设置与颜色

单击【绘图】选项卡中的【颜色】按钮，打开【图形窗口颜色】对话框，在其中可以设置各绘图环境中捕捉标记的颜色，如图2-145所示。

图2-144 【绘图】选项卡

图2-145 【图形窗口颜色】对话框

在【绘图】选项卡的【自动捕捉设置】区域，可以设定与自动捕捉有关的一些特性，各选项含义说明如下。

- 标记：控制自动捕捉标记的显示。该标记是当十字光标移动至捕捉点上时显示的几何符号，如图2-146所示。
- 磁吸：打开或关闭自动捕捉磁吸。磁吸是指十字光标自动移动并锁定到最近的捕捉点上，如图2-147所示。
- 显示自动捕捉提示：控制自动捕捉工具提示的显示。工具提示是一个标签，用来描述捕捉到的对象部分，如图2-148所示。
- 显示自动捕捉靶框：打开或关闭自动捕捉靶框的显示，如图2-149所示。

图2-146 自动捕捉标记　　　图2-147 磁吸

图2-148 自动捕捉提示　　图2-149 自动捕捉靶框

2. 设置自动捕捉标记大小

在【绘图】选项卡拖动【自动捕捉标记大小】区域的滑动钮，即可调整捕捉标记大小，如图2-150所示。图2-151所示为较大的圆心捕捉标记的样式。

图2-150 拖动滑动钮

图2-151 较大的圆心捕捉标记

3. 设置捕捉靶框大小

在【绘图】选项卡拖动【自动捕捉标记大小】区域的滑动钮，即可调整捕捉靶框大小，如图2-152所示。常规捕捉靶框和较大的捕捉靶框对比如图2-153所示。

图2-152 拖动滑动钮

图2-153 靶框大小示例

此处要注意的是，只有在【绘图】选项卡中勾选【显示自动捕捉靶框】复选框，再去拖动靶框大

小滑动钮，这样在绘图区进行捕捉的时候才能观察到效果。

2.6.11 设置动态输入的Z轴字段

由于AutoCAD默认的绘图工作空间为【草图与注释】，主要用于二维图形的绘制，因此在执行动态输入时，也只会出现X、Y两个坐标输入框，而不会出现Z轴输入框。但在【三维基础】、【三维建模】等三维工作空间中，就需要使用到Z轴输入，因此可以在动态输入中将Z轴输入框调出。

打开【选项】对话框，选择其中的【三维建模】选项卡，勾选右下角【动态输入】区域中的【为指针输入显示Z字段】复选框即可，结果如图2-154所示。

图2-154 为动态输入添加Z字段

2.6.12 设置十字光标拾取框大小

【选项】对话框的【选项集】选项卡用于设置与对象选择有关的特性，如选择模式、拾取框及夹点等，如图2-155所示。

在2.6.8小节中介绍了十字光标大小的调整，但仅限于水平、竖直两轴线的延伸，中间的拾取框大小并没有得到调整。要调整拾取框的大小，可在【选择集】选项卡中拖动【拾取框大小】区域的滑块，常规的拾取框与放大的拾取框对比如图2-156所示。

图2-155 【选择集】选项卡

图2-156 拾取框大小示例

专家提醒

2.6.8节与本节所设置的十字光标大小是指【选择拾取框】，是用于选择的，只在选择的时候起作用；而2.6.10节中拖动的靶框大小滑块，是指【捕捉靶框】，只有在捕捉的时候起作用。当没有执行命令或命令提示选择对象时，十字光标中心的方框是选择拾取框，当命令行提示定位点时，十字光标中心显示的是捕捉靶框。AutoCAD高版本默认不显示捕捉靶框，一旦提示定位点时，如输入一个L命令并按Enter键后，会看到十字光标中心的小方框会消失。

专家提醒

通常情况下夹点显示为蓝色，被称作冷夹点；如果在该对象上选中一个夹点，这个夹点就变成了红色，称作热夹点。通过热夹点可以对图形进行编辑，详见本书第4章的4.5节。

早期版本中这些夹点只是方形的，但在AutoCAD的高版本中又增加了一些其他形式的夹点，例如多段线中点处夹点是长方形的，椭圆弧两端的夹点是三角形的加方形的小框，动态块不同参数和动作的夹点形式也不一样，有方形、三角形、圆形、箭头等各种不同形状，如图2-158所示。

图2-158　不同的夹点形状

2.6.13 设置夹点的大小和颜色

除了拾取框和捕捉靶框的大小可以调节之外，还可以通过滑块的形式来调节夹点的显示大小。

夹点（Grips），是指选中图形物体后所显示的特征点，比如直线的特征点是两个端点，一个中点；圆形是四个象限点和圆心点等，如图2-157所示。

夹点的种类繁多，其表达的意义及操作后的结果也不尽相同，见表2-2。

图2-157　夹点

表2-2　夹点类型及使用方法

夹点类型	夹点形状	夹点移动或结果	参数：关联的动作
标准	▣	平面内的任意方向	基点：无 点：移动、拉伸 极轴：移动、缩放、拉伸、极轴拉伸、阵列 XY：移动、缩放、拉伸、阵列
线性	▶	按规定方向或沿某一条轴往返移动	线性：移动、缩放、拉伸、阵列
旋转	●	围绕某一条轴	旋转：旋转
翻转	➡	切换到块几何图形的镜像	翻转：翻转
对齐	▶	平面内的任意方向；如果在某个对象上移动，则使块参照与该对象对齐	对齐：无（隐含动作）
查寻	▽	显示值列表	可见性：无（隐含动作） 查寻：查寻

1. 修改夹点大小

要调整夹点的大小，可在【选择集】选项卡中拖动【夹点尺寸】区域的滑块，夹点大小对比的效果如图2-159所示。

2. 修改夹点颜色

单击【夹点】区域中的【夹点颜色】按钮，打开【夹点颜色】对话框，如图2-160所示。在对话框中即可设置3种状态下的夹点颜色，和夹点的外围轮廓颜色。

图2-159 夹点大小对比效果

图2-160 【夹点颜色】对话框

第3章
二维图形的绘制

　　任何复杂的图形都可以分解成多个基本的二维图形,这些图形包括点、直线、圆、多边形、圆弧和样条曲线等，AutoCAD 2018 为用户提供了丰富的绘图功能，用户可以非常轻松地绘制这些图形。通过本章的学习，用户将会对 AutoCAD 平面图形的绘制方法有一个全面的了解和认识，并能熟练掌握常用的绘图命令。

3.1 绘制点

点是所有图形中最基本的图形对象，可以用来作为捕捉和偏移对象的参考点。在AutoCAD 2018中，可以通过单点、多点、定数等分和定距等分4种方法创建点对象。

3.1.1 点样式

从理论上来讲，点是没有长度和大小的图形对象。在AutoCAD中，系统默认情况下绘制的点显示为一个小圆点，在屏幕中很难看清，因此可以使用【点样式】设置，调整点的外观形状，也可以调整点的尺寸大小，以便根据需要，让点显示在图形中。在绘制单点、多点、定数等分点或定距等分点之后，经常需要调整点的显示方式，以方便对象捕捉，绘制图形。

执行【点样式】命令的方法有以下几种。

- 功能区：单击【默认】选项卡【实用工具】面板中的【点样式】按钮 🖊 点样式，如图3-1所示。
- 菜单栏：选择【格式】|【点样式】命令。
- 命令行：DDPTYPE。

执行该命令后，将弹出如图3-2所示的【点样式】对话框，可以在其中设置共计20种点的显示样式和大小。

对话框中各选项的含义说明如下。

- 【点大小（S）】文本框：用于设置点的显示大小，与下面的两个选项有关。
- 【相对于屏幕设置大小（R）】单选框：用于按AutoCAD绘图屏幕尺寸的百分比设置点的显示大小，在进行视图缩放操作时，点的显示大小并不改变，在命令行输入RE命令即可重生成，始终保持与屏幕的相对比例，如图3-3所示。
- 【按绝对单位设置大小（A）】单选框：使用实际单位设置点的大小，同其他的图形元素（如直线、圆），当进行视图缩放操作时，点的显示大小也会随之改变，如图3-4所示。

图3-3 视图缩放时点大小相对于屏幕不变

图3-4 视图缩放时点大小相对于图形不变

图3-1 面板中的【点样式】　图3-2 【点样式】对话框
　　　按钮

【案例 3-1】设置点样式创建刻度
视频文件：DVD\ 视频 \ 第 3 章 \3-1.MP4

（1）单击【快速访问】工具栏中的【打开】按钮 📂，打开"第 3 章 /3-1 设置点样式创建刻度 .dwg"素材文件，图形在各数值上已经创建好了点，但并没有设置点样式，如图 3-5 所示。

图3-5 素材图形

（2）在命令行中输入 DDPTYPE，调用【点样式】命令，系统弹出【点样式】对话框，根据需要，在对话框中选择第一排最右侧的形状，然后点选【按绝对单位设置大小】单选框，输入点大小为 2，如图 3-6 所示。

（3）单击【确定】按钮，关闭对话框，完成【点样式】的设置，最终结果如图 3-7 所示。

图3-6 设置点样式

图3-7 矢量线的刻度效果

3.1.2 单点和多点

在AutoCAD 2018中，点的绘制通常使用【多点】命令来完成，【单点】命令已不太常用。

1. 单点

绘制单点就是执行一次命令只能指定一个点，指定完后自动结束命令。执行【单点】命令有以下几种方法。

○ 菜单栏：选择【绘图】|【点】|【单点】命令，如图 3-8所示。

○ 命令行：PONIT或PO。

设置好点样式之后，选择【绘图】|【点】|【单点】命令，根据命令行提示，在绘图区任意位置单击，即完成单点的绘制，结果如图3-9所示。命令行操作如下。

图3-8 菜单栏中的【单点】　　图3-9 绘制单点效果

命令: _point
当前点模式: PDMODE=33 PDSIZE=0.0000
指定点:　　　　　　　　　//在任意位置单击放置点，放置后便自动结束【单点】命令

2. 多点

绘制多点就是指执行一次命令后可以连续指定多个点，直到按Esc键结束命令。执行【多点】命令有以下几种方法。

○ 功能区：单击【绘图】面板中的【多点】按钮，如图3-10所示。

○ 菜单栏：选择【绘图】|【点】|【多点】命令。

○ 设置好点样式之后，单击【绘图】面板中的【多点】按钮，根据命令行提示，在绘图区任意6个位置单击，按Esc键退出，即可完成多点的绘制，结果如图3-11所示。命令行操作如下。

图3-10 【绘图】面板中的【多点】　　图3-11 绘制多点效果

命令: _point
当前点模式: PDMODE=33 PDSIZE=0.0000 //在任意位置单击放置点
指定点:★取消★　　　　　　　　　//按Esc键完成多点绘制

3.1.3 ▶ 定数等分

【定数等分】是将对象按指定的数量分为等长的多段，并在各等分位置生成点。执行【定数等分】命令的方法有以下几种。

○ 功能区：单击【绘图】面板中的【定数等分】按钮 ⚒，如图3-12所示。
○ 菜单栏：选择【绘图】|【点】|【定数等分】命令。
○ 命令行：DIVIDE或DIV。
○ 执行命令后，命令行操作步骤提示如下：

命令：_divide	//执行【定数等分】命令
选择要定数等分的对象：	//选择要等分的对象，可以是直线、圆、圆弧、样条曲线、多段线
输入线段数目或 [块(B)]：	//输入要等分的段数

命令行中部分选项说明如下。

○ "输入线段数目"：该选项为默认选项，输入数字即可将被选中的图形进行平分，如图3-13所示。
○ "块（B）"：该命令可以在等分点处生成用户指定的块，如图3-14所示。

图3-12 素材图形

图3-13 以点定数等分

图3-14 以块定数等分

操作技巧

在命令操作过程中，命令行有时会出现"输入线段数目或 [块(B)]："这样的提示，其中的英文字母如"块（B）"等，是执行各选项命令的输入字符。如果要执行"块（B）"选项，只需在该命令行中输入"B"即可。

【案例 3-2】通过【定数等分】绘制扇子图形

📹 视频文件：DVD\视频\第3章\3-2.MP4

（1）打开"第3章/3-2 定数等分.dwg"素材文件，如图3-15所示。

（2）设置点样式。在命令行中输入DDPTYPE，调用【点样式】命令，系统弹出【点样式】对话框，根据需要选择需要的点样式，如图3-16所示。

（3）在命令行中输入DIV，调用【定数等分】命令，依次选择两条圆弧，输入项目数20，按Enter键完成定数等分，如图3-17所示。

（4）在【默认】选项卡中，单击【绘图】面板中的【直线】按钮 ∕，绘制连接直线。再在命令行中输入 DDPTYPE，调用【点样式】命令，将点样式设置为初始点样式，最终效果图3-18所示。

图3-15 素材图形　　图3-16 设置点样式

图3-17 定数等分

图3-18 完成效果

【案例 3-3】通过【定数等分】布置家具
🎬 视频文件：DVD\ 视频 \ 第 3 章 \3-3.MP4

　　【定数等分】除了绘制点外，还可以通过指定【块】来对图形进行编辑，类似于【阵列】命令，但在某些情况下较【阵列】灵活，尤其是在绘制室内布置图时。由于室内布置图中的家具，如沙发、椅子等都为图块，因此如需对这类图形进行阵列，即可通过【定数等分】或【定距等分】来进行布置。

（5）单击【快速访问】工具栏中的【打开】按钮☞，打开"第 3 章 \3-3 通过定数等分布置家具 .dwg"素材文件，如图 3-19 所示，素材中已经创建好了名为"yizi"的块。

（6）在【默认】选项卡中，单击【绘图】面板中的【定数等分】按钮，根据命令提示，绘制图形，命令行操作如下：

命令: _divide	//调用【定数等分】命令
选择要定数等分的对象:	//选择桌子边
输入线段数目或 [块(B)]: B↙	//选择"B(块)"选项
输入要插入的块名: yizi↙	//输入"椅子"图块名
是否对齐块和对象? [是(Y)/否(N)] <Y>: ↙	//单击Enter键
输入线段数目: 10↙	//输入等分数为10

（7）创建定数等分的结果如图 3-20 所示。

图3-19　素材文件　　　　　　　　　　　　　图3-20　最终效果

【案例 3-3】通过【定数等分】获取加工点
🎬 视频文件：DVD\ 视频 \ 第 3 章 \3-4.MP4

　　在机械行业，经常会看到一些具有曲线外形的零件，如常见的机床手柄，如图3-21所示。要加工这类零件，就势必需要获取曲线轮廓上的若干点来作为加工、检验尺寸的参考，如图3-22所示，此时就可以通过【定数等分】的方式来获取这些点。点的数量越多，轮廓越精细，但加工、质检时工作量就越大，因此推荐等分点数在5~10之间。

图3-22　加工与测量的参考点

（1）打开"第 3 章 /3-4 通过定数等分获取加工点 .dwg"素材文件，其中已经绘制好了一手柄零件图形，如图 3-23 所示。

（2）坐标归零。要得到各加工点的准确坐标，就必

图3-21　机床手柄

须先定义坐标原点，即数据加工中的"对刀点"。在命令行中输入 UCS，单击 Enter 键，可将 UCS 坐标粘附于十字光标上，然后将其放置在手柄曲线的起端，如图 3-24 所示。

图3-23 素材文件

图3-24 重新定义坐标原点

（3）执行定数等分。单击 Enter 键放置 UCS 坐标，接着单击【绘图】面板中的【定数等分】按钮 ，选择上方的曲线（上、下两曲线对称，故选其中一条即可），输入项目数 6，按 Enter 键完成定数等分，如图 3-25 所示。

（4）获取点坐标。在命令行中输入 LIST，选择各等分点，然后单击 Enter 键，即在命令行中得到点坐标，

如图 3-26 所示。

（5）这些坐标值即为各等分点相对于新指定原点的坐标，可用作加工或质检的参考。

图3-25 定数等分

图3-26 通过LIST命令获取点坐标

3.1.4 定距等分

【定距等分】是将对象分为长度为指定值的多段，并在各等分位置生成点。执行【定距等分】命令的方法有以下几种。

- 功能区：单击【绘图】面板中的【定距等分】按钮 ，如图3-27所示。
- 菜单栏：选择【绘图】|【点】|【定距等分】命令。
- 命令行：MEASURE或ME。

执行命令后，命令行操作步骤提示如下：

```
命令: _measure                   //执行【定距等分】命令
选择要定距等分的对象:            //选择要等分的对象，可以是直线、圆、圆弧、样条曲线、多段线
指定线段长度或 [块(B)]:         //输入要等分的单段长度
```

命令行中部分选项说明如下。

- "指定线段长度"：该选项为默认选项，输入的数字即为分段的长度，如图3-28所示。
- "块（B）"：该命令可以在等分点处生成用户指定的块。

图3-27 定数等分

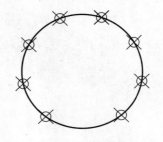

图3-28 定距等分效果

【案例 3-4】通过【定距等分】绘制楼梯
视频文件：DVD\视频\第3章\3-5.MP4

（1）打开素材文件"第3章/3-5 定距等分.dwg"，其中已经绘制了室内设计图的局部图形，如图3-29 所示。

（2）设置点样式。在命令行中输入DDPTYPE，调用【点样式】命令，系统弹出【点样式】对话框，根据需要选择需要的点样式，如图3-30 所示。

（3）执行定距等分。单击【绘图】面板中的【定距等分】按钮，将楼梯口左侧的直线段按每段250mm 长进行等分，结果如图3-31 所示，命令行操作如下：

图3-29 素材图形　　　　图3-30 设置点样式

命令: _measure	//执行【定距等分】命令
选择要定距等分的对象:	//选择素材直线
指定线段长度或 [块(B)]: 250	//输入要等分的距离
	//按Esc键退出

图3-31 将直线定距等分

选择该直线进行等分

（4）在【默认】选项卡中，单击【绘图】面板上的【直线】按钮，以各等分点为起点向右绘制直线，结果如图3-32 所示。

（5）将点样式重新设置为默认状态，即可得到楼梯图形，如图3-33 所示。

图3-32 绘制台阶　　　　图3-33 完成效果

3.2 绘制直线类图形

直线类图形是AutoCAD中最基本的图形对象，在AutoCAD中，根据用途的不同，可以将线分为直线、射线、构造线、多线和多线段。不同的直线对象具有不同的特性，下面进行详细讲解。

3.2.1 ▶ 直线

直线是绘图中最常用的图形对象，只要指定了起点和终点，就可绘制出一条直线。执行【直线】命令的方法有以下几种。

- 功能区：单击【绘图】面板中的【直线】按钮 ⟋。
- 菜单栏：选择【绘图】|【直线】命令。
- 命令行：LINE或L。

执行命令后，命令行操作步骤提示如下：

命令: _line	//执行【直线】命令
指定第一个点:	//输入直线段的起点，用鼠标指定点或在命令行中输入点的坐标
指定下一点或 [放弃(U)]:	//输入直线段的端点。也可以用鼠标指定一定角度后，直接输入直线的长度
指定下一点或 [放弃(U)]:	//输入下一直线段的端点。输入"U"表示放弃之前的输入
指定下一点或 [闭合(C)/放弃(U)]:	//输入下一直线段的端点。输入"C"使图形闭合，或按Enter键结束命令

命令行中部分选项说明如下。

- "指定下一点"：当命令行提示"指定下一点"时，用户可以指定多个端点，从而绘制出多条直线段。但每一段直线又都是一个独立的对象，可以进行单独的编辑操作，如图3-34所示。
- "闭合（C）"：绘制两条以上直线段后，命令行会出现"闭合（C）"选项。此时如果输入C，则系统会自动连接直线命令的起点和最后一个端点，从而绘制出封闭的图形，如图3-35所示。
- "放弃（U）"：命令行出现"放弃（U）"选项时，如果输入U，则会擦除最近一次绘制的直线段，如图3-36所示。

图3-34 每一段直线均可单独编辑　　　图3-35 输入C绘制封闭图形　　　图3-36 输入U重新绘制直线

【案例 3-5】使用【直线】绘制五角星

（1）打开素材文件"第3章/3-3 使用【直线】绘制五角星.dwg"，其中已创建了5个顺序点，如图3-37所示。

（2）单击【绘图】面板中的【直线】按钮 ⟋，执行【直线】命令，依照命令行的提示，按顺序连接5个点，最终效果如图3-38所示，命令行操作如下。

命令: _line	//执行【直线】命令
指定第一个点:	//移动至点1，单击鼠标左键
指定下一点或 [放弃(U)]:	//移动至点2，单击鼠标左键
指定下一点或 [放弃(U)]:	//移动至点3，单击鼠标左键
指定下一点或 [闭合(C)/放弃(U)]:	//移动至点4，单击鼠标左键
指定下一点或 [闭合(C)/放弃(U)]:	//移动至点5，单击鼠标左键
指定下一点或 [闭合(C)/放弃(U)]: cl	//输入C，闭合图形，结果如图3-38所示

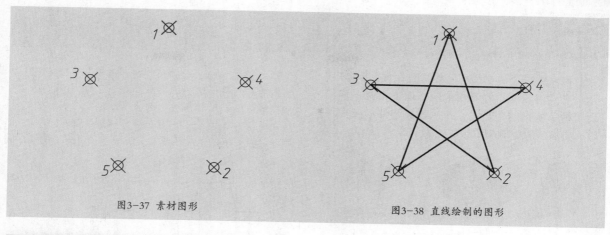

图3-37 素材图形

图3-38 直线绘制的图形

3.2.2 ▶ 射线

射线是一端固定而另一端无限延伸的直线，它只有起点和方向，没有终点。射线在AutoCAD中使用较少，通常用来作为辅助线，尤其在机械制图中可以作为三视图的投影线使用。

执行【射线】命令的方法有以下几种。

○ 功能区：单击【绘图】面板中【射线】按钮，如图3-39所示。

○ 菜单栏：选择【绘图】|【射线】命令。

○ 命令行：RAY。

【案例 3-6】绘制与水平方向成 30°和 75°夹角的射线
📀 视频文件：DVD\视频\第 3 章\3-7.MP4

（1）新建空白文件，然后单击【绘图】面板中的【射线】按钮。

（2）执行【射线】命令，按命令行提示，在绘图区的任意位置处单击作为起点，然后在命令行中输入各通过点，结果如图 3-40 所示，命令行操作如下。

命令: _ray	//执行【射线】命令
指定起点:	//输入射线的起点，可以用鼠标指定点或在命令行中输入点的坐标
指定通过点: <30l	//输入（<30）表示通过点位于与水平方向夹角为30°的直线上
角度替代: 30	//射线角度被锁定至30°
指定通过点:	//在任意点处单击即可绘制30°角度线
指定通过点: <75l	//输入（<75）表示通过点位于与水平方向夹角为75°的直线上
角度替代: 75	//射线角度被锁定至75°
指定通过点:	//在任意点处单击即可绘制75°角度线
指定通过点:l	//按Enter键结束命令

图3-39 面板中的【射线】按钮

图3-40 绘制30°和75°的射线

操作技巧

调用射线命令，指定射线的起点后，可以根据"指定通过点"的提示指定多个通过点，绘制经过相同起点的多条射线，直到按Esc键或Enter键退出为止。

【案例 3-7】根据投影规则绘制相贯线
视频文件：DVD\视频\第3章\3-8.MP4

两立体表面的交线称为相贯线，如图3-41所示，它们的表面（外表面或内表面）相交，均出现了箭头所指的相贯线，在画该类零件的三视图时，必然涉及绘制相贯线的投影问题。

图3-41 相贯线

（1）打开素材文件"第3章/3-8根据投影规则绘制相贯线.dwg"，其中已经绘制好了零件的左视图与俯视图，如图3-42所示。

（2）绘制投影线。单击【绘图】面板中的【射线】按钮，以左视图中各端点与交点为起点向右绘制射线，如图3-43所示。

（3）绘制投影线。按相同方法，以俯视图中各端点与交点为起点，向上绘制射线，如图3-44所示。

图3-42 素材图形　　图3-43 绘制水平投影线

图3-44 绘制竖直投影线

（4）绘制主视图轮廓。绘制主视图轮廓之前，先要分析出俯视图与左视图中各特征点的投影关系（俯视图中的点，如1、2等，即相当于左视图中的点1'、2'，下同），然后单击【绘图】面板中的【直线】按钮，连接各点的投影在主视图中的交点，即可绘制出主视图轮廓，如图3-45所示。

（5）求一般交点。目前所得的图形还不足以绘制出完整的相贯线，因此需要另外找出2点，借以绘制出投影线来获取相贯线上的点（原则上5点才能确定一条曲线）。按"长对正、宽相等、高平齐"的原则，在俯视图和左视图上绘制如图3-46所示的两条直线，删除多余射线。

图3-45 绘制轮廓图

图3-46 绘制辅助线

（6）绘制投影线。根据辅助线与图形的交点为起点，分别使用【射线】命令绘制投影线，如图3-47所示。

（7）绘制相贯线。单击【绘图】面板中的【样条曲线】按钮，连接主视图中各投影线的交点，即可得到相贯线，如图3-48所示。

图3-47 绘制投影线　　图3-48 绘制相贯线

3.2.3 构造线

　　构造线是两端无限延伸的直线，没有起点和终点，主要用于绘制辅助线和修剪边界，在建筑设计中常用来作为辅助线，在机械设计中也可作为轴线使用。构造线只需指定两个点即可确定位置和方向。

　　执行【构造线】命令的方法有以下几种。

- 功能区：单击【绘图】面板中的【构造线】按钮 ✏️。
- 菜单栏：选择【绘图】|【构造线】命令。
- 命令行：XLINE或XL。

　　执行命令后，命令行操作步骤提示如下：

命令：_xline	//执行【构造线】命令
指定点或 [水平(H)/垂直(V)/角度(A)/二等分(B)/偏移(O)]：	//输入第一个点
指定通过点：	//输入第二个点
指定通过点：	//继续输入点，可以继续画线，按Enter键结束命令

　　命令行中部分选项说明如下。

- 【水平（H）】和【垂直（V）】：选择"水平（H）"或者垂直（V）】选项，可以绘制水平和垂直的构造线，如图3-49所示。

```
命令：_xline
指定点或 [水平(H)/垂直(V)/角度(A)/二等分(B)/偏移(O)]： h
                        //输入h或v
指定通过点：            //指定通过点，绘制水平或垂直构造线
```

图3-49 绘制水平或垂直构造线

- 【角度（A）】：选择【角度（A）】选项，可以绘制用户所输入角度的构造线，如图3-50所示。

```
命令：_xline
指定点或 [水平(H)/垂直(V)/角度(A)/二等分(B)/偏移(O)]： a
                        //输入a，选择"角度"选项
输入构造线的角度 (0) 或 [参照(R)]： 45
                        //输入构造线的角度
指定通过点：            //指定通过点完成创建
```

图3-50 绘制成角度的构造线

- 【二等分（B）】：选择【二等分（B）】选项，可以绘制两条相交直线的角平分线，如图3-51所示。绘制角平分线时，使用捕捉功能依次拾取顶点O、起点A和端点B即可（A、B可为直线上除O点外的任意点）。

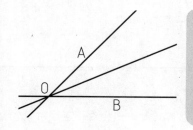

```
命令：_xline
指定点或 [水平(H)/垂直(V)/角度(A)/二等分(B)/偏移(O)]： b
                        //输入b，选择"二等分"选项
指定角的顶点：          //选择O点
指定角的起点：          //选择A点
指定角的端点：          //选择B点
```

图3-51 绘制二等分构造线

○ 【偏移（O）】：选择【偏移（O）】选项，可以由已有直线偏移出平行线，如图3-52所示。该选项的功能类似于【偏移】命令。通过输入偏移距离和选择要偏移的直线来绘制与该直线平行的构造线。

```
命令: _xline
指定点或 [水平(H)/垂直(V)/角度(A)/二等分(B)/偏移(O)]: o
                        //输入0，选择"偏移"选项
指定偏移距离或 [通过(T)] <10.0000>: 16        //输入偏移距离
选择直线对象:              //选择偏移的对象
指定向哪侧偏移:            //指定偏移的方向
```

图3-52 绘制偏移的构造线

【案例 3-8】绘制水平和倾斜构造线
视频文件：DVD\视频\第3章\3-9.MP4

（1）新建空白文件，然后单击【绘图】面板中的【构造线】按钮，分别绘制3条水平构造线和垂直构造线，构造线间距为20mm，如图3-53所示，命令行提示如下：

```
命令: _xline                //执行"构造线"命令
指定点或 [水平(H)/垂直(V)/角度(A)/二等分(B)/偏移(O)]: Hl    //输入H，表示绘制水平构造线
指定通过点:                 //在绘图区域合适位置任意拾取一点
指定通过点: @0,20l         //输入垂直方向上的相对坐标，确定第二条构造线要经过的点
指定通过点: @0,20l         //输入垂直方向上的相对坐标，确定第三条构造线要经过的点
指定通过点:l               //按Enter键结束命令
```

（2）单击【绘图】面板中的【构造线】按钮，绘制与水平方向成60°角的构造线，如图3-54所示，命令行提示如下：

```
命令: _xline                //执行"构造线"命令
指定点或 [水平(H)/垂直(V)/角度(A)/二等分(B)/偏移(O)]: Al    //输入A，表示绘制带角度构造线
输入构造线的角度 (0.0) 或 [参照(R)]: 60l //构造线与水平方向成60°角
指定通过点:l               //在绘图区合适位置任意拾取一点
指定通过点: @20,0l         //输入第二条构造线要经过的点
指定通过点: @20,0l         //输入第三条构造线要经过的点
指定通过点:l               //按Enter键结束命令
```

图3-53 水平构造线　　　　　　　　　　图3-54 绘制带角度的构造线

3.3　绘制圆、圆弧类图形

在AutoCAD中，圆、圆弧、椭圆、椭圆弧和圆环都属于圆类图形，其绘制方法相对于直线对象较复杂，下面分别对其进行讲解。

3.3.1 ▶ 圆

圆也是绘图中最常用的图形对象，因此它的执行方式与功能选项也最为丰富。执行【圆】命令的方法有以下几种。

○ 功能区：单击【绘图】面板中的【圆】按钮 。
○ 菜单栏：选择【绘图】|【圆】命令，然后在子菜单中选择一种绘圆方法。
○ 命令行：CIRCLE或C。

执行命令后，命令行操作步骤提示如下：

命令：_circle   //执行【圆】命令
指定圆的圆心或 [三点(3P)/两点(2P)/切点、切点、半径(T)]： //选择圆的绘制方式
指定圆的半径或 [直径(D)]：3l   //直接输入半径或用鼠标指定半径长度

在【绘图】面板【圆】的下拉列表中提供了6种绘制圆的命令，各命令的含义如下。

○ 【圆心、半径（R）】 ：用圆心和半径方式绘制圆，如图3-55所示，为默认的执行方式。

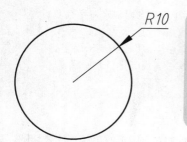

命令：C1
CIRCLE指定圆的圆心或 [三点(3P)/两点(2P)/切点、切点、半径(T)]：
//输入坐标或用鼠标单击确定圆心
指定圆的半径或 [直径(D)]：101

//输入半径值，也可以输入相对于圆心的相对坐标，确定圆周上一点

图3-55 【圆心、半径（R）】画圆

○ 【圆心、直径（D）】 ：用圆心和直径方式绘制圆，如图3-56所示。

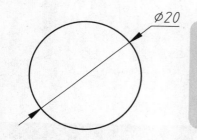

命令：C1
CIRCLE指定圆的圆心或 [三点(3P)/两点(2P)/切点、切点、半径(T)]：
//输入坐标或用鼠标单击确定圆心
指定圆的半径或 [直径(D)]<80.1736>：D1   //选择直径选项
指定圆的直径<200.00>：201   //输入直径值

图3-56 【圆心、直径（D）】画圆

○ 【两点（2P）】 ：通过两点（2P）绘制圆，实际上是以这两点的连线为直径，以两点连线的中点为圆心画圆。系统会提示指定圆直径的第一端点和第二端点，如图3-57所示。

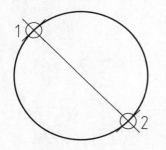

命令：C1
CIRCLE指定圆的圆心或 [三点(3P)/两点(2P)/切点、切点、半径(T)]：2P1   //选择"两点"选项
指定圆直径的第一个端点：   //输入坐标或单击确定直径第一个端点1
指定圆直径的第二个端点   //单击确定直径第二个端点2，或输入相对于第一个端点的相对坐标

图3-57 【两点（2P）】画圆

○ 【三点（3P）】 ：通过三点（3P）绘制圆，实际上是绘制这三点确定的三角形的唯一的外接圆。系统会提示指定圆上的第一点、第二点和第三点，如图3-58所示。

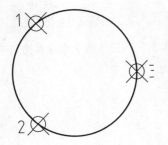

命令：C1
CIRCLE指定圆的圆心或[三点(3P)/两点(2P)/切点、切点、半径(T)]：3P1   //选择"三点"选项
指定圆上的第一个点：   //单击确定第1点
指定圆上的第二个点：   //单击确定第2点
指定圆上的第三个点：   //单击确定第3点

图3-58 【三点（3P）】画圆

○【相切、相切、半径（T）】⊘：如果已经存在两个图形对象，再确定圆的半径值，就可以绘制出与这两个对象相切的公切圆。系统会提示指定圆的第一切点和第二切点及圆的半径，如图3-59所示。

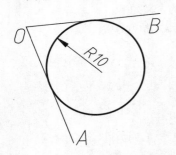

命令：_circle
指定圆的圆心或 [三点(3P)/两点(2P)/切点、切点、半径(T)]：T   //选择"切点、切点、半径"选项
指定对象与圆的第一个切点：   //单击直线OA上任意一点
指定对象与圆的第二个切点：   //单击直线OB上任意一点
指定圆的半径：10   //输入半径值

图3-59 【相切、相切、半径（T）】画圆

○【相切、相切、相切（A）】⊙：选择三条切线来绘制圆，可以绘制出与三个图形对象相切的公切圆。如图3-60所示。

命令：_circle
指定圆的圆心或 [三点(3P)/两点(2P)/切点、切点、半径(T)]：_3p
//单击面板中的"相切、相切、相切"按钮⊙
指定圆上的第一个点：_tan 到   //单击直线AB上任意一点
指定圆上的第二个点：_tan 到   //单击直线BC上任意一点
指定圆上的第三个点：_tan 到   //单击直线CD上任意一点

图3-60 【相切、相切、相切（A）】画圆

【案例 3-9】绘制圆完善零件图
视频文件：DVD\视频\第3章\3-10.MP4

（1）单击【绘图】面板中的【直线】按钮／，绘制如图 3-61 所示尺寸辅助线。

（2）单击【绘图】面板中的【圆心，半径】按钮⊘，绘制如图 3-62 所示半径分别为 10mm 和 16mm 的同心圆。

（3）继续调用【圆】命令，绘制一个半径为 10mm 的圆，结果如图 3-63 所示。

图3-61 绘制辅助线   图3-62 绘制圆   图3-63 绘制圆

（4）单击【绘图】面板中的"直线"按钮 ∕，结合【对象捕捉】和【极轴追踪】功能绘制直线，结果如图 3-64 所示。

（5）单击【修改】面板中的【修剪】按钮 ⫫，修剪掉多余的线段和圆弧，结果如图 3-65 所示。

（6）删除辅助线。至此整个三角垫片零件图绘制完成。结果如图 3-66 所示。

图3-64 绘制直线

图3-65 修剪操作

图3-66 最终结果

【案例 3-10】绘制拼花图案
视频文件：DVD\ 视频 \ 第 3 章 \3-11.MP4

（1）调用【新建】命令并按 Enter 键，新建空白文件。

（2）单击【绘图】面板中的【多边形】按钮 ⬠，绘制半径为 25mm，内接于圆的正五边形，如图 3-67 所示。

（3）单击【绘图】面板中的【圆心，半径】按钮 ⊘，绘制内切于正五边形的圆，如图 3-68 所示，命令行操作如下：

```
命令: _circle↙                    //调用"圆"命令
指定圆的圆心或 [三点(3P)/两点(2P)/切点、切点、半径(T)]: 3P↙      //激活"三点(3P)"选项
指定圆上的第一个点:               //利用"中点捕捉"拾取边长的中心
指定圆上的第二个点:               //利用"中点捕捉"拾取边长的中心
指定圆上的第三个点:               //利用"中点捕捉"拾取边长的中心
```

（4）单击【绘图】面板中的【多边形】按钮 ⬠，绘制正四边形，捕捉圆的圆心作为正四边形的中心，再利用"中点捕捉"捕捉到中点 A 点，将这段距离作为正四边形的半径，如图 3-69 所示。

图3-67 绘制正五边形

图3-68 绘制圆

图3-69 绘制正四边形

（5）单击【绘图】面板中的【相切，相切，相切】按钮 ⊘，绘制内切于正四边形的圆，如图 3-70 所示，命令行操作如下：

```
命令: _circle                     //调用"圆"命令
指定圆的圆心或 [三点(3P)/两点(2P)/切点、切点、半径(T)]: _3p
指定圆上的第一个点: _tan 到        //选择正四边形的其中一条边
指定圆上的第二个点: _tan 到
指定圆上的第三个点: _tan 到
```

（6）单击【绘图】面板中的【直线】按钮 ∕，利用"中点捕捉"连接各中点，如图 3-71 所示。

（7）单击【绘图】面板中的【圆心，半径】按钮 ⊘，绘制大圆与正四边形之间的小圆，如图 3-72 所示，命令行操作如下：

命令: _circle↙   //调用【圆】命令
指定圆的圆心或 [三点(3P)/两点(2P)/切点、切点、半径(T)]: 2P↙   //激活"两点(2P)"选项
指定圆直径的第一个端点: //利用【中点捕捉】拾取正四边形边长的中点
指定圆直径的第二个端点: //利用【垂足捕捉】拾取垂足，按空格键重复命令继续绘制其他圆

图3-70 绘制内切圆   图3-71 绘制直线   图3-72 绘制圆

3.3.2 圆弧

圆弧即圆的一部分，在技术制图中，经常需要用圆弧来光滑连接已知的直线或曲线。执行【圆弧】命令的方法有以下几种。

○ 功能区：单击【绘图】面板中的【圆弧】按钮 。
○ 菜单栏：选择【绘图】|【圆弧】命令。
○ 命令行：ARC或A。

执行命令后，命令行操作步骤提示如下：

命令: _arc   //执行【圆弧】命令
指定圆弧的起点或 [圆心(C)]:   //指定圆弧的起点
指定圆弧的第二个点或 [圆心(C)/端点(E)]:   //指定圆弧的第二点
指定圆弧的端点: //指定圆弧的端点

在【绘图】面板【圆弧】按钮的下拉列表中提供了11种绘制圆弧的命令，各命令的含义如下。

○ 【三点（P）】 ：通过指定圆弧上的三点绘制圆弧，需要指定圆弧的起点、通过的第二个点和端点，如图3-73所示。

命令: _arc
指定圆弧的起点或 [圆心(C)]: //指定圆弧的起点1
指定圆弧的第二个点或 [圆心(C)/端点(E)]: //指定点2
指定圆弧的端点: //指定点3

图3-73【三点（P）"画圆弧

○ 【起点、圆心、端点（S）】 ：通过指定圆弧的起点、圆心、端点绘制圆弧，如图3-74所示。

命令: _arc
指定圆弧的起点或 [圆心(C)]:   //指定圆弧的起点1
指定圆弧的第二个点或 [圆心(C)/端点(E)]: _c   //系统自动选择
指定圆弧的圆心: //指定圆弧的圆心2
指定圆弧的端点(按住 Ctrl 键以切换方向)或 [角度(A)/弦长(L)]:
//指定圆弧的端点3

图3-74 "起点、圆心、端点（S）"画圆弧

○ "起点、圆心、角度（T）" ：通过指定圆弧的起点、圆心、包含角度绘制圆弧，执行此命令时会出现

"指定夹角"的提示，在输入角时，如果当前环境设置逆时针方向为角度正方向，且输入正的角度值，则绘制的圆弧是从起点绕圆心沿逆时针方向绘制，反之则沿顺时针方向绘制，如图3-75所示。

```
命令: _arc
指定圆弧的起点或 [圆心(C)]:                          //指定圆弧的起点1
指定圆弧的第二个点或 [圆心(C)/端点(E)]: _c           //系统自动选择
指定圆弧的圆心:                                      //指定圆弧的圆心2
指定圆弧的端点(按住 Ctrl 键以切换方向)或 [角度(A)/弦长(L)]: _a
                                                   //系统自动选择
指定夹角(按住 Ctrl 键以切换方向): 60                //输入圆弧夹角角度
```

图3-75 "起点、圆心、角度（T）"画圆弧

○ "起点、圆心、长度（A）" ：通过指定圆弧的起点、圆心、弧长绘制圆弧，如图3-76所示。另外，在命令行提示的"指定弦长"提示信息下，如果所输入的值为负，则该值的绝对值将作为对应整圆的空缺部分的圆弧的弧长。

```
命令: _arc
指定圆弧的起点或 [圆心(C)]:                          //指定圆弧的起点1
指定圆弧的第二个点或 [圆心(C)/端点(E)]: _c           //系统自动选择
指定圆弧的圆心:                                      //指定圆弧的圆心2
指定圆弧的端点(按住 Ctrl 键以切换方向)或 [角度(A)/弦长(L)]: _l
                                                   //系统自动选择
指定弦长(按住 Ctrl 键以切换方向): 10                //输入弦长
```

图3-76 "起点、圆心、长度（A）"画圆弧

○ "起点、端点、角度（N）" ：通过指定圆弧的起点、端点、包含角绘制圆弧，如图3-77所示。

```
命令: _arc
指定圆弧的起点或 [圆心(C)]:                          //指定圆弧的起点1
指定圆弧的第二个点或 [圆心(C)/端点(E)]: _e           //系统自动选择
指定圆弧的端点:                                      //指定圆弧的端点2
指定圆弧的中心点(按住 Ctrl 键以切换方向)或[角度(A)/方向(D)/半径
(R)]: _a                                           //系统自动选择
指定夹角(按住 Ctrl 键以切换方向): 60                //输入圆弧夹角角度
```

图3-77 "起点、端点、角度（N）"画圆弧

○ "起点、端点、方向（D）" 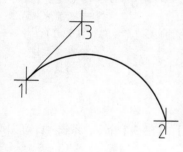：通过指定圆弧的起点、端点和圆弧的起点切向绘制圆弧，如图3-78所示。命令执行过程中会出现"指定圆弧的起点切向"提示信息，此时拖动鼠标动态地确定圆弧在起始点处的切线方向和水平方向的夹角。拖动鼠标时，AutoCAD会在当前光标与圆弧起始点之间形成一条线，即为圆弧在起始点处的切线。确定切线方向后，单击拾取键即可得到相应的圆弧。

```
命令: _arc
指定圆弧的起点或 [圆心(C)]:                          //指定圆弧的起点1
指定圆弧的第二个点或 [圆心(C)/端点(E)]: _e           //系统自动选择
指定圆弧的端点:                                      //指定圆弧的端点2
指定圆弧的中心点(按住 Ctrl 键以切换方向)或 [角度(A)/方向(D)/半
径(R)]: _d                                         //系统自动选择
指定圆弧起点的相切方向(按住Ctrl键以切换方向): //指定点3确定方向
```

图3-78 "起点、端点、方向（D）"画圆弧

○ "起点、端点、半径（R）" ：通过指定圆弧的起点、端点和圆弧半径绘制圆弧，如图3-79所示。

```
命令: _arc
指定圆弧的起点或 [圆心(C)]:                              //指定圆弧的起点1
指定圆弧的第二个点或 [圆心(C)/端点(E)]: _e              //系统自动选择
指定圆弧的端点:                                        //指定圆弧的端点2
指定圆弧的中心点(按住 Ctrl 键以切换方向)或 [角度(A)/方向(D)/半
径(R)]: _r                                            //系统自动选择
指定圆弧的半径(按住 Ctrl 键以切换方向): 10             //输入圆弧的半径
```

图3-79 "起点、端点、半径（R）"画圆弧

专家提醒

半径值与圆弧方向的确定请参见本节的"初学解答：圆弧的方向与大小"。

○ "圆心、起点、端点（C）" ：以圆弧的圆心、起点、端点方式绘制圆弧，如图3-80所示。

```
命令: _arc
指定圆弧的起点或 [圆心(C)]: _c                          //系统自动选择
指定圆弧的圆心:                                        //指定圆弧的圆心1
指定圆弧的起点:                                        //指定圆弧的起点2
指定圆弧的端点(按住 Ctrl 键以切换方向)或 [角度(A)/弦长(L)]:
                                                     //指定圆弧的端点3
```

图3-80 "圆心、起点、端点（C）"画圆弧

○ "圆心、起点、角度（E）" ：以圆弧的圆心、起点、圆心角方式绘制圆弧，如图3-81所示。

```
命令: _arc
指定圆弧的起点或 [圆心(C)]: _c                          //系统自动选择
指定圆弧的圆心:                                        //指定圆弧的圆心1
指定圆弧的起点:                                        //指定圆弧的起点2
指定圆弧的端点(按住 Ctrl 键以切换方向)或 [角度(A)/弦长(L)]: _a
                                                     //系统自动选择
指定夹角(按住 Ctrl 键以切换方向): 60                   //输入圆弧的夹角角度
```

图3-81 "圆心、起点、角度（E）"画圆弧

○ "圆心、起点、长度（L）" ：以圆弧的圆心、起点、弧长方式绘制圆弧，如图3-82所示。

```
命令: _arc
指定圆弧的起点或 [圆心(C)]: _c                          //系统自动选择
指定圆弧的圆心:                                        //指定圆弧的圆心1
指定圆弧的起点:                                        //指定圆弧的起点2
指定圆弧的端点(按住 Ctrl 键以切换方向)或 [角度(A)/弦长(L)]: _l
                                                     //系统自动选择
指定弦长(按住 Ctrl 键以切换方向): 10                   //输入弦长
```

图3-82 "圆心、起点、长度（L）"画圆弧

○ "连续（O）" ：绘制其他直线与非封闭曲线后选择【绘图】|【圆弧】|【继续】命令，系统将自动以刚
才绘制的对象的终点作为即将绘制的圆弧的起点。

【案例 3-11】绘制圆弧完善景观图
视频文件：DVD\视频\第 3 章 \3-12.MP4

（1）单击【快速访问】工具栏中的【打开】按钮，打开"第 3 章 /3-12 绘制圆弧完善景观图 .dwg"素材文件，如图 3-83 所示。

图3-83　素材图形

（2）在【默认】选项卡中，单击【绘图】面板中的【起点、端点、方向】按钮，使用【起点、端点、方向】的方式绘制圆弧，方向为垂直向上方向，绘制结果如图 3-84 所示。

图3-84　【起点、端点、方向】绘制圆弧

（3）重复调用【圆弧】命令，使用【起点、圆心、端点】的方式绘制圆弧，绘制如图 3-85 所示圆弧。

图3-85　【起点、圆心、端点】绘制圆弧

（4）在【默认】选项卡中，单击【绘图】面板中的【三点】按钮，使用【三点】的方式绘制圆弧，绘制结果如图 3-86 所示。

图3-86　绘制大圆弧

【案例 3-12】绘制葫芦形体
视频文件：DVD\视频\第 3 章 \3-13.MP4

在绘制圆弧时，有些绘制出来的结果和用户本人所设想的不一样，这是因为没有弄清楚圆弧的大小和方向。下面通过一个经典案例来进行说明。

（1）打开素材文件"第 3 章 /3-13 绘制葫芦形体 .dwg"，其中绘制了一长度为 20mm 的线段，如图 3-87 所示。

图3-87　素材图形

（2）绘制上圆弧。单击【绘图】面板中【圆弧】按钮的下拉箭头，在下拉列表中选择【起点、端点、半径】选项，接着选择直线的右端点 B 作为起点、左端点 A 作为终点，然后输入半径值 -22，即可绘制上圆弧，如图 3-88 所示。

（3）绘制下圆弧。单击 Enter 或空格键，重复执行【起点、端点、半径】绘圆弧命令，接着选择直线的左端点 A 作为起点，右端点 B 作为终点，然后输入半径值 -44，即可绘制下圆弧，如图 3-89 所示。

图388　绘制上圆弧　　　　图389　绘制下圆弧

【圆弧】是新手最常犯错的命令之一。由于圆弧的绘制方法以及子选项都很丰富，因此初学者在掌握【圆弧】命令的时候容易对概念理解不清楚。如在上例子绘制葫芦形体时，就有两处非常规的地方：

○ 为什么绘制上、下圆弧时，起点和端点是互相颠倒的？

○ 为什么输入的半径值是负数？

只需弄懂这两个问题，就可以理解大多数的圆

弧命令，解释如下：

AutoCAD中圆弧绘制的默认方向是逆时针方向，因此在绘制上圆弧时，如果以A点为起点，B点为终点，则会绘制出如图3-90所示的圆弧（命令行虽然提示按Ctrl键反向，实际绘制时还是会按原方向处理）。圆弧的默认方向也可以自行修改。

根据几何学的知识我们可知，在半径已知的情况下，弦长对应着两段圆弧：优弧（弧长较长的一段）和劣弧（弧长短的一段）。而在AutoCAD中只有输入负值才能绘制出优弧，具体关系如图3-91所示。

图3-90 不同起点与终点的圆弧

图3-91 不同输入半径的圆弧

3.3.3 ▶ 椭圆

椭圆是到两定点（焦点）的距离之和为定值的所有点的集合，与圆相比，椭圆的半径长度不一，形状由定义其长度和宽度的两条轴决定，较长的称为长轴，较短的称为短轴，如图3-92所示。在建筑绘图中，很多图形都是椭圆形的，如地面拼花、室内吊顶造型等，在机械制图中也一般用椭圆来绘制轴测图上的圆。

图3-92 椭圆的长轴和短轴

在AutoCAD 2018中启动绘制【椭圆】命令有以下几种常用方法：

○ 功能区：单击【绘图】面板【椭圆】按钮，即【圆心】或【轴，端点】按钮，如图3-93所示。

○ 菜单栏：执行【绘图】|【椭圆】命令，如图3-94所示。

○ 命令行：ELLIPSE或EL。

图3-93 【绘图】面板中的【椭圆】按钮

图3-94 不同输入半径的圆弧

执行命令后，命令行操作步骤提示如下：

```
命令: _ellipse                                    //执行【椭圆】命令
指定椭圆的轴端点或 [圆弧(A)/中心点(C)]: _c        //系统自动选择绘制对象为椭圆
指定椭圆的中心点:                                  //在绘图区中指定椭圆的中心点
指定轴的端点:                                      //在绘图区中指定一点
指定另一条半轴长度或 [旋转(R)]:                    //在绘图区中指定一点或输入数值
```

在【绘图】面板【椭圆】按钮的下拉列表中有【圆心】 和【轴，端点】 2种方法，各方法含义介绍如下。

- 【圆心】 ：通过指定椭圆的中心点、一条轴的一个端点及另一条轴的半轴长度来绘制椭圆，如图3-95所示。即命令行中的"中心点（C）"选项。

命令: _ellipse	//执行【椭圆】命令0
指定椭圆的轴端点或 [圆弧(A)/中心点(C)]: _c	
	//系统自动选择椭圆的绘制方法
指定椭圆的中心点:	//指定中心点1
指定轴的端点:	//指定轴端点2
指定另一条半轴长度或 [旋转(R)]:151	//输入另一半轴长度

图3-95 【圆心】画椭圆

- 【轴，端点】 ：通过指定椭圆一条轴的两个端点及另一条轴的半轴长度来绘制椭圆，如图3-96所示。即命令行中的"圆弧（A）"选项。

命令: _ellipse	//执行【椭圆】命令
指定椭圆的轴端点或 [圆弧(A)/中心点(C)]:	//指定点1
指定轴的另一个端点:	//指定点2
指定另一条半轴长度或 [旋转(R)]:151	//输入另一半轴的长度

图3-96 【轴，端点】画椭圆

【案例 3-13】绘制台盆

视频文件：DVD\ 视频 \ 第 3 章 \3-14.MP4

（1）单击【快速访问】工具栏中的【打开】按钮 ，打开"第 3 章 /3-13 绘制台盆 .dwg"素材文件，素材文件内已经绘制好了中心线，如图 3-97 所示。

（2）在命令行中输入 EL【椭圆】命令，绘制台盆外轮廓，如图 3-98 所示。命令行提示如下。

图3-97 素材文件　　图3-98 创建台盆外轮廓

命令: EL↙　　ELLIPSE	//调用【椭圆】命令
指定椭圆的轴端点或 [圆弧(A)/中心点(C)]: C↙	//以中心点的方式绘制椭圆
指定椭圆的中心点:	//指定中心线交点为椭圆中心
指定轴的端点:	//指定水平中心线端点为轴的端点
指定另一条半轴长度或 [旋转(R)]:	//指定垂直中心线端点来定义另一条半轴的长度

（3）按空格键重复 EL【椭圆】命令，细化台盆，如图 3-99 所示。命令行提示如下。

命令: ELLIPSE	//调用【椭圆】命令
指定椭圆的轴端点或 [圆弧(A)/中心点(C)]:	//指定中心线右侧交点为轴端点
指定轴的另一个端点:	//指定中心线左侧交点为轴另一个端点
指定另一条半轴长度或 [旋转(R)]:	//指定中心线交点为另一条半轴长度

（4）在【默认】选项卡中，单击【绘图】面板中的【圆】按钮 ⊘，绘制半径为 11mm 的圆，如图 3-100 所示。

（6）绘制台面。在命令行中输入 REC【矩形】命令，绘制尺寸为 784mm×521mm 的矩形，并删除辅助线，结果如图 3-102 所示。

图3-99 细化洗漱台　　　　图3-100 绘制圆

图3-101 绘制圆　　　图3-102 台盆绘制效果

（5）重复步骤（4）命令操作，绘制三个半径为 20mm 的圆，结果如图 3-101 所示。

3.3.4 ▶ 椭圆弧

椭圆弧是椭圆的一部分。绘制椭圆弧需要确定的参数有：椭圆弧所在椭圆的两条轴及椭圆弧的起点和终点的角度。执行【椭圆弧】命令的方法有以下2种。

○ 面板：单击【绘图】面板中的【椭圆弧】按钮 ⌒。
○ 菜单栏：选择【绘图】|【椭圆】|【椭圆弧】命令。

执行命令后，命令行操作步骤提示如下：

```
命令: _ellipse                              //执行【椭圆弧】命令
指定椭圆的轴端点或 [圆弧(A)/中心点(C)]: _a   //系统自动选择绘制对象为椭圆弧
指定椭圆弧的轴端点或 [中心点(C)]:            //在绘图区指定椭圆一轴的端点
指定轴的另一个端点:                         //在绘图区指定该轴的另一端点
指定另一条半轴长度或 [旋转(R)]:             //在绘图区中指定一点或输入数值
指定起点角度或 [参数(P)]:                   //在绘图区中指定一点或输入椭圆弧的起始角度
指定端点角度或 [参数(P)/夹角(I)]:           //在绘图区中指定一点或输入椭圆弧的终止角度
```

【椭圆弧】中各选项含义与【椭圆】一致，唯有在指定另一半轴长度后，会提示指定起点角度与端点角度来确定椭圆弧的大小，这时有两种指定方法，即"角度（A）"和"参数（P）"，分别介绍如下。

○ "角度（A）"：输入起点与端点角度来确定椭圆弧，角度以椭圆轴中较长的一条来为基准进行确定，如图3-103所示。

```
命令: _ellipse                              //执行【椭圆】命令
指定椭圆的轴端点或 [圆弧(A)/中心点(C)]: _a
                                           //系统自动选择绘制椭圆弧
指定椭圆弧的轴端点或 [中心点(C)]:            //指定轴端点1
指定轴的另一个端点:                         //指定轴端点2
指定另一条半轴长度或 [旋转(R)]: 61          //输入另一半轴长度
指定起点角度或 [参数(P)]: 301               //输入起始角度
指定端点角度或 [参数(P)/夹角(I)]: 1501      //输入终止角度
```

图3-103 以"角度（A）"绘制椭圆弧

○ "参数（P）"：用参数化矢量方程式（$p(n)=c+a\cos(n)+b\sin(n)$，其中n是用户输入的参数;c是椭圆弧的半焦距;a和b分别是椭圆长轴与短轴的半轴长）定义椭圆弧的端点角度。使用"起点参数"选项可以从角度模式切换到参数模式。模式用于控制计算椭圆的方法。

○ "夹角（I）"：指定椭圆弧的起点角度后，可选择该选项，然后输入夹角角度来确定圆弧，如图3-104所示。

值得注意的是，89.4° 到90.6° 之间的夹角值无效，因为此时椭圆将显示为一条直线，如图3-105 所示。这些角度值的倍数将每隔 90 度产生一次镜像效果。

图3-104　"夹角（I）"绘制椭圆弧

图3-105　89.4° 到90.6° 之间的夹角不显示椭圆弧

操作技巧

椭圆弧的起始角度从长轴开始计算。

3.3.5　圆环

圆环是由同一圆心、不同直径的两个同心圆组成的，控制圆环的参数是圆心、内直径和外直径。圆环可分为"填充环"（两个圆形中间的面积填充，可用于绘制电路图中的各接点）和"实体填充圆"（圆环的内直径为0，可用于绘制各种标识）。圆环的典型示例如图3-106所示。

图3-106　圆环的典型示例

执行【圆环】命令的方法有以下3种。

○ 功能区：在【默认】选项卡中，单击【绘图】面板中的【圆环】按钮◎。
○ 菜单栏：选择【绘图】|【圆环】菜单命令。
○ 命令行：DONUT或DO。

执行命令后，命令行操作步骤提示如下：

```
命令: _donut                         //执行【圆环】命令
指定圆环的内径 <0.5000>:10l           //指定圆环内径
指定圆环的外径 <1.0000>:20l           //指定圆环外径
指定圆环的中心点或 <退出>:             //在绘图区中指定一点放置圆环，放置位置为圆心
指定圆环的中心点或 <退出>: ★取消★     //按ESC键退出圆环命令
```

在绘制圆环时，命令行提示指定圆环的内径和外径，正常圆环的内径小于外径，且内径不为零，则效果如图3-107所示；若圆环的内径为0，则圆环为一黑色实心圆，如图3-108所示；如果内径与外径相等，则显示一普通圆，如图3-109所示。

图3-107　内、外径不相等

图3-108　内径为0，外径为20mm

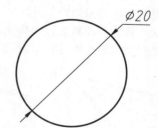

图3-109　内径与外径均为20mm

【案例 3-14】绘制圆环完善电路图
视频文件：DVD\ 视频 \ 第 3 章 \3-15.MP4

（1）单击【快速访问】工具栏中的【打开】按钮，打开"第 3 章 /3-15 绘制圆环完善电路图 .dwg"素材文件，素材文件已经绘制好了一完整的电路图，如图3-110 所示。

（2）设置圆环参数。在【默认】选项卡中，单击【绘图】面板中的【圆环】按钮◎，指定圆环的内径为0，外径为4mm，然后在各线交点处绘制圆环，命令行操作如下，结果如图3-111所示。

```
命令: DONUT                          //执行【圆环】命令
指定圆环的内径 <0.5000>: 0            //输入圆环的内径
指定圆环的外径 <1.0000>: 4            //输入圆环的外径
指定圆环的中心点或 <退出>:            //在交点处放置圆环
......
指定圆环的中心点或 <退出>:            //按Enter键结束放置
```

图3-110 素材图形　　　　　　　　　　图3-111 电路图效果

3.4 多段线

多段线又称为多义线，是AutoCAD中常用的一类复合图形对象。由多段线所构成的图形是一个整体，可以统一对其进行编辑修改。

3.4.1 多段线概述

使用【多段线】命令可以生成由若干条直线和圆弧首尾连接形成的复合线实体。所谓复合对象，即是指图形的所有组成部分均为一整体，单击时会选择整个图形，不能进行选择性编辑。直线与多段线的选择效果对比如图3-112所示。

直线选择效果　　　　　　多段线选择效果

图3-112 直线与多段线的选择效果对比

调用【多段线】命令的方式如下。
○ 功能区：单击【绘图】面板中的【多段线】按钮

⌐ᶜ，如图3-113所示。
○ 菜单栏：调用【绘图】|【多段线】菜单命令，如图3-114所示。
○ 命令行：PLINE或PL。

图3-113 【绘图】面板中的【多段线】按钮

图3-114 【多段线】菜单命令

执行命令后，命令行操作步骤提示如下：

```
命令: _pline                                    //执行【多段线】命令
指定起点:                                        //在绘图区中任意指定一点为起点，有临时的加号标记显示
当前线宽为 0.0000                                //显示当前线宽
指定下一个点或 [圆弧(A)/半宽(H)/长度(L)/放弃(U)/宽度(W)]: //指定多段线的端点
指定下一点或 [圆弧(A)/闭合(C)/半宽(H)/长度(L)/放弃(U)/宽度(W)]:  //指定下一段多段线的端点
指定下一点或 [圆弧(A)/闭合(C)/半宽(H)/长度(L)/放弃(U)/宽度(W)]:  //指定下一端点或按Enter键结束
```

由于多段线中各子选项众多，因此通过以下两个部分进行讲解：多段线——直线、多段线—圆弧。

3.4.2 多段线——直线

在执行多段线命令时，选择【直线（L）】子选项后便开始创建直线，是默认的选项。若要开始绘制圆弧，可选择【圆弧（A）】选项。直线状态下的多段线，除【长度（L）】子选项之外，其余皆为通用选项，其含义效果分别介绍如下。

- 【闭合（C）】：该选项含义同【直线】命令中的一致，可连接第一条和最后一条线段，以创建闭合的多段线。

- 【半宽（H）】：指定从宽线段的中心到一条边的宽度。选择该选项后，命令行提示用户分别输入起点与端点的半宽值，而起点宽度将成为默认的端点宽度，如图3-115所示。

- 【长度（L）】：按照与上一线段相同的角度、方向创建指定长度的线段。如果上一线段是圆弧，将创建与该圆弧段相切的新直线段。

- 【宽度（W）】：设置多段线起始与结束的宽度值。选择该选项后，命令行提示用户分别输入起点与端点的宽度值，而起点宽度将成为默认的端点宽度，如图3-116所示。

图3-115　半宽为2mm示例　　　图3-116　宽度为4mm示例

为多段线指定宽度后，有以下两点需要注意：

- 带有宽度的多段线其起点与端点仍位于中心处，如图3-117所示。

- 一般情况下，带有宽度的多段线在转折角处会自动相连，如图3-118所示；但在圆弧段互不相切、有非常尖锐的角（小于29°）或者使用点划线线型的情况下将不倒角，如图3-119所示。

图3-117　多段线位于宽度　　　图3-118　多段线在转角处
效果的中点　　　　　　　　　　　自动相连

直线与圆弧
不相切

角度小于29°或
为点划线线型

图3-119　多段线在转角处不相连的情况

【案例 3-15】指定多段线宽度绘制图形
视频文件：DVD\ 视频 \ 第 3 章 \3-16.MP4

（1）打开"第 3 章 /3-16 指定多段线宽度绘制图形 .dwg"素材文件，其中已经绘制了两条线段，如图 3-120 所示。

（2）绘制 y 轴方向箭头。单击【绘图】面板中的【多段线】按钮，指定竖直直线的上方端点为起点，然后在命令行中输入 W，进入"宽度"选项，指定起

点宽度为 0、终点宽度为 5mm，向下绘制一段长度为 10mm 的多段线，如图 3-121 所示。

（3）绘制 y 轴连接线。箭头绘制完毕后，再次从命令行中输入 W，指定起点宽度为 2mm、终点宽度为 2mm，向下绘制一段长度为 35mm 的多段线，如图 3-122 所示。

图3-120 素材图形　　　图3-121 绘制y轴方向箭头

（4）绘制基点方框。连接线绘制完毕后，再输入 W，指定起点宽度为 10mm、终点宽度为 10mm，向下绘制一段多段线至直线交点，如图 3-123 所示。

（5）保持线宽不变，向右移动光标，绘制一段长度为 5 的多段线，效果如图 3-124 所示。

图3-122 绘制y轴连接线　　　图3-123 向下绘制基点方框　　　图3-124 向右绘制基点方框

（6）绘制 x 轴连接线。指定起点宽度为 2mm、终点宽度为 2mm，向右绘制一段长度为 35 的多段线，如图 3-125 所示。

（7）绘制 x 轴箭头。按之前的方法，绘制 x 轴右侧的箭头，起点宽度为 5mm、终点宽度为 0，如图 3-126 所示。

（8）按 Enter 键，退出多段线的绘制，坐标系箭头标识绘制完成，如图 3-127 所示。

图3-125 绘制x轴连接线　　　图3-126 绘制x轴箭头　　　图3-127 图形效果

操作技巧

在多段线绘制过程中，可能预览图形不会及时显示出带有宽度的转角效果，让用户误以为绘制出错。实际上只要单击Enter键完成多段线的绘制，便会自动为多段线添加转角处的平滑效果。

3.4.3 多段线——圆弧

在执行多段线命令时，选择【圆弧（A）】子选项后便开始创建与上一线段（或圆弧）相切的圆弧段，如图3-128所示。若要重新绘制直线，可选择【直线（L）】选项。

上一段为直线　　　　　　　　　上一段为圆弧

图3-128　多段线创建圆弧时自动相切

执行命令后，命令行操作步骤提示如下：

```
命令: _pline                                                          //执行【多段线】命令
指定起点:                                                            //在绘图区中任意指定一点为起点
当前线宽为 0.0000
指定下一个点或 [圆弧(A)/半宽(H)/长度(L)/放弃(U)/宽度(W)]: Al          //选择"圆弧"子选项
指定圆弧的端点(按住 Ctrl 键以切换方向)或                             //指定圆弧的一个端点
[角度(A)/圆心(CE)/方向(D)/半宽(H)/直线(L)/半径(R)/第二个点(S)/放弃(U)/宽度(W)]:
指定圆弧的端点(按住 Ctrl 键以切换方向)或                             //指定圆弧的另一个端点
[角度(A)/圆心(CE)/闭合(CL)/方向(D)/半宽(H)/直线(L)/半径(R)/第二个点(S)/放弃(U)/宽度(W)]: ★取消
```

根据上面的命令行操作过程可知，在执行【圆弧（A）】子选项下的【多段线】命令时，会出现几种子选项，选项含义介绍如下。

○ 【角度（A）】：指定圆弧段的从起点开始的包含角，如图3-129所示。输入正数将按逆时针方向创建圆弧段，输入负数将按顺时针方向创建圆弧段。方法类似于"起点、端点、角度"画圆弧。

○ 【圆心（CE）】：通过指定圆弧的圆心来绘制圆弧段，如图3-130所示。方法类似于"起点、圆心、端点"画圆弧。

○ 【方向（D）】：通过指定圆弧的切线来绘制圆弧段，如图3-131所示。方法类似于"起点、端点、方向"画圆弧。

图3-129　通过角度绘制多段线圆弧　　　图3-130　通过圆心绘制多段线圆弧　　　图3-131　通过切线绘制多段线圆弧

○ 【直线（L）】：从绘制圆弧切换到绘制直线。
○ 【半径（R）】：通过指定圆弧的半径来绘制圆弧，如图3-132所示。方法类似于【起点、端点、半径】画圆弧。
○ 【第二个点（S）】：通过指定圆弧上的第二点和端点来进行绘制，如图3-133所示。方法类似于【三点】画圆弧。

图3-132　通过半径绘制多段线圆弧

图3-133　通过第二个点绘制多段线圆弧

【案例 3-16】通过【多段线】绘制斐波那契螺旋线

视频文件: DVD\ 视频 \ 第 3 章 \3-17.MP4

（1）新建空白文档。

（2）在默认选项卡中单击【绘图】面板上的【多段线】按钮，任意指定一点为起点。

（3）创建第一段圆弧。在命令行中输入 A，进入圆弧绘制方法，再输入 D，选择通过"方向"来绘制圆弧。接着沿正上方指定一点为圆弧切向方向，水平向右移动光标，绘制一段距离为 2mm 的圆弧，如图 3-134 所示。

图3-134 创建第一段圆弧

（4）创建第二段圆弧。紧接上步骤进行操作，在命令行中输入 CE，选择"圆心"方式绘制圆弧。指定第一段圆弧、也是多段线的起点（带有"+"标记）为圆心，绘制一角度为 90° 的圆弧，如图 3-135 所示。

（5）创建第三段圆弧。接上步骤进行操作，在命令行中输入 R，选择"半径"方式绘制圆弧。根据斐波那契数列规律可知第三段圆弧半径为 4mm，然后指定角度为 90°，如图 3-136 所示。

图3-135 创建第二段圆弧   图3-136 创建第三段圆弧

（6）创建第三段圆弧。紧接上步骤进行操作，在命令行中输入 A，选择"角度"方式绘制圆弧。输入夹角为 90°，然后指定半径为 6mm，效果如图 3-137 所示。

（7）创建第四段圆弧。再次输入 R，选择"半径"方式绘制圆弧。指定半径为 10mm，角度为 90°，得到第四段圆弧，如图 3-138 所示。

（8）按相同方法，绘制其余段圆弧，即可得到斐波那契螺旋线，如图 3-139 所示。

图3-137 创建第三段圆弧   图3-138 创建第四段圆弧   图3-139 创建其余圆弧

3.5 多线

多线是一种由多条平行线组成的组合图形对象，它可以由1~16条平行直线组成。多线在实际工程设计中的应用非常广泛，如建筑平面图中绘制墙体、规划设计中绘制道路、机械设计中绘制键、管道工程设计中绘制管道剖面等，如图3-140所示。

3.5.1 ▶ 多线概述

使用【多线】命令可以快速地生成大量平行直线，多线同多段线一样，也是复合对象，绘制的每一条多线都是一个完整的整体，不能对其进行偏移、延伸、修剪等编辑操作，只能将其分解为多条直线后才能编辑。

建筑平面图中的墙体 规划设计中的道路 机械设计中的键

图3-140 各行业中的多线应用

【多线】的操作步骤与【多段线】类似，稍有不同的是【多线】需要在绘制前设置好样式与其他参数，开始绘制后便不能再随意更改。而【多段线】在一开始并不需做任何设置，而在绘制的过程中可以根据众多的子选项随时进行调整。

3.5.2 ▶ 设置多线样式

系统默认的STANDARD样式由两条平行线组成，并且平行线的间距是定值。如果要绘制不同规格和样式的多线（带封口或更多数量的平行线），就需要设置多线的样式。

执行【多线样式】命令的方法有以下几种。
○ 菜单栏：选择【格式】|【多线样式】命令。
○ 命令行：MLSTYLE。

使用上述方法打开【多线样式】对话框，其中可以新建、修改或者加载多线样式，如图3-141所示；单击其中的【新建】按钮，可以打开【创建新的多线样式】对话框，然后定义新多线样式的名称（如平键），如图3-142所示。

图3-141 【多线样式】对话框

图3-142 【创建新的多线样式】对话框

接着单击【继续】按钮，便打开【新建多线样式】对话框，可以在其中设置多线的各种特性，如图3-143所示。

图3-143 【新建多线样式】对话框

【新建多线样式】对话框中各选项的含义如下。
○ 【封口】：设置多线的平行线段之间两端封口的样式。当取消【封口】选项区中的复选框勾选，绘制的多段线两端将呈打开状态，如图3-144所示为多线的各种封口形式。

图3-144 多线的各种封口形式

【填充颜色】下拉列表：设置封闭的多线内的填充颜色，选择【无】选项，表示使用透明颜色填充，如图3-145所示。

图3-145 各多线的填充颜色效果

【显示连接】复选框：显示或隐藏每条多线段顶点处的连接，效果如图3-146所示。

图3-146 【显示连接】复选框效果

图元：构成多线的元素，通过单击【添加】按钮可以添加多线的构成元素，也可以通过单击【删除】按钮删除这些元素。

偏移：设置多线元素从中线的偏移值，值为正表示向上偏移，值为负表示向下偏移。

颜色：设置组成多线元素的直线线条颜色。

线型：设置组成多线元素的直线线条线型。

【案例 3-17】创建"墙体"多线样式

视频文件：DVD\ 视频 \ 第 3 章 \3-18.MP4

（1）单击【快速访问】工具栏中的【新建】按钮，新建空白文件。

（2）在命令行中输入 MLSTYLE 并按 Enter 键，系统弹出【多线样式】对话框，如图 3-147 所示。

（3）单击【新建】按钮，系统弹出【创建新的多线样式】对话框，新建新样式名为墙体，基础样式为 STANDARD，单击【确定】按钮，系统弹出【新建多线样式：墙体】对话框。

（4）在【封口】区域勾选【直线】中的两个复选框、在【图元】选项区域中设置【偏移】为 120 与 −120，如图 3-148 所示，单击【确定】按钮，系统返回【多线样式】对话框。

（5）单击【置为当前】按钮，单击【确定】按钮，关闭对话框，完成墙体多线样式的设置。单击【快速访问】工具栏中的【保存】按钮，保存文件。

图3-147 多线样式对话框

图3-148 设置封口和偏移值

3.5.3 ▶ 绘制多线

在AutoCAD中执行【多线】命令的方法只有以下两种，读者也可以通过本书第一章的【练习1-4】来向功能区中添加【多线】按钮。

○ 菜单栏：选择【绘图】|【多线】命令。

○ 命令行：MLINE或ML。

执行命令后，命令行操作步骤提示如下：

```
命令: _mline                                          //执行【多线】命令
当前设置: 对正 = 上, 比例 = 20.00, 样式 = STANDARD      //显示当前的多线设置
指定起点或 [对正(J)/比例(S)/样式(ST)]:                  //指定多线起点或修改多线设置
指定下一点:                                           //指定多线的端点
指定下一点或 [放弃(U)]:                                //指定下一段多线的端点
指定下一点或 [闭合(C)/放弃(U)]:                        //指定下一段多线的端点或按Enter键结束
```

执行【多线】的过程中，命令行会出现3种设置类型：【对正（J）】、【比例（S）】、【样式（ST）】，分别介绍如下：

○ 【对正（J）】：设置绘制多线时相对于输入点的偏移位置。该选项有【上】、【无】和【下】3个选项，【上】表示多线顶端的线随着光标移动；【无】表示多线的中心线随着光标移动；【下】表示多线底端的线随着光标移动，如图3-149所示。

【上】：捕捉点在上　　　　　　　　【无】：捕捉点在中　　　　　　　　【下】：捕捉点在下

图3-149 多线的对正

○ 【比例（S）】：设置多线样式中多线的宽度比例，可以快速定义多线的间隔宽度，如图3-150所示。

比例为10　　　　　　　　比例为20

图3-150 多线的比例

○ 【样式（ST）】：设置绘制多线时使用的样式，默认的多线样式为STANDARD，选择该选项后，可以在提示信息"输入多线样式"或"？"后面输入已定义的样式名。输入"？"则会列出当前图形中所有的多线样式。

【案例 3-18】绘制墙体

视频文件：DVD\ 视频 \ 第 3 章 \3-19.MP4

（1）单击【快速访问】工具栏中的【打开】按钮，打开"第 3 章 /3-19 绘制墙体 .dwg"文件，如图 3-151 所示。

（2）创建"墙体"多线样式。按【案例 3-18】的方法创建"墙体"多线样式，如图 3-152 所示。

图3-151 素材图形

图3-152 创建墙体多线样式

（3）在命令行中输入 ML，调用【多线】命令，绘制如图 3-153 所示的墙体，命令行提示如下：

命令：_mline↙	//调用【多线】命令
当前设置：对正 = 上，比例 = 20.00，样式 = 墙体	
指定起点或 [对正(J)/比例(S)/样式(ST)]：S↙	//激活【比例(S)】选项
输入多线比例 <20.00>：1↙	//输入多线比例
当前设置：对正 = 上，比例 = 1.00，样式 = 墙体	
指定起点或 [对正(J)/比例(S)/样式(ST)]：J↙	//激活【对正(J)】选项
输入对正类型 [上(T)/无(Z)/下(B)] <上>：Z↙	//激活【无(Z)】选项
当前设置：对正 = 无，比例 = 1.00，样式 = 墙体	
指定起点或 [对正(J)/比例(S)/样式(ST)]：	//沿着轴线绘制墙体
指定下一点：	
指定下一点或 [放弃(U)]：	
指定下一点或 [闭合(C)/放弃(U)]：↙	//按Enter键结束绘制

（4）按空格键重复命令，绘制非承重墙，把比例设置为 0.5，命令行提示如下：

命令：MLINE↙	//调用【多线】命令
当前设置：对正 = 无，比例 = 1.00，样式 = 墙体	
指定起点或 [对正(J)/比例(S)/样式(ST)]：S↙	//激活【比例(S)】选项
输入多线比例 <1.00>：0.5↙	//输入多线比例
当前设置：对正 = 无，比例 = 0.50，样式 = 墙体	
指定起点或 [对正(J)/比例(S)/样式(ST)]：J↙	//激活【对正(J)】选项
输入对正类型 [上(T)/无(Z)/下(B)] <无>：Z↙	//激活【无(Z)】选项
当前设置：对正 = 无，比例 = 0.50，样式 = 墙体	
指定起点或 [对正(J)/比例(S)/样式(ST)]：	
指定下一点：	//沿着轴线绘制墙体
指定下一点或 [放弃(U)]：↙	//按Enter键结束绘制

（5）最终效果如图 3-154 所示。

图3-153 绘制承重墙

图3-154 最终效果图

3.5.4 ▶ 编辑多线

之前介绍了多线是复合对象，只能将其分解为多条直线后才能编辑。但在AutoCAD中，也可以用自带的【多线编辑工具】对话框进行编辑。

打开【多线编辑工具】对话框的方法有以下3种：

- 菜单栏：执行【修改】|【对象】|【多线】命令，如图3-155所示。
- 命令行：MLEDIT。
- 快捷操作：双击绘制的多线图形。

执行上述任一命令后，系统自动弹出【多线编辑工具】对话框，如图3-156所示。根据图样单击选择一种适合的工具图标，即可使用该工具编辑多线。

图3-155 【菜单栏】调用　　图3-156 【多线编辑工
【多线】编辑命令　　　　　　具】对话框

【多线编辑工具】对话框中共有4列12种多线编辑工具：第一列为十字交叉编辑工具，第二列为T形交叉编辑工具，第三列为角点结合编辑工具，第四列为中断或接合编辑工具。具体介绍如下：

- 【十字闭合】：可在两条多线之间创建闭合的十

字交点。选择该工具后，先选择第一条多线，作为打断的隐藏多线；再选择第二条多线，即前置的多线，效果如图3-157所示。

图3-157 十字闭合

- 【十字打开】：在两条多线之间创建打开的十字交点。打断将插入第一条多线的所有元素和第二条多线的外部元素，效果如图3-158所示。

图3-158 十字打开

- 【十字合并】：在两条多线之间创建合并的十字交点。选择多线的次序并不重要，效果如图3-159所示。

图3-159 十字合并

操作技巧

对于双数多线来说，"十字打开"和"十字合并"结果是一样的；但对于三线，中间线的结果是不一样的，效果如图3-160所示。

图3-160 三线的编辑效果

○ 【T形闭合】：在两条多线之间创建闭合的T形交点。将第一条多线修剪或延伸到与第二条多线的交点处，如图3-161所示。

图3-161 T形闭合

○ 【T形打开】：在两条多线之间创建打开的T形交点。将第一条多线修剪或延伸到与第二条多线的交点处，如图3-162所示。

图3-162 T形打开

○ 【T形合并】：在两条多线之间创建合并的T形交点。将多线修剪或延伸到与另一条多线的交点处，如图3-163所示。

图3-163 T形合并

操作技巧

【T形闭合】、【T形打开】和【T形合并】的选择对象顺序应先选择T形的下半部分，再选择T形的上半部分，如图3-164所示。

图3-164 选择顺序

○ 【角点结合】：在多线之间创建角点结合。将多线修剪或延伸到它们的交点处，效果如图3-165所示。

图3-165 角点结合

○ 【添加顶点】：向多线上添加一个顶点。新添加的角点就可以用于夹点编辑，效果如图3-166所示。

图3-166 添加顶点

○ 【删除顶点】：从多线上删除一个顶点，效果如图3-167所示。

图3-167 删除顶点

○ 【单个剪切】：在选定的多线元素中创建可见打断，效果如图3-168所示。

图3-168 单个剪切

○ 【全部剪切】：创建穿过整条多线的可见打断，效果如图3-169所示。

○ 【全部接合】：将已被剪切的多线线段重新接合起来，如图3-170所示。

图3-169　全部剪切

图3-170　全部接合

【案例 3-19】编辑墙体

视频文件：DVD\视频\第 3 章\3-20.MP4

【案例3-19】中所绘制完成的墙体仍有瑕疵，需要通过多线编辑命令对其进行修改，从而得到最终完整的墙体图形。

（1）单击【快速访问】工具栏中的【打开】按钮，打开"第 3 章 /3-19 绘制墙体 -OK.dwg"文件，如图3-171 所示。

（2）在命令行中输入 MLEDIT，调用【多线编辑】命令，打开【多线编辑工具】对话框，如图 3-172 所示。

图3-171　素材图形

图3-172　【多线编辑工具】对话框

（3）选择对话框中的【T 形合并】选项，系统自动返回到绘图区域，根据命令行提示对墙体结合部进行编辑，命令行提示如下：

```
命令：MLEDIT↙              //调用【多线编辑】命令
选择第一条多线：           //选择竖直墙体
选择第二条多线：           //选择水平墙体
选择第一条多线 或 [放弃(U)]：↙    //重复操作
```

（4）重复上述操作，对所有墙体进行【T 形合并】命令，效果如图 3-173 所示。

（5）在命令行中输入 LA，调用【图层特性管理器】命令，在弹出的【图层特性管理器】选项板中，隐藏【轴线】图层，最终效果如图 3-174 所示。

图3-173　合并墙体

图3-174　隐藏轴线

3.6 矩形与多边形

多边形图形包括矩形和多边形，也是在绘图过程中使用较多的一类图形。

3.6.1 矩形

矩形就是通常说的长方形，是通过输入矩形的任意两个对角位置确定的，在AutoCAD中绘制矩形可以为其设置倒角、圆角以及宽度和厚度值，如图3-175所示。

直角矩形　　倒角矩形　　圆角矩形　　有宽度的矩形　　有厚度的矩形

图3-175 各种样式的矩形

调用【矩形】命令的方法如下：

○ 功能区：在【默认】选项卡中，单击【绘图】面板中的【矩形】按钮□。
○ 菜单栏：执行【绘图】|【矩形】菜单命令。
○ 命令行：RECTANG或REC。
○ 执行该命令后，命令行提示如下：

```
命令: _rectang                              //执行【矩形】命令
指定第一个角点或 [倒角(C)/标高(E)/圆角(F)/厚度(T)/宽度(W)]:    //指定矩形的第一个角点
指定另一个角点或 [面积(A)/尺寸(D)/旋转(R)]:                   //指定矩形的对角点
```

在指定第一个角点前有5个子选项，而指定第二个对角点时有3个子选项，各选项含义具体介绍如下。

○ 【倒角（C）】：用来绘制倒角矩形，选择该选项后可指定矩形的倒角距离，如图3-176所示。设置该选项后，执行矩形命令时此值成为当前的默认值，若不需设置倒角，则要再次将其设置为0。

```
命令: _rectang
指定第一个角点或 [倒角(C)/标高(E)/圆角(F)/厚度(T)/宽度(W)]: C
//选择"倒角"选项
指定矩形的第一个倒角距离 <0.0000>: 2         //输入第一个倒角距离
指定矩形的第二个倒角距离 <2.0000>: 4         //输入第二个倒角距离
指定第一个角点或 [倒角(C)/标高(E)/圆角(F)/厚度(T)/宽度(W)]:
                                          //指定第一个角点
指定另一个角点或 [面积(A)/尺寸(D)/旋转(R)]:   //指定第二个角点
```

图3-176 "倒角（C）"画矩形

○ 【标高（E）】：指定矩形的标高，即Z方向上的值。选择该选项后可在高为标高值的平面上绘制矩形，如图3-177所示。

命令：_rectang
指定第一个角点或 [倒角(C)/标高(E)/圆角(F)/厚度(T)/宽度(W)]：E
//选择"标高"选项
指定矩形的标高 <0.0000>：10　　　　　　　　　　//输入标高
指定第一个角点或 [倒角(C)/标高(E)/圆角(F)/厚度(T)/宽度(W)]：
//指定第一个角点
指定另一个角点或 [面积(A)/尺寸(D)/旋转(R)]：//指定第二个角点

图3-177　"标高（E）"画矩形

○ 【圆角（F）】：用来绘制圆角矩形。选择该选项后可指定矩形的圆角半径，绘制带圆角的矩形，如图3-178所示。

命令：_rectang
指定第一个角点或 [倒角(C)/标高(E)/圆角(F)/厚度(T)/宽度(W)]：F
//选择"圆角"选项
指定矩形的圆角半径 <0.0000>：　　　　　　　//输入圆角半径值
指定第一个角点或 [倒角(C)/标高(E)/圆角(F)/厚度(T)/宽度(W)]：
//指定第一个角点
指定另一个角点或 [面积(A)/尺寸(D)/旋转(R)]：　//指定第二个角点

图3-178　"圆角（F）"画矩形

操作技巧

如果矩形的长度和宽度太小而无法使用当前设置创建矩形时，绘制出来的矩形将不进行圆角或倒角。

○ 【厚度（T）】：用来绘制有厚度的矩形，该选项为要绘制的矩形指定Z轴上的厚度值，如图3-179所示。

命令：_rectang
指定第一个角点或 [倒角(C)/标高(E)/圆角(F)/厚度(T)/宽度(W)]：T
//选择"厚度"选项
指定矩形的厚度 <0.0000>：2　　　　　　　//输入矩形厚度值
指定第一个角点或 [倒角(C)/标高(E)/圆角(F)/厚度(T)/宽度(W)]：
//指定第一个角点
指定另一个角点或 [面积(A)/尺寸(D)/旋转(R)]：//指定第二个角点

图3-179　"厚度（T）"画矩形

○ 【宽度（W）】：用来绘制有宽度的矩形，该选项为要绘制的矩形指定线的宽度，效果如图3-180所示。

命令：_rectang
指定第一个角点或 [倒角(C)/标高(E)/圆角(F)/厚度(T)/宽度(W)]：W
//选择"宽度"选项
指定矩形的线宽 <0.0000>：1　　　　　　　//输入线宽值
指定第一个角点或 [倒角(C)/标高(E)/圆角(F)/厚度(T)/宽度(W)]：
//指定第一个角点
指定另一个角点或 [面积(A)/尺寸(D)/旋转(R)]：//指定第二个角点

图3-180　"宽度（W）"画矩形

○ 【面积】：该选项提供另一种绘制矩形的方式，即通过确定矩形面积大小的方式绘制矩形。

- 【尺寸】：该选项通过输入矩形的长和宽确定矩形的大小。
- 【旋转】：选择该选项，可以指定绘制矩形的旋转角度。

【案例 3-20】使用矩形绘制电视机
🎬 视频文件：DVD\视频\第3章\3-21.MP4

（1）单击【快速访问】工具栏中的【打开】按钮📂，打开"第3章/3-21 使用矩形绘制电视机.dwg"文件，如图 3-181 所示。

（2）在【默认】选项卡中，单击【绘图】面板中的【矩形】按钮🔲，绘制出圆角的电视机屏幕矩形，如图 3-182 所示，命令行提示如下：

```
命令：_RECTANG↙                    //调用【矩形】命令
指定第一个角点或 [倒角(C)/标高(E)/圆角(F)/厚度(T)/宽度(W)]：F↙    //激活"圆角"选项
指定矩形的圆角半径 <30.0000>：↙      //按Enter键默认半径尺寸
指定第一个角点或 [倒角(C)/标高(E)/圆角(F)/厚度(T)/宽度(W)]：
//在绘图区合适位置单击一点确定矩形的第一角点
指定另一个角点或 [面积(A)/尺寸(D)/旋转(R)]：D↙    //激活"尺寸"选项
指定矩形的长度 <500.0000>：550↙       //指定矩形的长度
指定矩形的宽度 <500.0000>：400↙       //指定矩形的宽度
指定另一个角点或 [面积(A)/尺寸(D)/旋转(R)]：    //鼠标单击指定矩形的另一个角点，完成矩形的绘制
```

图3-181 素材文件

图3-182 绘制圆角矩形

（3）重复调用矩形命令，激活【倒角】选项，运用倒角模式绘制矩形按钮，如图 3-183 所示，命令行提示如下：

```
命令：_RECTANG↙                    //调用【矩形】命令
当前矩形模式：  圆角=30.0000
指定第一个角点或 [倒角(C)/标高(E)/圆角(F)/厚度(T)/宽度(W)]：C↙    //激活"倒角"选项
指定矩形的第一个倒角距离 <30.0000>：10↙    //指定第一个倒角距离10mm
指定矩形的第二个倒角距离 <30.0000>：10↙    //指定第二个倒角距离10mm
指定第一个角点或 [倒角(C)/标高(E)/圆角(F)/厚度(T)/宽度(W)]：
                          //鼠标在绘图区合适位置单击一点指定矩形的第一角点
指定另一个角点或 [面积(A)/尺寸(D)/旋转(R)]：D↙    //激活"尺寸"选项
指定矩形的长度 <550.0000>：100↙       //输入矩形的长度100mm
指定矩形的宽度 <400.0000>：50↙        //输入矩形的宽度50mm
指定另一个角点或 [面积(A)/尺寸(D)/旋转(R)]：    //鼠标在绘图区单击一点指定矩形的另一个角点
```

（4）重复调用【矩形】命令，在图中位置绘制尺寸为 50mm×25mm 的倒角矩形，最终结果如图 3-184 所示。

图3-183 绘制倒角矩形

图3-184 绘制其他矩形按钮

3.6.2 ▶ 多边形

正多边形是由三条或三条以上长度相等的线段首尾相接形成的闭合图形,其边数值在3～1024之间,如图3-185所示为各种正多边形效果。

三角形　　　　四边形　　　　五边形　　　　六边形

图3-185 各种正多边形

启动【多边形】命令有以下3种方法:

○ 功能区:在【默认】选项卡中,单击【绘图】面板中的【多边形】按钮⬡。
○ 菜单栏:选择【绘图】|【多边形】菜单命令。
○ 命令行:POLYGON或POL。
○ 执行【多边形】命令后,命令行将出现如下提示:

命令: POLYGON↙	//执行【多边形】命令
输入侧面数 <4>:	//指定多边形的边数,默认状态为四边形
指定正多边形的中心点或 [边(E)]:	//确定多边形的一条边来绘制正多边形,由边数和边长确定
输入选项 [内接于圆(I)/外切于圆(C)] <I>:	//选择正多边形的创建方式
指定圆的半径:	//指定创建正多边形时的内接于圆或外切于圆的半径

执行【多边形】命令时,在命令行中共有4种绘制方法,各方法具体介绍如下:

○ 中心点:通过指定正多边形中心点的方式来绘制正多边形,为默认方式,如图3-186所示。

命令: _polygon	
输入侧面数 <5>: 6	//指定边数
指定正多边形的中心点或 [边(E)]:	//指定中心点1
输入选项 [内接于圆(I)/外切于圆(C)] <I>:	//选择多边形创建方式
指定圆的半径: 100	//输入圆半径或指定端点2

图3-186 中心点绘制多边形

○ 【边（E）】：通过指定多边形边的方式来绘制正多边形。该方式将通过边的数量和长度确定正多边形，如图3-187所示。选择该方式后不可指定【内接于圆】或【外切于圆】选项。

```
命令：_polygon
输入侧面数 <5>: 6                           //指定边数
指定正多边形的中心点或 [边(E)]: E           //选择"边"选项
指定边的第一个端点:                          //指定多边形某条边的端点1
指定边的第一个端点:                          //指定多边形某条边的端点2
```

图3-187　"边（E）"绘制多边形

○ 【内接于圆（I）】：该选项表示以指定正多边形内接圆半径的方式来绘制正多边形，如图3-188所示。

```
命令：_polygon
输入侧面数 <5>: 6                           //指定边数
指定正多边形的中心点或 [边(E)]:             //指定中心点
输入选项 [内接于圆(I)/外切于圆(C)] <I>:     //选择"内接于圆"方式
指定圆的半径: 100                           //输入圆半径
```

图3-188　"内接于圆（I）"绘制多边形

○ 【外切于圆（C）】：内接于圆表示以指定正多边形内接圆半径的方式来绘制正多边形；外切于圆表示以指定正多边形外切圆半径的方式来绘制正多边形，如图3-189所示。

```
命令：_polygon
输入侧面数 <5>: 6                           //指定边数
指定正多边形的中心点或 [边(E)]:             //指定中心点
输入选项 [内接于圆(I)/外切于圆(C)] <I>: C
                                            //选择"外切于圆"方式
指定圆的半径: 100                           //输入圆半径
```

图3-189　"外切于圆（C）"绘制多边形

【案例 3-21】绘制外六角扳手
🎬 视频文件：DVD\ 视频 \ 第 3 章 \3-22.MP4

（1）打开"第 3 章 /3-22 绘制外六角扳手 .dwg"素材文件，其中已经绘制好了中心线，如图 3-190 所示。

（2）绘制正多边形。单击【绘图】面板中的【正多边形】按钮 ⬡ 。在中心线的交点处绘制正六边形，外切圆的半径为 7mm，结果如图 3-191 所示。命令行操作如下。

```
命令: _polygon
输入侧面数 <4>: 6✓
指定正多边形的中心点或 [边(E)]:              //指定中心线交点为中心点
输入选项 [内接于圆(I)/外切于圆(C)] <I>: C✓   //选择外切圆类型
指定圆的半径: 7✓
```

图3-190 素材文件　　　　　　　　　　图3-191 创建正六边形

（3）单击【修改】面板中的【旋转】按钮↻，将正六边形旋转90°，如图 3-192 所示，命令行操作如下。

```
命令: _rotate
UCS 当前的正角方向: ANGDIR=逆时针 ANGBASE=0
选择对象: 找到 1 个
选择对象:↙                              //选择正六边形
指定基点:                               //指定中心线交点为基点
指定旋转角度，或 [复制(C)/参照(R)] <270>: 90↙    //输入旋转角度
```

（4）单击【绘图】面板中的【圆】按钮⊘，以中心线的交点为圆心，绘制半径为11mm的圆，如图 3-193 所示。

图3-192 旋转图形　　　　　　　　　　图3-193 绘制圆

（5）绘制矩形。以中心线交点为起始对角点，相对坐标（@-60，12）为终端对角点，绘制一个矩形，如图 3-194 所示。命令行操作如下。

```
命令: _rectang
指定第一个角点或 [倒角(C)/标高(E)/圆角(F)/厚度(T)/宽度(W)]:        //选择中心线交点
指定另一个角点或 [面积(A)/尺寸(D)/旋转(R)]: @-60,12↙    //输入另一角点的相对坐标
```

（6）单击【修改】面板中的【移动】按钮✥，将矩形向下移动 6mm，如图 3-195 所示，命令行操作过程如下。

```
命令: _move
选择对象: 找到 1 个                       //选择矩形
选择对象:↙                              //按Enter键结束选择
指定基点或 [位移(D)] <位移>:              //任意指定一点为基点
指定第二个点或 <使用第一个点作为位移>: 6↙   //光标向下移动，引出追踪线确保垂直，输入长度6
```

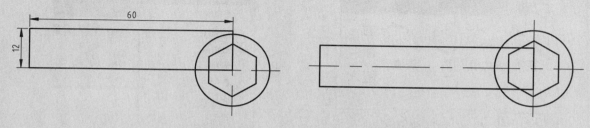

图3-194 绘制矩形　　　　　　　　　　图3-195 移动矩形

（7）单击【修改】面板中的【修剪】按钮ᚆ，启用命令后单击空格或者按Enter键，将多余线条全部修剪掉，如图 3-196 所示。

（8）单击【修改】面板中的【圆角】按钮⌐，对图形进行倒圆角操作，最终结果如图 3-197 所示。

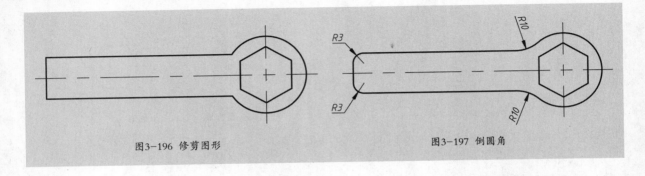

图3-196 修剪图形　　　　　　　　　　　　图3-197 倒圆角

3.7　样条曲线

样条曲线是经过或接近一系列给定点的平滑曲线，它能够自由编辑，以及控制曲线与点的拟合程度。在景观设计中，常用来绘制水体、流线形的园路及模纹等；在建筑制图中，常用来表示剖面符号等图形；在机械产品设计领域则常用来表示某些产品的轮廓线或剖切线。

3.7.1　绘制样条曲线

在AutoCAD 2018中，样条曲线可分为"拟合点样条曲线"和"控制点样条曲线"两种，"拟合点样条曲线"的拟合点与曲线重合，如图3-198所示；"控制点样条曲线"是通过曲线外的控制点控制曲线的形状，如图3-199所示。

图3-198 拟合点样条曲线　　　　　　　　图3-199 控制点样条曲线

调用【样条曲线】命令的方法如下。

○ 功能区：单击【绘图】滑出面板上的【样条曲线拟合】按钮 或【样条曲线控制点】按钮 ，如图3-200所示。
○ 菜单栏：选择【绘图】|【样条曲线】命令，然后在子菜单中选择【拟合点】或【控制点】命令，如图3-201所示。
○ 命令行：SPLINE或SPL。

图3-200 【绘图】面板中的样条曲线按钮

图3-201 样条曲线的菜单命令

执行【样条曲线拟合】命令时，命令行操作如下：

命令: _SPLINE　　　　　　　　　　　　　　　　//执行【样条曲线拟合】命令
当前设置: 方式=拟合　节点=弦　　　　　　　　//显示当前样条曲线的设置
指定第一个点或 [方式(M)/节点(K)/对象(O)]: _M　//系统自动选择
输入样条曲线创建方式 [拟合(F)/控制点(CV)] <拟合>: _FIT　//系统自动选择"拟合"方式
当前设置: 方式=拟合　节点=弦　　　　　　　　//显示当前方式下的样条曲线设置
指定第一个点或 [方式(M)/节点(K)/对象(O)]:　　//指定样条曲线起点或选择创建方式
输入下一个点或 [起点切向(T)/公差(L)]:　　　　//指定样条曲线上的第2点
输入下一个点或 [端点相切(T)/公差(L)/放弃(U)/闭合(C)]:　//指定样条曲线上的第3点
　　　　　　　　　　　　　　　　　　　　　　//要创建样条曲线，最少需指定3个点

执行【样条曲线控制点】命令时，命令行操作如下:

命令: _SPLINE　　　　　　　　　　　　　　　　//执行【样条曲线控制点】命令
当前设置: 方式=控制点　阶数=3　　　　　　　　//显示当前样条曲线的设置
指定第一个点或 [方式(M)/阶数(D)/对象(O)]: _M　//系统自动选择
输入样条曲线创建方式 [拟合(F)/控制点(CV)] <拟合>: _CV　//系统自动选择"控制点"方式
当前设置: 方式=控制点　阶数=3　　　　　　　　//显示当前方式下的样条曲线设置
指定第一个点或 [方式(M)/阶数(D)/对象(O)]:　　//指定样条曲线起点或选择创建方式
输入下一个点:　　　　　　　　　　　　　　　　//指定样条曲线上的第2点
输入下一个点或 [闭合(C)/放弃(U)]:　　　　　　//指定样条曲线上的第3点

虽然在AutoCAD 2018中，绘制样条曲线有【样条曲线拟合】和【样条曲线控制点】两种方式，但是操作过程却基本一致，只有少数选项有区别（"节点"与"阶数"），因此命令行中各选项均统一介绍如下。

○ 【拟合（F）】：即执行【样条曲线拟合】方式，通过指定样条曲线必须经过的拟合点来创建3阶（三次）B样条曲线。在公差值大于0（零）时，样条曲线必须在各个点的指定公差距离内。

○ 【控制点（CV）】：即执行【样条曲线控制点】方式，通过指定控制点来创建样条曲线。使用此方法创建1阶（线性）、2阶（二次）、3阶（三次）直到最高为10阶的样条曲线。通过移动控制点调整样条曲线的形状通常可以提供比移动拟合点更好的效果。

○ 【节点（K）】：指定节点参数化，是一种计算方法，用来确定样条曲线中连续拟合点之间的零部件曲线如何过渡。该选项下有3个子选项，

"弦""平方根"和"统一"，具体介绍请见"初学解答：样条曲线的节点"。

○ 【阶数（D）】：设置生成的样条曲线的多项式阶数。使用此选项可以创建1阶（线性）、2阶（二次）、3阶（三次）直到最高 10 阶的样条曲线。

○ 【对象（O）】：执行该选项后，选择二维或三维的、二次或三次的多段线，可将其转换成等效的样条曲线，如图3-202所示。

图3-202　将多段线转为样条曲线

操作技巧

根据 DELOBJ系统变量的设置，可设置保留或放弃原多段线。

【案例 3-22】使用【样条曲线】绘制鱼池轮廓

视频文件: DVD \ 视频 \ 第 3 章 \3-23.MP4

（1）打开"第 3 章 /3-23 绘制鱼池轮廓 .dwg"素材文件，如图 3-203 所示。

（2）单击【默认】选项卡【绘图】面板中的【样条曲线拟合】按钮，绘制样条曲线，命令行提示如下:

```
命令：_SPLINE↙
当前设置：方式=拟合 节点=弦↙
指定第一个点或 [方式(M)/节点(K)/对象(O)]：M↙          //选择"方式"选项
输入样条曲线创建方式 [拟合(F)/控制点(CV)] <拟合>：F↙     //选择"拟合"选项
当前设置：方式=拟合 节点=弦
指定第一个点或 [方式(M)/节点(K)/对象(O)]：            //鼠标指定样条曲线的第一点
输入下一个点或 [起点切向(T)/公差(L)]：               //鼠标指定样条曲线的第二个点
输入下一个点或 [端点相切(T)/公差(L)/放弃(U)]：        //指定最后一点，按Enter键结束操作
```

（3）绘制完成的鱼池轮廓样条曲线如图 3-204 所示。

图3-203 素材文件

图3-204 绘制的鱼池轮廓

【案例 3-23】使用【样条曲线】绘制函数曲线

视频文件：DVD\视频\第 3 章\3-24.MP4

（1）打开"第 3 章 /3-24 使用样条曲线绘制函数曲线 .dwg"文件，素材文件内含有一个表格，表格中包含摆线的曲线方程和特征点坐标，如图 3-205 所示。

（2）设置点样式。选择【格式】|【点样式】命令，在弹出的【点样式】对话框中选择点样式为 ⊠，如图 3-206 所示。

摆线方程式: $x=R\times(t-\sin t), y=R\times(1-\cos t)$				
R	t	$x=r\times(t-\sin t)$	$y=r\times(1-\cos t)$	坐标 (x,y)
	0	0	0	(0,0)
	$\frac{1}{4}\pi$	0.8	2.9	(0.8,2.9)
	$\frac{1}{2}\pi$	5.7	10	(5.7,10)
	$\frac{3}{4}\pi$	16.5	17.1	(16.5,17.1)
R=10	π	31.4	20	(31.4,20)
	$\frac{5}{4}\pi$	46.3	17.1	(46.3,17.1)
	$\frac{3}{2}\pi$	57.1	10	(57.1,10)
	$\frac{7}{4}\pi$	62	2.9	(62,2.9)
	2π	62.8	0	(62.8,0)

图3-205 素材

图3-206 设置点样式

（3）绘制各特征点。单击【绘图】面板中的【多点】按钮 ，然后在命令行中按表格中的"坐标"栏输入坐标值，所绘制的 9 个特征点如图 3-207 所示，命令行操作如下：

```
命令: _point
当前点模式: PDMODE=3  PDSIZE=0.0000
指定点: 0,0↙           //输入第一个点的坐标
指定点: 0.8, 2.9↙       //输入第二个点的坐标
指定点: 5.7, 10↙        //输入第三个点的坐标
指定点: 16.5, 17.1↙     //输入第四个点的坐标
指定点: 31.4, 20↙       //输入第五个点的坐标
指定点: 46.3, 17.1↙     //输入第六个点的坐标
指定点: 57.1, 10↙       //输入第七个点的坐标
指定点: 62, 2.9↙        //输入第八个点的坐标
指定点: 62.8, 0↙        //输入第九个点的坐标
指定点: ★取消★         //按Esc键取消多点绘制
```

图3-207　所绘制的9个特征点

（4）用样条曲线进行连接。单击【绘图】面板中的【样条曲线拟合】按钮，启用样条曲线命令，然后依次连接绘制的9个特征点即可，如图3-208所示。

图3-208　用样条曲线连接

知识链接

函数曲线上的各点坐标可以通过Excel表来计算得出，然后按上述方法即可绘制出各种曲线。

3.7.2　编辑样条曲线

与【多线】一样，AutoCAD 2018也提供了专门编辑【样条曲线】的工具。由SPLINE命令绘制的样条曲线具有许多特征，如数据点的数量及位置、端点特征性及切线方向等，用SPLINEDIT（编辑样条曲线）命令可以改变曲线的这些特征。

要对样条曲线进行编辑，有以下3种方法。

- 功能区：在【默认】选项卡中，单击【修改】面板中的【编辑样条曲线】按钮，如图3-209所示。
- 菜单栏：选择【修改】|【对象】|【样条曲线】菜单命令，如图3-210所示。
- 命令行：SPEDIT。

图3-209　【绘图】面板中的样条曲线编辑按钮

图3-210　【菜单栏】调用【样条曲线】编辑命令

按上述方法执行【编辑样条曲线】命令后，选择要编辑的样条曲线，便会在命令行中出现如下提示。

```
输入选项[闭合(C)/合并(J)/拟合数据(F)/编辑顶点(E)/转换为多线段(P)/反转(R)/放弃(U)/退出(X)]:<退出>
```

选择其中的子选项即可执行对应命令。命令行中各选项的含义说明如下。

1. 闭合（C）

用于闭合开放的样条曲线，执行此选项后，命令将自动变为【打开(O)】，如果再执行【打开】命令又会切换回来，如图3-211所示。

图3-211　闭合的编辑效果

2. 合并（J）

将选定的样条曲线与其他样条曲线、直线、多段线和圆弧在重合端点处合并，以形成一条较大的样条曲线。对象在连接点处使用扭折连接在一起（C0 连续性），如图3-212所示。

图3-212　将其他图形合并至样条曲线

用于编辑"拟合点样条曲线"的数据。拟合数据包括所有的拟合点、拟合公差及绘制样条曲线时与之相关联的切线。

选择该选项后，样条曲线上各控制点将会被激活，命令行提示如下。

输入拟合数据选项[添加(A)/闭合(C)/删除(D)/扭折(K)/移动(M)/清理(P)/切线(T)/公差(L)/退出(X)]:<退出>:

对应的选项表示各个拟合数据编辑工具，各选项的含义如下。

- 【添加（A）】：为样条曲线添加新的控制点。选择一个拟合点后，请指定要以下一个拟合点（将自动亮显）方向添加到样条曲线的新拟合点；如果在开放的样条曲线上选择了最后一个拟合点，则新拟合点将添加到样条曲线的端点；如果在开放的样条曲线上选择第一个拟合点，则可以选择将新拟合点添加到第一个点之前或之后。效果如图3-213所示。

图3-213 为样条曲线添加新的拟合点

- 【闭合（J）】：用于闭合开放的样条曲线，效果同之前介绍的"闭合（C）"，如图3-211所示。
- 【删除（D）】：用于删除样条曲线的拟合点并重新用其余点拟合样条曲线，如图3-214所示。

图3-214 删除样条曲线上的拟合点

- 【扭折（K）】：凭空在样条曲线上的指定位置添加节点和拟合点，保持在该点的相切或曲率连续性，效果如图3-215所示。

图3-215 在样条曲线上添加节点

- 【移动（M）】：可以依次将拟合点移动到新位置。
- 【清理（P）】：从图形数据库中删除样条曲线的拟合数据，将样条曲线从"拟合点"转换为"控

制点"，如图3-216所示。

图3-216 将样条曲线从"拟合点"转换为"控制点"

- 【切线（T）】：更改样条曲线的开始和结束切线。指定点以建立切线方向。可以使用对象捕捉，例如垂直或平行，效果如图3-217所示。

图3-217 修改样条曲线的切线方向

- 【公差（L）】：重新设置拟合公差的值。
- 【退出（X）】：退出拟合数据编辑。

3. 编辑顶点（E）

用于精密调整"控制点样条曲线"的顶点，选取该选项后，命令行提示如下。

输入顶点编辑选项 [添加(A)/删除(D)/提高阶数(E)/移动(M)/权值(W)/退出(X)] <退出>:

对应的选项表示编辑顶点的多个工具，各选项的含义如下。

- 【添加（A）】：在位于两个现有的控制点之间的指定点处添加一个新控制点，如图3-218所示。

图3-218 在样条曲线上添加顶点

- 【删除（D）】：删除样条曲线的顶点，如图3-219所示。

图3-219 删除样条曲线上的顶点

- 【提高阶数（E）】：增大样条曲线的多项式阶数

第 3 章　二维图形的绘制

（阶数加 1），阶数最高为26。这将增加整个样条曲线的控制点的数量，效果如图3-220所示。

图3-220　提高样条曲线的阶数

- ○ 【移动（M）】：将样条曲线上的顶点移动到合适位置。
- ○ 【权值（W）】：修改不同样条曲线控制点的权值，并根据指定控制点的新权值重新计算样条曲线。权值越大，样条曲线越接近控制点，如图3-221所示。

图3-221　提高样条曲线控制点的权值

4. 转换为多段线（P）

用于将样条曲线转换为多段线。精度值决定生成的多段线与样条曲线的接近程度，有效值为介于0~99之间的任意整数。但是较高的精度值会降低性能。

5. 反转（E）

可以反转样条曲线的方向。

6. 放弃（U）

还原操作，每选择一次将取消上一次的操作，可一直返回到编辑任务开始时的状态。

3.8　图案填充与渐变色填充

使用AutoCAD的图案和渐变色填充功能，可以方便地对图案和渐变色填充，以区别不同形体的各个组成部分。

3.8.1　图案填充

在图案填充过程中，用户可以根据实际需求选择不同的填充样式，也可以对已填充的图案进行编辑。执行【图案填充】命令的方法有以下常用的3种。

- ○ 功能区：在【默认】选项卡中，单击【绘图】面板中的【图案填充】按钮，如图3-222所示。
- ○ 菜单栏：选择【绘图】|【图案填充】菜单命令，如图3-224所示。
- ○ 命令行：BHATCH或CH或H。

图3-222　【修改】面板中的【图案填充】按钮

图3-223　【图案填充】菜单命令

在AutoCAD中执行【图案填充】命令后，将显示【图案填充创建】选项卡，如图3-224所示。选择所选的填充图案，在要填充的区域中单击，生成

效果预览，然后在空白处单击或单击【关闭】面板上的【关闭图案填充】按钮即可创建。

图3-224　【图案填充创建】选项卡

该选项卡由【边界】、【图案】、【特性】、【原点】、【选项】和【关闭】6个面板组成，分别介绍如下。

1. 【边界】面板

如图3-225所示为展开【边界】面板中隐藏的选项，其面板中各选项的含义如下。

- ○ 【拾取点】：单击此按钮，然后在填充区域中单击一点，AutoCAD自动分析边界集，并从中确定包围该店的闭合边界。
- ○ 【选择】：单击此按钮,然后根据封闭区域选择对象确定边界。可通过选择封闭对象的方法确定填充边界，但并不自动检测内部对象，如图3-226所示。

图3-225　【边界】面板

a）原图形　　　b）拾取内部点　　　c）拾取对象

图3-226 创建图案填充

- ○ 【删除】：用于取消边界，边界即为在一个大的封闭区域内存在的一个独立的小区域。
- ○ 【重新创建】：编辑填充图案时，可利用此按钮生成与图案边界相同的多段线或面域。
- ○ 【显示边界对象】：单击按钮，AutoCAD显示当前的填充边界。使用显示的夹点可修改图案填充边界。
- ○ 【保留边界对象】：创建图案填充时，创建多段线或面域作为图案填充的边缘，并将图案填充对象与其关联。单击下拉按钮，在下拉列表中包括【不保留边界】、【保留边界：多段线】、【保留边界：面域】。
- ○ 【选择新边界集】：指定对象的有限集（称为边界集），以便由图案填充的拾取点进行评估。单击下拉按钮，在下拉列表中展开【使用当前视口】选项，根据当前视口范围中的所有对象定义边界集，选择此选项将放弃当前的任何边界集。

2.【图案】面板

显示所有预定义和自定义图案的预览图案。单击右侧的按钮可展开【图案】面板，拖动滚动条选择所需填充图案，如图3-227所示。

图3-227 【图案】面板

图3-228 【特性】面板

3.【特性】面板

如图3-228所示为展开的【特性】面板中的隐藏选项，其各选项含义如下。

- ○ 【图案】：单击下拉按钮，在下拉列表中包括【实体】、【图案】、【渐变色】、【用户定义】4个选项。若选择【图案】选项，则使用AutoCAD预定义的图案，这些图案保存在"acad.pat"和"acadiso.pat"文件中。若选择【用户定义】选项，则采用用户定制的图案，这些图案保存在".pat"类型文件中。
- ○ 【颜色】（图案填充颜色）/（背景色）：单击下拉按钮，在弹出的下拉列表中选择需要的图案颜色和背景颜色，默认状态下为无背景颜色，如图3-229与图3-230所示。

图3-229 选择图案颜色　　图3-230 选择背景颜色

a）透明度为0　　　　b）透明度为50

图3-231 设置图案填充的透明度

- ○ 【图案填充透明度】：通过拖动滑块，可以设置填充图案的透明度，如图3-231所示。设置完透明度之后，需要单击状态栏中的【显示/隐藏透明度】按钮，透明度才能显示出来。
- ○ 【角度】：通过拖动滑块，可以设置图案的填充角度，如图3-232所示
- ○ 【比例】：通过在文本框中输入比例值，可以设置缩放图案的比例，如图3-233所示。

a）角度为0°　　　　b）角度为45°

图3-232 设置图案填充的角度

a）比例为25　　　　b）比例为50

图3-233 设置图案填充的比例

- ○ 【图层】💢：在右方的下拉列表中可以指定图案填充所在的图层。
- ○ 【相对于图纸空间】🗔：适用于布局。用于设置相对于布局空间单位缩放图案。
- ○ 【双】▥：只有在【用户定义】选项时才可用。用于将绘制两组相互成90°的直线填充图案，从而构成交叉线填充图案。
- ○ 【ISO笔宽】：设置基于选定笔宽缩放ISO预定义图案。只有图案设置为ISO图案的一种时才可用。

4.【原点】面板

图3-234所示是【原点】展开隐藏的面板选项，指定原点的位置有【左下】、【右下】、【左上】、【右上】、【中心】、【使用当前原点】6种方式。

- ○ 【设定原点】▥：指定新的图案填充原点，如图3-235所示。

图3-234 【原点】面板

a）使用默认原点　b）指定矩形的左下角点为原点

图3-235 设置图案填充的原点

5.【选项】面板

如图3-236所示为展开的【选项】面板中的隐藏选项，其各选项含义如下。

图3-236 【原点】面板

- ○ 【关联】▥：控制当用户修改当期图案时是否自动4点除外。单击下拉按钮▾，在下拉列表中包括【使用当前原点】和【使用原图案原点】。
- ○ 【允许的间隙】：指定要在几何对象之间桥接最大的间隙，这些对象经过延伸后将闭合边界。
- ○ 【创建独立的图案填充】▥：一次在多个闭合边界创建的填充图案是各自独立的。选择时，这些图案是单一对象。
- ○ 【孤岛】：在闭合区域内的另一个闭合区域。单击下拉按钮▾，在下拉列表中包含【无孤岛检测】、【普通孤岛检测】、【外部孤岛检测】和【忽略孤岛检测】，如图3-237所示。其中各选项的含义如下。

a）无填充　　　　　　b）普通填充方式

c）外部填充方式　　　　d）忽略填充方式

图3-237 孤岛的4种显示方式

a. 无孤岛检测：关闭以使用传统孤岛检测方法。

b. 普通：从外部边界向内填充，即第一层填充，第二层不填充。

c. 外部：从外部边界向内填充，即只填充从最外边界向内第一边界之间的区域。

d. 忽略：忽略最外层边界包含的其他任何边界，从最外层边界向内填充全部图形。

○ 【绘图次序】：指定图案填充的创建顺序。单击下拉按钮▼，在下拉列表中包括【不指定】、【后置】、【前置】、【置于边界之后】、【置于边界之前】。默认情况下，图案填充绘制次序是置于边界之后。

○ 【图案填充和渐变色】对话框：单击【选项】面板上的按钮◨，打开【图案填充与渐变色】对话框，如图3-238所示。其中的选项与【图案填充创建】选项卡中的选项基本相同。

图3-238 【图案填充与渐变色】对话框

6. 【关闭】面板

单击面板上的【关闭图案填充创建】按钮，可退出图案填充。也可按Esc键代替此按钮操作。

在弹出【图案填充创建】选项卡之后，再在命令行中输入T，即可进入设置界面，即打开【图案填充和渐变色】对话框。单击该对话框右下角的【更多选项】按钮⊙，展开如图3-238所示的对话框，显示出更多选项。对话框中的选项含义与【图案填充创建】选项卡基本相同，不再赘述。

3.8.2 ▶ 无法进行填充的解决方法

在使用AutoCAD的填充命令对图形进行填充时，有时会出现无法填充的情况。出现此情况的主要原因可大致分为三种，每种都有不同的解决方案，具体说明如下。

1. 图案填充找不到范围

在使用【图案填充】命令时常常碰到找不到线段封闭范围的情况，尤其是文件本身比较大的时候。此时可以采用【Layiso】（图层隔离）命令让欲填充的范围线所在的层"孤立"或"冻结"，再用【图案填充】命令就可以快速找到所需的填充范围。

2. 对象不封闭时进行填充

如果图形不封闭，就会出现这种情况，弹出"边界定义错误"对话框，如图3-239所示；而且在图纸中会用红色圆圈标示出没有封闭的区域，如图3-240所示。

图3-239 "边界定义错误"对话框

图3-240 红色圆圈圈出未封闭区域

这时可以在命令行中输入【Hpgaptol】，即可输入一个新的数值，用以指定图案填充时可忽略的最小间隙，小于输入数值的间隙都不会影响填充效果，结果如图3-241所示。

图3-241 忽略微小间隙进行填充

3. 创建无边界的图案填充

在AutoCAD中创建填充图案最常用的方法是选择一个封闭的图形或在一个封闭的图形区域中拾取一个点。创建填充图案时通常都是输入HATCH或H快捷键，打开【图案填充创建】选项卡进行填充的。

但是在【图案填充创建】选项卡中是无法创建无边界填充图案的，它要求填充区域是封闭的。有的用户会想到创建填充后删除边界线或隐藏边界线的显示来达成效果，显然这样做是可行的，不过有一种更正规的方法，下面通过一个例子来进行说明。

【案例 3-24】创建无边界的混凝土填充

视频文件：DVD\ 视频 \ 第 3 章 \3-25.MP4

（1）打开"第 3 章 /3-25 创建无边界的混凝土填充 .dwg"素材文件，如图 3-15 所示。
（2）在命令行中输入【-HATCH】命令回车，命令行操作提示如下：

```
命令: -HATCH                        //执行完整的【图案填充】命令
当前填充图案: SOLID                 //当前的填充图案
指定内部点或 [特性(P)/选择对象(S)/绘图边界(W)/删除边界(B)/高级(A)/绘图次序(DR)/原点(O)/注释性(AN)/
图案填充颜色(CO)/图层(LA)/透明度(T)]: Pl   //选择"特性"命令
输入图案名称或 [?/实体(S)/用户定义(U)/渐变色(G)]: AR-CONCl   //输入混凝土填充的名称
指定图案缩放比例 <1.0000>:10l       //输入填充的缩放比例
指定图案角度 <0>: 45l               //输入填充的角度
当前填充图案: AR-CONC
指定内部点或 [特性(P)/选择对象(S)/绘图边界(W)/删除边界(B)/高级(A)/绘图次序(DR)/原点(O)/注释性(AN)/
图案填充颜色(CO)/图层(LA)/透明度(T)]: Wl //选择"绘图编辑"命令，手动绘制边界
```

（3）在绘图区依次捕捉点，注意打开捕捉模式，如图 3-242 所示。捕捉完之后按两次 Enter 键。
（4）系统提示指定内部点，点选绘图区的封闭区域按 Enter 键，绘制结果如图 3-243 所示。

图3-242 指定填充边界参考点

图3-243 创建的填充图案结果

3.8.3 渐变色填充

在绘图过程中，有些图形在填充时需要用到一种或多种颜色。例如，绘制装潢、美工图纸等。在 AutoCAD 2018中调用【图案填充】命令的方法有如下几种：

○ 功能区：在【默认】选项卡中，单击【绘图】面板【渐变色】按钮，如图3-244所示。
○ 菜单栏：执行【绘图】|【图案填充】命令，如图3-245所示。

图3-244 【修改】面板中的【渐变色】按钮

图3-245 【渐变色】菜单命令

执行【渐变色】填充操作后，将弹出如图3-246所示的【图案填充创建】选项卡。该选项卡同样由【边界】、【图案】等6个面板组成，只是图案换成了渐变色，各面板功能与之前介绍过的图案填充一致，在此不再重复介绍。

图3-246 【图案填充创建】选项卡

如果在命令行提示"拾取内部点或 [选择对象(S)/放弃(U)/设置(T)]:"时，激活【设置（T）】选项，将打开如图3-247所示的【图案填充和渐变色】对话框，并自动切换到【渐变色】选项卡。

该对话框中常用选项含义如下。

- 【单色】：指定的颜色将从高饱和度的单色平滑过渡到透明的填充方式。
- 【双色】：指定的两种颜色进行平滑过渡的填充方式，如图3-248所示。
- 【颜色样本】：设定渐变填充的颜色。单击浏览按钮打开【选择颜色】对话框，从中选择AutoCAD索引颜色（AIC）、真彩色或配色系统颜色。显示的默认颜色为图形的当前颜色。
- 【渐变样式】：在渐变区域有9种固定渐变填充的图案，这些图案包括径向渐变、线性渐变等。
- 【方向】列表框：在该列表框中，可以设置渐变色的角度以及其是否居中。

图3-247 【渐变色】选项卡

图3-248 渐变色填充效果

3.8.4 编辑填充的图案

在为图形填充了图案后，如果对填充效果不满意，还可以通过【编辑图案填充】命令对其进行编辑。可编辑内容包括填充比例、旋转角度和填充图案等。AutoCAD 2018增强了图案填充的编辑功能，可以同时选择并编辑多个图案填充对象。

执行【编辑图案填充】命令的方法有以下常用的几种。

- 功能区：在【默认】选项卡中，单击【修改】面板中的【编辑图案填充】按钮，如图3-249所示。
- 菜单栏：选择【修改】|【对象】|【图案填充】菜单命令，如图3-250所示。
- 命令行：HATCHEDIT或HE。
- 快捷操作1：在要编辑的对象上单击鼠标右键，在弹出的右键快捷菜单中选择【图案填充编辑】选项。
- 快捷操作2：在绘图区双击要编辑的图案填充对象。

图3-249 【修改】面板中的【编辑图案填充】按钮

图3-250 【图案填充】菜单命令

调用该命令选择图案填充对象，弹出【图案填充编辑】对话框，如图3-251所示。该对话框参数与【图案填充和渐变色】对话框一致，修改参数即可修改图案填充。

图3-251 【图案填充编辑】对话框

【案例 3-25】填充室内鞋柜立面

视频文件：DVD\视频\第 3 章\3-26.MP4

（1）打开"第 3 章 /3-26 填充室内鞋柜立面 .dwg"
素材文件，如图 3-252 所示。

图3-252 素材图形

（2）填充墙体结构图案。在命令行中输入 H【图案
填充】命令并按 Enter 键，系统在面板上弹出【图
案填充创建】选项卡，如图 3-253 所示，在【图案】
面板中设置【ANSI31】，【特性】面板中设置【填
充图案颜色】为 8，【填充图案比例】为 10，设置
完成后，拾取墙体为内部拾取点填充，按空格键退出，
填充效果如图 3-254 所示。

图3-253 【图案填充创建】选项卡

（3）继续填充墙体结构图案。按空格键再次调用【图
案填充】命令，选择【图案】为【AR-CON】，【填
充图案颜色】为 8，【填充图案比例】为 1，填充效
果如图 3-255 所示。

图3-254 填充墙体钢筋

图3-255 填充墙体混凝土

（4）填充鞋柜背景墙面。按空格键再次调用【图案
填充】命令，选择【图案】为【AR-SAND】，【填充
图案颜色】为 8，【填充图案比例】为 3，填充效果
如图 3-256 所示。

（5）填充鞋柜玻璃。按空格键再次调用【图案填充】
命令，选择【图案】为【AR-RROOF】，【填充图案颜色】
为 8，【填充图案比例】为 10，最终填充效果如图
3-257 所示。

图3-256 鞋柜背景墙面

图3-257 填充鞋柜

第4章
二维图形的编辑

前面章节学习了各种图形对象的绘制方法，为了创建图形的更多细节特征以及提高绘图的效率，AutoCAD 提供了多种编辑命令，常用的有【移动】、【复制】、【修剪】、【倒角】与【圆角】等。本章讲解这些命令的使用方法，以进一步提高读者绘制复杂图形的能力。

使用编辑命令，能够方便地改变图形的大小、位置、方向、数量及形状，从而绘制出更为复杂的图形。常用的编辑命令均集中在【默认】选项卡的【修改】面板中，如图4-1所示。

图4-1　【修改】面板中的编辑命令

4.1　图形修剪类

AutoCAD绘图不可能一蹴而就，要想得到最终的完整图形，需要用到各种修剪命令将多余的部分剪切或删除，因此修剪类命令是AutoCAD编辑命令中最为常用的一类。

4.1.1　修剪

【修剪】命令是将超出边界的多余部分修剪删除掉，与橡皮擦的功能相似。【修剪】操作可以修剪直线、圆、弧、多段线、样条曲线和射线等。在调用命令的过程中，需要设置的参数有"修剪边界"和"修剪对象"两类。要注意的是，在选择修剪对象时光标所在的位置。需要删除哪一部分，则在该部分上单击。

在AutoCAD 2018中【修剪】命令有以下几种常用调用方法：

○ 功能区：单击【修改】面板中的【修剪】按钮 ／，如图4-2所示。

○ 菜单栏：执行【修改】|【修剪】命令，如图4-3所示。

○ 命令行：TRIM或TR。

图4-2　【修改】面板中的　　图4-3　【修剪】菜单命令
　　　　　【修剪】按钮

执行上述任一命令后，选择作为剪切边的对象（可以是多个对象），命令行提示如下：

```
当前设置:投影=UCS，边=无
选择边界的边...
选择对象或 <全部选择>:          //鼠标选择要作为边界的对象
选择对象:                     //可以继续选择对象或按Enter键结束选择
选择要延伸的对象，或按住 Shift 键选择要延伸的对象，或[栏选(F)/窗交(C)/投影(P)/边(E)/放弃(U)]:// 选择要
修剪的对象
```

执行【修剪】命令并选择对象之后，在命令行中会出现一些选择类的选项，这些选项的含义如下：

○ 【栏选（F）】：用栏选的方式选择要修剪的对象，如图4-4所示。

图4-4　使用"栏选（F）"进行修剪

○ 【窗交（C）】：用窗交方式选择要修剪的对象，如图4-5所示。

图4-5　使用"窗交（C）"进行修剪

○ 【投影（P）】：用以指定修剪对象时使用的投影方式，即选择进行修剪的空间。

○ 【边（E）】：指定修剪对象时是否使用【延伸】模式，默认选项为【不延伸】模式，即修剪对象必须与修剪边界相交才能够修剪。如果选择【延伸】模式，则修剪对象与修剪边界的延伸线相交即可被修剪。如图4-6所示的圆弧使用【延伸】模式才能够被修剪。

○ 【放弃（U）】：放弃上一次的修剪操作。

外侧圆弧被修剪

图4-6 延伸模式修剪效果

剪切边也可以同时作为被剪边。默认情况下，选择要修剪的对象（即选择被剪边），系统将以剪切边为界，将被剪切对象上位于拾取点一侧的部分剪切掉。

利用【修剪】工具可以快速完成图形中多余线段的删除效果，如图4-7所示。

图4-7 修剪对象

在修剪对象时，可以一次选择多个边界或修剪对象，从而实现快速修剪。例如要将一个"井"字形路口打通，在选择修剪边界时可以使用【窗交】方式同时选择4条直线，如图4-8b所示；然后按Enter键确认，再将光标移动至要修剪的对象上，如图4-8c所示；单击鼠标左键即可完成一次修剪，依次在其他段上单击，则能得到最终的修剪结果，如图4-8d所示。

a）原图形　　　　　　b）选择所有对象

c）选择需要修剪的对象　　d）修剪结果

图4-8 一次修剪多个对象

【案例 4-1】修剪圆翼蝶形螺母
视频文件：DVD\视频\第4章\4-1.MP4

（1）打开"第4章/4-1修剪圆翼蝶形螺母.dwg"素材文件，其中已经绘制好了蝶形螺母的螺纹部分，如图4-9所示。

图4-10 蝶形螺母　　　　图4-11 素材图形

图4-9 素材图形

（2）绘制凸起。单击【绘图】面板中的【射线】按钮 ，以右下角点为起点，绘制一角度为36°的射线，如图4-10所示。

（3）使用相同方法，在右上角点绘制角度为52°的射线，如图4-11所示。

（4）绘制圆。在【绘图】面板中的【圆】下拉列表中，选择【相切、相切、半径（T）】 选项，以分别在两条射线上指定切点，然后输入半径为18mm，如图4-12所示。

（5）按此方法绘制另一边的图形，效果如图4-13所示。

图4-12 绘制第一个圆　　　图4-13 绘制第二个圆

（6）修剪蝶形螺母。在命令行中输入TR,执行【修剪】命令,根据命令行提示进行修剪操作,结果如图4-14所示。命令行操作如下:

```
命令: _trim                                    //调用【修剪】命令
当前设置:投影=UCS, 边=无
选择剪切边...
选择对象或 <全部选择>:↙                        //选择全部对象作为修剪边界
选择要修剪的对象, 或按住 Shift 键选择要延伸的对象, 或
[栏选(F)/窗交(C)/投影(P)/边(E)/删除(R)/放弃(U)]:   //分别单击射线和两段圆弧,完成修剪
```

图4-14 一次修剪多个对象

4.1.2 延伸

【延伸】命令是将没有和边界相交的部分延伸补齐,它和【修剪】命令是一组相对的命令。在调用命令的过程中,需要设置的参数有延伸边界和延伸对象两类。【延伸】命令的使用方法与【修剪】命令的使用方法相似。在使用延伸命令时,如果z在按下Shift键的同时选择对象,则可以切换执行【修剪】命令。

在AutoCAD 2018中,【延伸】命令有以下几种常用调用方法:

○ 功能区:单击【修改】面板中的【延伸】按钮，如图4-15所示。

○ 菜单栏:单击【修改】|【延伸】命令,如图4-16所示。

○ 命令行: EXTEND或EX。

图4-15 【修改】面板中的【延伸】按钮

图4-16 【延伸】菜单命令

○ 执行【延伸】命令后,选择要延伸的对象（可以是多个对象）,命令行提示如下:

```
选择要延伸的对象, 或按住 Shift 键选择要延伸
的对象, 或[栏选(F)/窗交(C)/投影(P)/边(E)/删除
(R)/放弃(U)]:
```

选择延伸的对象时,需要注意延伸方向的选择。朝哪个边界延伸,则在靠近边界的那部分上单击。如图4-17所示,将直线AB延伸至边界直线M时,需要在A端单击直线,将直线AB延伸到直线N时,则在B端单击直线。

图4-17 使用【延伸】命令延伸直线

【案例 4-2】使用【延伸】完善熔断器箱图形
视频文件: DVD\ 视频 \ 第 4 章 \4-2.MP4

（1）打开"第 4 章 /4-2 使用【延伸】完善熔断器箱图形 .dwg"素材文件,如图 4-18 所示。

（2）调用【延伸】命令,延伸水平直线,命令行操作过程如下:

```
命令:EX↙   EXTEND                              //调用延伸命令
当前设置:投影=UCS，边=无
选择边界的边...
选择对象或 <全部选择>:                          //选择如图4-19所示的边作为延伸边界
找到 1 个
选择对象:↙                                     //按Enter键结束选择
选择要延伸的对象，或按住 Shift 键选择要修剪的对象，或[栏选(F)/窗交(C)/投影(P)/边(E)/放弃(U)]:
                                              //选择如图4-20所示的线条
选择要延伸的对象，或按住 Shift 键选择要修剪的对象，或[栏选(F)/窗交(C)/投影(P)/边(E)/放弃(U)]:
                                              //选择第二条同样的线条
选择要延伸的对象，或按住 Shift 键选择要修剪的对象，或[栏选(F)/窗交(C)/投影(P)/边(E)/放弃(U)]:
                                              //使用同样的方法，延伸其他直线，如图4-21所示
```

图4-18 素材图形　　　图4-19 选择延伸边界　　　图4-20 需要延伸的线条　　　图4-21 延伸结果

4.1.3 ▶ 删除

　　【删除】命令可将多余的对象从图形中完全清除，是AutoCAD最为常用的命令之一，使用也最为简单。在AutoCAD 2018中执行【删除】命令的方法有以下4种。

○ 功能区：在【默认】选项卡中，单击【修改】面板中的【删除】按钮 ✎，如图4-22所示。
○ 菜单栏：选择【修改】|【删除】菜单命令，如图4-23所示。
○ 命令行：ERASE或E。
○ 快捷操作：选中对象后直接按Delete键。

图4-22 【修改】面板中的【删除】按钮

图4-23 【删除】菜单命令

　　执行上述命令后，根据命令行的提示选择需要删除的图形对象，按Enter键即可删除已选择的对象，如图4-24所示。

a) 源对象　　　b) 选择要删除的对象　　　c) 删除结果

图4-24 删除图形

　　在绘图时如果意外删错了对象，可以使用UNDO【撤销】命令或OOPS【恢复删除】命令将其恢复。

○ UNDO【撤销】：即放弃上一步操作，快捷键为Ctrl+Z，对所有命令有效。
○ OOPS【恢复删除】：OOPS可恢复由上一个ERASE【删除】命令删除的对象，该命令对ERASE有效。

　　此外【删除】命令还有一些隐藏选项，在命令行提示"选择对象"时，除了用选择方法选择要删除的对象外，还可以输入特定字符，执行隐藏操作，介绍如下：

○ 输入"L"：删除绘制的上一个对象。
○ 输入"P"：删除上一个选择集。
○ 输入"All"：从图形中删除所有对象。
○ 输入"?"：查看所有选择方法列表。

4.2 图形变化类

在绘图的过程中，可能要对某一图元进行移动、旋转或拉伸等操作来辅助绘图，因此操作类命令也是使用极为频繁的一类编辑命令。

4.2.1 移动

【移动】命令是将图形从一个位置平移到另一位置，移动过程中图形的大小、形状和倾斜角度均不改变。在调用命令的过程中，需要确定的参数有：需要移动的对象，移动基点和第二点。

【移动】命令有以下几种调用方法：

○ 功能区：单击【修改】面板中【移动】按钮，如图4-25所示。

○ 菜单栏：执行【修改】|【移动】命令，如图4-26所示。

○ 命令行：MOVE或M。

图4-26 【移动】菜单命令

调用【移动】命令后，根据命令行提示，在绘图区中拾取需要移动的对象后按右键确定，然后拾取移动基点，最后指定第二个点（目标点）即可完成移动操作，如图4-27所示。命令行操作如下：

图4-25 【修改】面板中的【移动】按钮

图4-27 移动对象

```
命令：_move                              //执行【移动】命令
选择对象：找到 1 个                       //选择要移动的对象
指定基点或 [位移(D)] <位移>：              //选取移动的参考点
指定第二个点或 <使用第一个点作为位移>：     //选取目标点，放置图形
```

执行【移动】命令时，命令行中只有一个子选项："位移（D）"，该选项可以输入坐标以表示矢量。输入的坐标值将指定相对距离和方向，如图4-28所示为输入坐标（500，100）的位移结果。

移动前　　　　　　　　移动后

图4-28 位移移动效果图

【案例 4-3】使用【移动】完善卫生间图形

视频文件：DVD\视频\第 4 章 \4-3.MP4

（1）单击【快速访问】工具栏中的【打开】按钮，打开"第 4 章 /4-3 使用【移动】完善卫生间图形 .dwg"素材文件，如图4-29所示。

（2）在【默认】选项卡中，单击【修改】面板的【移动】按钮，选择浴缸，按空格键或按 Enter 键确定。

（3）选择浴缸的右上角作为移动基点，拖至厕所的右上角，如图4-30所示。

图4-29 素材图形　　　图4-30 移动浴缸

（4）重复调用【移动】命令，将马桶移至厕所的上方，最终效果如图4-31所示。

图4-31 移动马桶

4.2.2 旋转

【旋转】命令是将图形对象绕一个固定的点（基点）旋转一定的角度。在调用命令的过程中，需要确定的参数有："旋转对象"、"旋转基点"和"旋转角度"。默认情况下逆时针旋转的角度为正值，顺时针旋转的角度为负值。

在AutoCAD 2018中【旋转】命令有以下几种常用调用方法：

○ 功能区：单击【修改】面板中的【旋转】按钮 ○ ，如图4-32所示。

○ 菜单栏：执行【修改】|【旋转】命令，如图4-33所示。

○ 命令行：ROTATE或RO。

图4-32 【修改】面板中的【旋转】按钮

图4-33 【旋转】菜单命令

按上述方法执行【旋转】命令后，命令行提示如下：

命令：ROTATE	//执行【旋转】命令
UCS 当前的正角方向：ANGDIR=逆时针 ANGBASE=0	//当前的角度测量方式和基准
选择对象：找到 1 个	//选择要旋转的对象
指定基点：	//指定旋转的基点
指定旋转角度，或 [复制(C)/参照(R)] <0>：45	//输入旋转的角度

在命令行提示"指定旋转角度"时，除了默认的旋转方法，还有"复制（C）"和"参照（R）"两种旋转，分别介绍如下。

○ 默认旋转：利用该方法旋转图形时，源对象将按指定的旋转中心和旋转角度旋转至新位置，不保留对象的原始副本。执行上述任一命令后，选取旋转对象，然后指定旋转中心，根据命令行提示输入旋转角度，按Enter键即可完成旋转对象操作，如图4-34所示。

○ "复制（C）"：使用该旋转方法进行对象的旋转时，不仅可以将对象的放置方向调整一定的角度，还保留源对象。执行【旋转】命令后，选取旋转对象，然后指定旋转中心，在命令行中激活复制子选项，并指定旋转角度，按Enter键退出操作，如图4-35所示。

图4-34 默认方式旋转对象

图4-35 "复制（C）"旋转对象

○ "参照（R）"：可以将对象从指定的角度旋转到新的绝对角度，特别适合于旋转那些角度值为非整数或未知的对象。执行【旋转】命令后，选取旋转对象然后指定旋转中心，在命令行中激活参照子选项，再指定参照第一点、参照第二点，这两点的连线与X轴的夹角即为参照角，接着移动鼠标指针即可指定新的旋转角度，如图4-36所示。

图4-36　"参照（R）"旋转对象

【案例 4-4】使用【旋转】修改门图形
视频文件：DVD\视频\第 4 章 \4-4.MP4

（1）单击【快速访问】工具栏中的【打开】按钮，打开"第 4 章 /4-4 使用【旋转】修改门图形 .dwg"素材文件，如图 4-37 所示。

（2）在【默认】选项卡中，单击【修改】面板中的【复制】按钮，复制一个门，拖至另一个门口处，如图4-38 所示。命令行的提示如下：

命令：CO↙　　　　COPY	//调用【复制】命令
选择对象：指定对角点：找到 3 个	
选择对象：	//选择门图形
当前设置：复制模式 = 多个	
指定基点或 [位移(D)/模式(O)] <位移>：	//指定门右侧的基点
指定第二个点或 [阵列(A)] <使用第一个点作为位移>：	//指定墙体中点为目标点
指定第二个点或 [阵列(A)/退出(E)/放弃(U)] <退出>：★取消★	//按ESC键退出

（3）在【默认】选项卡中，单击【修改】面板中的【旋转】按钮，对第二个门进行旋转，角度为 −90，如图 4-39 所示。

图4-37　素材图形　　　　　　　　　图4-38　移动门　　　　　　　　　图4-39　旋转门效果

4.2.3　缩放

利用【缩放】工具可以将图形对象以指定的缩放基点为缩放参照，放大或缩小一定比例，创建出与源对象成一定比例且形状相同的新图形对象。在命令执行过程中，需要确定的参数有"缩放对象""基点"和"比例因子"。比例因子也就是缩小或放大的比例值，比例因子大于1时，缩放结果是使图形变大，反之则使图形变小。

在AutoCAD 2018中【缩放】命令有以下几种调用方法：

○ 功能区：单击【修改】面板中【缩放】按钮，如图4-40所示。

○ 菜单栏：执行【修改】|【缩放】命令，如图4-41所示。

○ 命令行：SCALE或SC。

图4-40　【修改】面板中的【缩放】按钮

图4-41 【缩放】菜单命令

执行以上任一方式启用【缩放】命令后，命令行操作提示如下：

```
命令: _scale           //执行【缩放】命令
选择对象: 找到 1 个      //选择要缩放的对象
指定基点:              //选取缩放的基点
指定比例因子或 [复制(C)/参照(R)]: 2
                      //输入比例因子
```

【缩放】命令与【旋转】差不多，除了默认的操作之外，同样有"复制（C）"和"参照（R）"两个子选项，介绍如下。

图4-44 "参照（R）"缩放图形

○ 【默认缩放】：指定基点后直接输入比例因子进行缩放，不保留对象原始副本，如图4-42所示。

图4-42 默认方式缩放图形

○ 【复制（C）】：在命令行输入c，选择该选项进行缩放后可以在缩放时保留源图形，如图4-43所示。

图4-43 "复制（C）"缩放图形

○ 【参照（R）】：如果选择该选项，则命令行会提示用户需要输入"参照长度"和"新长度"数值，由系统自动计算出两长度之间的比例数值，从而定义出图形的缩放因子，对图形进行缩放操作，如图4-44所示。

【案例 4-5】使用【参照】缩放树形图
📀视频文件: DVD\ 视频 \ 第 4 章 \4-5.MP4

在园林设计中，经常会用到各种植物图形，如松树、竹林等，这些图形可以从网上下载所得，也可以自行绘制。在实际应用过程中，往往会根据具体的设计要求来调整这些图块的大小，这时就可以使用【缩放】命令中的【参照（R）】功能来进行实时缩放，从而获得适合大小的图形。本案例便将一任意高度的松树缩放至5000mm高度的大小。

（1）打开"第 4 章 /4-5 参照缩放树形图 .dwg"素材文件，素材图形如图 4-45 所示，其中有一绘制的树形图，和一条长 5000mm 的垂直线。

（2）在【默认】选项卡中，单击【修改】面板中的【缩放】按钮，选择树形图，并指定树形图块的最下方中点为基点，如图 4-46 所示。

图4-45 素材图形　　　图4-46 指定基点

（3）此时根据命令行提示，选择"参照（R）"选项，然后指定参照长度的测量起点，再指定测量终点，即指定原始的树高，接着输入新的参照长度，即最终的树高 5000mm，操作如图 4-47 所示，命令行操作如下。

指定比例因子或 [复制(C)/参照(R)]: R　　　　　//选择"参照"选项
　　　　　　　　　　　　　　　　　　　　　//以树桩处中点为参照长度的测量起点
指定参照长度 <2839.9865>: 指定第二点:　//以树梢处端点为参照长度的测量终点
指定新的长度或 [点(P)] <1.0000>: 5000　//输入或指定新的参照长度

图4-47　参照缩放

4.2.4 拉伸

　　【拉伸】命令通过沿拉伸路径平移图形夹点的位置，使图形产生拉伸变形的效果。它可以对选择的对象按规定方向和角度拉伸或缩短，并且使对象的形状发生改变。

　　【拉伸】命令有以下几种常用调用方法：

○ 功能区：单击【修改】面板中【拉伸】按钮，如图4-48所示。

○ 菜单栏：执行【修改】|【拉伸】命令，如图4-49所示。

○ 命令行：STRETCH或S。

图4-48　【修改】面板中的　　图4-49　【拉伸】菜单命令
　　　　　【拉伸】按钮

　　拉伸命令需要设置的主要参数有"拉伸对象"、"拉伸基点"和"拉伸位移"三项。"拉伸位移"决定了拉伸的方向和距离，如图4-50所示，命令行操作如下。

命令: _stretch　　　　　　　　　　　　　　//执行【拉伸】命令
以交叉窗口或交叉多边形选择要拉伸的对象...
选择对象: 指定对角点: 找到 1 个
选择对象:　　　　　　　　　　　　　　　　//以窗交、圈围等方式选择拉伸对象
指定基点或 [位移(D)] <位移>:　　　　　　//指定拉伸基点
指定第二个点或 <使用第一个点作为位移>:　//指定拉伸终点

图4-50　拉伸对象

拉伸遵循以下原则：

○ 通过单击选择和窗口选择获得的拉伸对象将只被平移，不被拉伸。

○ 通过框选选择获得的拉伸对象，如果所有夹点都落入选择框内，图形将发生平移，如图4-51所示；如果只有部分夹点落入选择框，图形将沿拉伸位移拉伸，如图4-52所示；如果没有夹点落入选择窗口，图形将保持不变，如图4-53所示。

图4-53 未框选图形拉伸无效果

【拉伸】命令同【移动】命令一样，命令行中只有一个子选项："位移（D）"，该选项可以输入坐标以表示矢量。输入的坐标值将指定拉伸相对于基点的距离和方向，如图4-54所示为输入坐标（1000，200）的位移结果。

图4-51 框选全部图形拉伸得到平移效果

图4-52 框选部分图形拉伸得到拉伸效果

图4-54 位移拉伸效果图

【案例 4-6】使用【拉伸】修改门的位置
视频文件：DVD\视频\第 4 章\4-6.MP4

（1）打开"第 4 章\4-6 使用【拉伸】修改门的位置 .dwg"素材文件，如图 4-55 所示。

图4-55 素材图形

（2）在【默认】选项卡中，单击【修改】面板上的【拉伸】按钮，将门沿水平方向拉伸 1800mm，操作如图 4-56 所示，命令行提示如下：

图4-56 拉伸门图形

命令: _stretch   //调用【拉伸】命令
以交叉窗口或交叉多边形选择要拉伸的对象...
选择对象: 指定对角点: 找到 11 个   //框选对象
选择对象: //按Enter键结束选择
指定基点或 [位移(D)] <位移>:   //选择顶边上任意一点
指定第二个点或 <使用第一个点作为位移>: <正交 开> 1800
                                        //打开正交功能，在竖直方向拖动指针并输入拉伸距离

4.2.5 ▶ 拉长

拉长图形就是改变原图形的长度，可以把原图形变长，也可以将其缩短。用户可以通过指定一个长度增量、角度增量（对于圆弧）、总长度或者相对于原长的百分比增量来改变原图形的长度，也可以通过动态拖动的方式来直接改变原图形的长度。

调用【拉长】命令的方法如下。

- 功能区：单击【修改】面板中【拉长】按钮 ，如图4-57所示。
- 菜单栏：调用【修改】|【拉长】菜单命令，如图4-58所示。
- 命令行：LENGTHEN或LEN。

图4-57 【修改】面板中的　图4-58 【拉长】菜单命令
　　　　【拉长】按钮

- 调用该命令后，命令行显示如下提示：

选择要测量的对象或 [增量(DE)/百分比(P)/总计(T)/动态(DY)] <总计(T)>:

　　只有选择了各子选项确定了拉长方式后，才能对图形进行拉长，因此各操作需结合不同的选项进行说明。

1. 选项说明

命令行中各子选项含义如下。

- 【增量（DE）】：表示以增量方式修改对象的长度。可以直接输入长度增量来拉长直线或者圆弧，长度增量为正时拉长对象，如图4-59所示，为负时缩短对象；也可以输入A，通过指定圆弧的长度和角增量来修改圆弧的长度，如图4-60所示。

```
命令：_lengthen
选择要测量的对象或 [增量(DE)/百分比(P)/总计(T)/动态(DY)]: DE
                            //输入DE，选择"增量"选项
输入长度增量或 [角度(A)] <0.0000>:10 //输入增量数值
选择要修改的对象或 [放弃(U)]:     //按Enter键完成操作
```

图4-59 长度增量效果

```
命令：_lengthen
选择要测量的对象或 [增量(DE)/百分比(P)/总计(T)/动态(DY)]: DE
                            //输入DE，选择"增量"选项
输入长度增量或 [角度(A)] <0.0000>: A //输入A执行角度方式
输入角度增量 <0>: 30          //输入角度增量
选择要修改的对象或 [放弃(U)]:     //按Enter键完成操作
```

图4-60 角度增量效果

- 【百分数（P）】：通过输入百分比来改变对象的长度或圆心角大小，百分比的数值以原长度为参照。若输入50，则表示将图形缩短至原长度的50%，如图4-61所示。

```
命令：_lengthen
选择要测量的对象或 [增量(DE)/百分比(P)/总计(T)/动态(DY)]: P
                            //输入P，选择"百分比"选项
输入长度百分数 <0.0000>:50      //输入百分比数值
选择要修改的对象或 [放弃(U)]:     //按Enter键完成操作
```

图4-61 "百分数（P）"增量效果

- 【全部（T）】：将对象从离选择点最近的端点拉长到指定值，该指定值为拉长后的总长度，因此该方法特别适合于对一些尺寸为非整数的线段（或圆弧）进行操作，如图4-62所示。

```
命令：_lengthen
选择要测量的对象或 [增量(DE)/百分比(P)/总计(T)/动态(DY)]: T
                                        //输入T，选择"总计"选项
指定总长度或 [角度(A)] <0.0000>: 20    //输入总长数值
选择要修改的对象或 [放弃(U)]:          //按Enter键完成操作
```

图4-62 "全部（T）"增量效果

○【动态（DY）】：用动态模式拖动对象的一个端点来改变对象的长度或角度，如图4-63所示。

```
命令：_lengthen
选择要测量的对象或 [增量(DE)/百分比(P)/总计(T)/动态(DY)]: DY
                                        //输入DY，选择"动态"选项
选择要修改的对象或 [放弃(U)]:          //选择要拉长的对象
指定新端点:                            //指定新的端点
选择要修改的对象或 [放弃(U)]:          //按Enter键完成操作
```

图4-63 "动态（DY）"增量效果

【案例4-7】使用【拉长】修改中心线

📀 视频文件：DVD\视频\第4章\4-7.MP4

大部分图形（如圆、矩形）均需要绘制中心线，而在绘制中心线时，通常需要将中心线延长至图形外，且伸出长度相等。如果一根根去拉伸中心线的话，就略显麻烦，这时就可以使用【拉长】命令来快速延伸中心线，使其符合设计规范。

（1）打开"第4章\4-7使用【拉长】修改中心线.dwg"素材文件，如图4-64所示。

（2）单击【修改】面板中的 ╱ 按钮，激活【拉长】命令，在2条中心线的各个端点处单击，向外拉长3mm，命令行操作如下：

```
命令：_lengthen
选择对象或 [增量(DE)/百分数(P)/全部(T)/动态(DY)]:DE↵   //选择"增量"选项
输入长度增量或 [角度(A)] <0.5000>: 3↵                 //输入每次拉长增量
选择要修改的对象或 [放弃(U)]:
选择要修改的对象或 [放弃(U)]:
选择要修改的对象或 [放弃(U)]:
选择要修改的对象或 [放弃(U)]:                          //依次在两中心线4个端点附近单击，完成拉长
选择要修改的对象或 [放弃(U)]:↵                        //按Enter键结束拉长命令，结果如图4-65所示
```

图4-64 素材文件

图4-65 拉长结果

4.3 图形复制类

如果设计图中含有大量重复或相似的图形，就可以使用图形复制类命令进行快速绘制，如【复制】、【偏移】、【镜像】、【阵列】等。

4.3.1 ▶ 复制

【复制】命令是指在不改变图形大小、方向的前提下，重新生成一个或多个与原对象一模一样的图形。在命令执行过程中，需要确定的参数有复制对象、基点和第二点，配合坐标、对象捕捉、栅格捕捉等其他工具，可以精确复制图形。

在AutoCAD 2018中调用【复制】命令有以下几种常用方法：

○ 功能区：单击【修改】面板中【复制】按钮，如图4-66所示。

○ 菜单栏：执行【修改】|【复制】命令，如图4-67所示。

○ 命令行：COPY或CO或CP。

图4-67 【复制】菜单命令

执行【复制】命令后，选取需要复制的对象，指定复制基点，然后拖动鼠标指定新基点即可完成复制操作，继续单击，还可以复制多个图形对象，如图4-68所示。命令行操作如下。

图4-66 【修改】面板中的【复制】按钮

命令：_copy	//执行【复制】命令
选择对象：找到 1 个	//选择要复制的图形
当前设置：复制模式 = 多个	//当前的复制设置
指定基点或 [位移(D)/模式(O)] <位移>：	//指定复制的基点
指定第二个点或 [阵列(A)] <使用第一个点作为位移>：	//指定放置点1
指定第二个点或 [阵列(A)/退出(E)/放弃(U)] <退出>：	//指定放置点2
指定第二个点或 [阵列(A)/退出(E)/放弃(U)] <退出>：	//单击Enter键完成操作

图4-68 复制对象

执行【复制】命令时，命令行中出现的各选项介绍如下。

○ 【位移（D）】：使用坐标指定相对距离和方向。指定的两点定义一个矢量，指示复制对象的放置距离原位置有多远以及以哪个方向放置。基本与【移动】、【拉伸】命令中的【位移（D）】选项一致，在此不再赘述。

○ 【模式（O）】：该选项可控制【复制】命令是否自动重复。选择该选项后会有【单一（S）】、【多个（M）】两个子选项，【单一（S）】可创建选择对象的单一副本，执行一次复制后便结束命令；而【多个（M）】则可以自动重复。

○ 【阵列（A）】：选择该选项，可以以线性阵列的方式快速大量复制对象，如图4-69所示。命令行操作如下。

命令: _copy	//执行【复制】命令
选择对象: 找到 1 个	//选择复制对象
当前设置: 复制模式 = 多个	
指定基点或 [位移(D)/模式(O)] <位移>:	//指定复制基点
指定第二个点或 [阵列(A)] <使用第一个点作为位移>: A	//输入A，选择"阵列"选项
输入要进行阵列的项目数: 4	//输入阵列的项目数
指定第二个点或 [布满(F)]: 10	//移动鼠标确定阵列间距
指定第二个点或 [阵列(A)/退出(E)/放弃(U)] <退出>:	//按Enter键完成操作

图4-69 阵列复制

【案例 4-8】使用【复制】补全螺纹孔
🎬 视频文件: DVD\视频\第 4 章\4-8.MP4

（1）打开素材文件"第 4 章/4-8 使用【复制】补全螺纹孔 .dwg"，素材图形如图 4-70 所示。

（2）单击【修改】面板中的【复制】按钮，复制螺纹孔到 A、B、C 点，如图 4-71 所示。命令行操作如下。

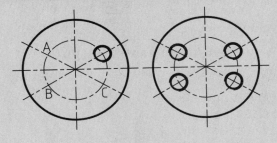

图4-70 素材图形　　　图4-71 复制的结果

命令: _copy	//执行【复制】命令
选择对象: 指定对角点: 找到 2 个	//选择螺纹孔内、外圆弧
选择对象:	//按Enter键结束选择
当前设置: 复制模式 = 多个	
指定基点或 [位移(D)/模式(O)] <位移>:	//选择螺纹孔的圆心作为基点
指定第二个点或 [阵列(A)] <使用第一个点作为位移>:	//选择A点
指定第二个点或 [阵列(A)/退出(E)/放弃(U)] <退出>:	//选择B点
指定第二个点或 [阵列(A)/退出(E)/放弃(U)] <退出>:　//选择C点	
指定第二个点或 [阵列(A)/退出(E)/放弃(U)] <退出>:*取消*	//按Esc键退出复制

4.3.2 ▶ 偏移

使用【偏移】工具可以创建与源对象成一定距离的形状相同或相似的新图形对象。可以进行偏移的图形对象包括直线、曲线、多边形、圆、圆弧等，如图4-72所示。

图4-72 各图形偏移示例

在AutoCAD 2018中调用【偏移】命令有以下几种常用方法：

○ 功能区：单击【修改】面板中【偏移】按钮，如图4-73所示。
○ 菜单栏：执行【修改】|【偏移】命令，如图4-74所示。
○ 命令行：OFFSET或O。

图4-73　【修改】面板中的　　图4-74　【偏移】菜单命令
　　　　　【偏移】按钮

命令：_OFFSET↙	//调用【偏移】命令
指定偏移距离或 [通过(T)/删除(E)/图层(L)] <通过>：	//输入偏移距离
选择要偏移的对象，或 [退出(E)/放弃(U)] <退出>：	//选择偏移对象
指定通过点或 [退出(E)/多个(M)/放弃(U)] <退出>：	//输入偏移距离或指定目标点
命令行中各选项的含义如下。	

偏移命令需要输入的参数有需要偏移的"源对象"、"偏移距离"和"偏移方向"。只要在需要偏移的一侧的任意位置单击即可确定偏移方向，也可以指定偏移对象通过已知的点。执行【偏移】命令后命令行操作如下：

○ "通过（T）"：指定一个通过点定义偏移的距离和方向，如图4-75所示。
○ "删除（E）"：偏移源对象后将其删除。

○ "图层（L）"：确定将偏移对象创建在当前图层上还是源对象所在的图层上。

图4-75　【通过（T）】偏移效果

【案例 4-9】通过【偏移】绘制弹性挡圈

视频文件：DVD\视频\第 4 章\4-9.MP4

（1）打开素材文件"第 4 章\4-9 通过【偏移】绘制弹性挡圈 .dwg"，素材图形如图 4-76 所示，已经绘制好了 3 条中心线。

（2）绘制圆弧。单击【绘图】面板中的【圆】按钮，分别在上方的中心线交点处绘制半径为R115mm、R129mm 的圆，下方的中心线交点处绘制半径 R100mm 的圆，结果如图 4-77 所示。

图4-76　素材图形　　　　图4-77　绘制圆

（3）修剪图形。单击【修改】面板中的【修剪】按钮，修剪左侧的圆弧，如图 4-78 所示。

（4）偏移图形。单击【修改】面板中的【偏移】按钮，将垂直中心线分别向右偏移 5mm、42mm，结果如图 4-79 所示。

图4-78　修剪图形　　　　图4-79　偏移复制

（5）绘制直线。单击【绘图】面板中的【直线】按钮，绘制直线，删除辅助线，结果如图 4-80 所示。

（6）偏移中心线。单击【修改】面板中的【偏移】按钮，将竖直中心线向右偏移 25mm，将下方的水平中心线向下偏移 108mm，如图 4-81 所示。

（7）绘制圆。单击【绘图】面板中【圆】按钮，在偏移出的辅助中心线交点处绘制直径为 10mm 的圆，如图 4-82 所示。

图4-80 绘制直线　　图4-81 偏移　　图4-82 绘制圆
中心线

（8）修剪图形。单击【修改】面板中的【修剪】按
钮╱，修剪出右侧图形，如图4-83所示。

（9）镜像图形。单击【修改】面板中的【镜像】按

钮╱╲，以垂直中心线作为镜像线，镜像图形，结果
如图4-84所示。

图4-83 修剪的结果　　　　图4-84 镜像图形

4.3.3 ▶ 镜像

【镜像】命令是指将图形绕指定轴（镜像线）
镜像复制，常用于绘制结构规则且具有对称特点的图
形，如图4-67所示。AutoCAD 2018通过指定临时镜
像线镜像对象，镜像时可选择删除或保留源对象。

图4-85 对称图形

在AutoCAD 2018中【镜像】命令的调用方法
如下：

○ 功能区：单击【修改】面板中的【镜像】按钮╱╲
，如图4-86所示。

○ 菜单栏：执行【修改】|【镜像】命令，如图
4-87所示。

○ 命令行：MIRROR或MI。

图4-86 【功能区】调用　　图4-87 【菜单栏】调用
【镜像】命令　　　　　　【镜像】命令

在命令执行过程中，需要确定镜像复制的对
象和对称轴。对称轴可以是任意方向的，所选对象
将根据该轴线进行对称复制，并且可以选择删除或
保留源对象。在实际工程设计中，许多对象都为对
称形式，如果绘制了这些图例的一半，就可以通过
【镜像】命令迅速得到另一半，如图4-88所示。

调用【镜像】命令，命令行提示如下：

命令：_MIRROR↙　　　　　　　　　　//调用【镜像】命令
选择对象：指定对角点：找到 14 个　　//选择镜像对象
指定镜像线的第一点：　　　　　　　　//指定镜像线第一点A
指定镜像线的第二点：　　　　　　　　//指定镜像线第二点B
要删除源对象吗？[是(Y)/否(N)] <N>：↙　//选择是否删除源对象，或按Enter键结束命令

图4-88 镜像图形

【镜像】操作十分简单，命令行中的子选项不
多，只有在结束命令前可选择是否删除源对象。如
果选择"是"，则删除选择的镜像图形，效果如图
4-89所示。

图4-89 删除源对象的镜像

专家提醒

如果是水平或者竖直方向镜像图形，可以使用
【正交】功能快速指定镜像轴。

在AutoCAD中，除了能镜像图形对象外，还可以对文字进行镜像，但文字的镜像效果可能会出现颠倒，这时就可以通过控制系统变量MIRRTEXT的值来控制文字对象的镜像方向。

在命令行中输入MIRRTEXT，设置MIRRTEXT变量值，不同值效果如图4-90所示。

MIRRTEXT=0　　　　　　MIRRTEXT=1

图4-90　不同MIRRTEXT变量值镜像效果

【案例 4-10】使用【镜像】绘制篮球场图形
视频文件：DVD\ 视频 \ 第 4 章 \4-10.MP4

（1）打开"第 4 章 /4-10 使用【镜像】绘制篮球场 .dwg"素材文件，素材图形如图 4-91 所示。

图4-91　素材图形

（2）镜像复制图形。在【默认】选项卡中，单击【修改】面板中的【镜像】按钮，以A、B两个中点为镜像线，镜像复制篮球场，操作如图4-92所示，命令行提示如下。

图4-92　使用【镜像】绘制篮球场

命令：_mirror↙	//执行【镜像】命令
选择对象：指定对角点：找到 11 个	//框选左侧图形
选择对象：	//按Enter键确定
指定镜像线的第一点：	//捕捉确定对称轴第一点A
指定镜像线的第二点：	//捕捉确定对称轴第二点B
要删除源对象吗？[是(Y)/否(N)] <N>:N↙	//选择不删除源对象，按Enter键确定完成镜像

4.4　图形阵列类

复制、镜像和偏移等命令，一次只能复制得到一个对象副本。如果想要按照一定规律大量复制图形，可以使用AutoCAD 2018提供的【阵列】命令。【阵列】是一个功能强大的多重复制命令，它可以一次将选择的对象复制多个并按指定的规律进行排列。

在AutoCAD 2018中，提供了3种【阵列】方式：矩形阵列、极轴（即环形）阵列、路径阵列，可以按照矩形、环形（极轴）和路径的方式，以定义的距离、角度和路径复制出源对象的多个对象副本，如图4-93所示。

矩形阵列　　　极轴（环形）阵列　　　路径阵列

图4-93　阵列的三种方式

4.4.1　矩形阵列

矩形阵列就是将图形呈行列类进行排列，如园林平面图中的道路绿化、建筑立面图的窗格、规律摆放的桌椅等。调用【阵列】命令的方法如下：

○ 功能区：在【默认】选项卡中，单击【修改】面板中的【矩形阵列】按钮，如图4-94所示。
○ 菜单栏：执行【修改】|【阵列】|【矩形阵列】命令，如图4-95所示。
○ 命令行：ARRAYRECT。

图4-94 【功能区】调用【矩形阵列】命令

图4-95 【菜单栏】调用【矩形阵列】命令

使用矩形阵列需要设置的参数有阵列的"源对象"、"行"和"列"的数目、"行距"和"列距"。行和列的数目决定了需要复制的图形对象有多少个。

调用【阵列】命令，功能区显示矩形方式下的【阵列创建】选项卡，如图4-96所示，命令行提示如下：

```
命令: _arrayrect            //调用【矩形阵列】命令
选择对象: 找到 1 个         //选择要阵列的对象
类型 = 矩形 关联 = 是       //显示当前的阵列设置
选择夹点以编辑阵列或 [关联(AS)/基点(B)/计数(COU)/
间距(S)/列数(COL)/行数(R)/层数(L)/退出(X)]: ↙
                           //设置阵列参数，按Enter键退出
```

图4-96 【阵列创建】选项卡

命令行中主要选项介绍如下：

○ 【关联（AS）】：指定阵列中的对象是关联的还是独立的。选择"是"，则单个阵列对象中的所有阵列项目均关联，类似于块，更改源对象则所有项目都会更改，如图4-97所示；选择"否"，

则创建的阵列项目均作为独立对象，更改一个项目不影响其他项目，如图4-97所示。【阵列创建】选项卡中的【关联】按钮亮显则为"是"，反之为"否"。

选择"是"：所有对象关联　　选择"否"：所有对象独立

图4-97 阵列的关联效果

○ 【基点（B）】：定义阵列基点和基点夹点的位置，默认为质心，如图4-98所示。该选项只有在启用"关联"时才有效。效果同【阵列创建】选项卡中的【基点】按钮。

默认为质心处

其余位置
图4-98 不同的基点效果

○ 【计数（COU）】：可指定行数和列数，并使用户在移动光标时可以动态观察阵列结果，如图4-99所示。效果同【阵列创建】选项卡中的【列数】、【行数】文本框。

指定行数　　　　　指定列数
图4-99 更改阵列的行数与列数

专家提醒

在矩形阵列的过程中，如果希望阵列的图形往相反的方向复制时，在列数或行数前面加"–"符号即可，也可以向反方向拖动夹点。

○ 【间距（S）】：指定行间距和列间距并使用户在移动光标时可以动态观察结果，如图4-100所示。效果同【阵列创建】选项卡中的两个【介于】文本框。

指定行距　　　　　　指定列距

图4-100　更改阵列的行距与列距

○ 【列数（COL）】：依次编辑列数和列间距，效果同【阵列创建】选项卡中的【列】面板。

○ 【行数（R）】：依次指定阵列中的行数、行间距以及行之间的增量标高。"增量标高"即相当于矩形中的"标高"选项，指三维效果中Z方向上的增量，如图4-101所示为"增量标高"为10mm的效果。

图4-101　阵列的增量标高效果

○ "层数（L）"：指定三维阵列的层数和层间距，效果同【阵列创建】选项卡中的【层级】面板，二维情况下无需设置。

【案例 4-11】使用【矩形阵列】快速绘制行道路

视频文件：DVD\视频\第 4 章\4-11.MP4

园林设计中需要为园路布置各种植被、绿化图形，此时就可以灵活使用【阵列】命令来快速大量地放置。

（1）单击【快速访问】工具栏中的【打开】按钮，打开"第 4 章/4-11 使用【矩形阵列】快速绘制行道路 .dwg"文件，如图 4-102 所示。

（2）在【默认】选项卡中，单击【修改】面板中的【矩形阵列】按钮，选择树图形作为阵列对象，设置行、列间距为 6000mm，阵列结果如图 4-103 所示。

图4-102　素材图形

图4-103　阵列结果

4.4.2 路径阵列

路径阵列可沿曲线（可以是直线、多段线、三维多段线、样条曲线、螺旋、圆弧、圆或椭圆）阵列复制图形，通过设置不同的基点，能得到不同的阵列结果。在园林设计中，使用路径阵列可快速复制园路

与街道旁的树木，或者草地中的汀步图形。

调用【路径阵列】命令的方法如下：

○ 功能区：在【默认】选项卡中，单击【修改】面板中的【路径阵列】按钮，如图4-105所示。

○ 菜单栏：执行【修改】|【阵列】|【路径阵列】命令，如图4-104所示。

○ 命令行：ARRAYPATH。

图4-104 【功能区】调用　　图4-105 【菜单栏】调用
　　【路径阵列】命令　　　　　【路径阵列】命令

路径阵列需要设置的参数有"阵列路径""阵列对象"和"阵列数量""方向"等。调用【阵列】命令，功能区显示路径方式下的【阵列创建】选项卡，如图4-106所示，命令行提示如下：

```
命令: _arraypath          //调用【路径阵列】命令
选择对象: 找到 1 个   //选择要阵列的对象
选择对象:
类型 = 路径 关联 = 是 //显示当前的阵列设置
选择路径曲线:          //选取阵列路径
选择夹点以编辑阵列或 [关联(AS)/方法(M)/基点(B)/切
向(T)/项目(I)/行(R)/层(L)/对齐项目(A)/Z 方向(Z)/退出
(X)] <退出>: ✓         //设置阵列参数，按Enter键退出
```

图4-106 【阵列创建】选项卡

命令行中主要选项介绍如下：

○ 【关联（AS）】：与【矩形阵列】中的"关联"选项相同，这里不重复讲解。
○ 【方法（M）】：控制如何沿路径分布项目，有"定数等分（D）"和"定距等分（M）"两种方式。效果与定数等分、定距等分中的"块"一致，只是阵列方法较灵活，对象不限于块，可以是任意图形。
○ 【基点（B）】：定义阵列的基点。路径阵列中的项目相对于基点放置，选择不同的基点，进行路径阵列的效果也不同，如图4-107所示。效果同【阵列创建】选项卡中的【基点】按钮。

原图形　　　以A点为基点　　　以B点为基点

图4-107 不同基点的路径阵列

○ 【切向（T）】：指定阵列中的项目如何相对于路

径的起始方向对齐，不同基点、切向的阵列效果如图4-108所示。效果同【阵列创建】选项卡中的【切线方向】按钮。

原图形　　以A点为基点，AB　　以B点为基点，BC
　　　　　为方向矢量　　　　为方向矢量

图4-108 不同基点、切向的路径阵列

○ 【项目（I）】：根据"方法"设置，指定项目数（方法为定数等分）或项目之间的距离（方法为定距等分），如图4-109所示。效果同【阵列创建】选项卡中的【项目】面板。

定数等分：指定项目数　　　定距等分：指定项目距离

图4-109 根据所选方法输入阵列的项目数

○ 【行（R）】：指定阵列中的行数、它们之间的距离以及行之间的增量标高，如图4-110所示。效果同【阵列创建】选项卡中的【行】面板。

图4-110 路径阵列的"行"效果

○ 【层（L）】：指定三维阵列的层数和层间距，效果同【阵列创建】选项卡中的【层级】面板，二维情况下无需设置。
○ 【对齐项目（A）】：指定是否对齐每个项目以与路径的方向相切，对齐相对于第一个项目的方向，效果对比如图4-111所示。【阵列创建】选项卡中的【对齐项目】按钮亮显则开启，反之关闭。

开启"对齐项目"效果　　　关闭"对齐项目"效果

图4-111 对齐项目效果

○ 【Z方向】：控制是否保持项目的原始z方向或沿三维路径自然倾斜项目。

【案例 4-12】使用【路径阵列】绘制园路汀步

视频文件：DVD\视频\第 4 章\4-12.MP4

（1）打开"第 4 章 /4-12 使用【路径阵列】绘制园路汀步 .dwg"文件，如图 4-112 所示。

（2）在【默认】选项卡中，单击【修改】面板中的【路径阵列】按钮，选择阵列对象和阵列曲线进行阵列，命令行操作如下：

```
命令: _arraypath                                          //执行【路径阵列】命令
选择对象: 找到 1 个                                        //选择矩形汀步图形，按Enter键确认
类型 = 路径  关联 = 是
选择路径曲线:                                             //选择样条曲线作为阵列路径，按Enter确认
选择夹点以编辑阵列或 [关联(AS)/方法(M)/基点(B)/切向(T)/项目(I)/行(R)/层(L)/对齐项目(A)/z 方向(Z)/退
出(X)] <退出>: I                                         //选择"项目"选项
指定沿路径的项目之间的距离或 [表达式(E)] <126>: 700        //输入项目距离
最大项目数 = 16
指定项目数或 [填写完整路径(F)/表达式(E)] <16>:             //按Enter键确认阵列数量
选择夹点以编辑阵列或 [关联(AS)/方法(M)/基点(B)/切向(T)/项目(I)/行(R)/层(L)/对齐项目(A)/z 方向(Z)/退
出(X)] <退出>:                                           //按Enter键完成操作
```

（3）路径阵列完成后，删除路径曲线，园路汀步绘制完成，最终效果如图 4-113 所示。

图4-112　素材图形

图4-113　路径阵列结果

4.4.3　环形阵列

【环形阵列】即极轴阵列，是以某一点为中心点进行环形复制，阵列结果是使阵列对象沿中心点的四周均匀排列成环形。调用【极轴阵列】命令的方法如下：

- 功能区：在【默认】选项卡中，单击【修改】面板中的【环形阵列】按钮，如图4-114所示。
- 菜单栏：执行【修改】|【阵列】|【环形阵列】命令，如图4-115所示。
- 命令行：ARRAYPOLAR。

【环形阵列】需要设置的参数有阵列的"源对象""项目总数""中心点位置"和"填充角度"。填充角度是指全部项目排成的环形所占有的角度。例如，对于360°填充，所有项目将排满一圈，如图4-116所示；对于240°填充，所有项目只排满2/3圈，如图4-117所示。

图4-116　指定项目总数和填充角度阵列

图4-117　指定项目总数和项目间的角度阵列

图4-114　【功能区】调用
【环形阵列】命令

图4-115　菜单栏】调用
【环形阵列】命令

调用【阵列】命令，功能区面板显示【阵列创建】选项卡，如图4-118所示，命令行提示如下：

```
命令: _arraypolar        //调用【环形阵列】命令
选择对象: 找到 1 个      //选择阵列对象
选择对象:
类型 = 极轴 关联 = 是   //显示当前的阵列设置
指定阵列的中心点或 [基点(B)/旋转轴(A)]:
                        //指定阵列中心点
选择夹点以编辑阵列或 [关联(AS)/基点(B)/项目(I)/项
目间角度(A)/填充角度(F)/行(ROW)/层(L)/旋转项目
(ROT)/退出(X)] <退出>: ↙
                    //设置阵列参数并按Enter键退出
```

项目间角度为30°　　　　项目间角度为45°

图4-120 不同的项目间角度效果

图4-118 【阵列创建】选项卡

命令行主要选项介绍如下：

- 【关联（AS）】：与【矩形阵列】中的【关联】选项相同，这里不重复讲解。
- 【基点（B）】：指定阵列的基点，默认为质心，效果同【阵列创建】选项卡中的【基点】按钮。
- 【项目（I）】：使用值或表达式指定阵列中的项目数，默认为360°填充下的项目数，如图4-119所示。
- 【项目间角度（A）】：使用值表示项目之间的角度，如图4-120所示。同【阵列创建】选项卡中的【项目】面板。

- 【填充角度（F）】：使用值或表达式指定阵列中第一个和最后一个项目之间的角度，即环形阵列的总角度。
- 【行（ROW）】：指定阵列中的行数、它们之间的距离以及行之间的增量标高，效果与【路径阵列】中的"行（R）"选项一致，在此不重复讲解。
- 【层（L）】：指定三维阵列的层数和层间距，效果同【阵列创建】选项卡中的【层级】面板，二维情况下无需设置。
- 【旋转项目（ROT）】：控制在阵列项时是否旋转项，效果对比如图4-121所示。【阵列创建】选项卡中的【旋转项目】按钮亮显则开启，反之关闭。

开启"旋转项目"效果　　　关闭"旋转项目"效果

图4-121 旋转项目效果

项目数为6　　　　　　项目数为8

图4-119 不同的项目数效果

【案例 4-13】使用【环形阵列】绘制树池

视频文件：DVD\ 视频 \ 第 4 章 \4-13.MP4

（1）单击【快速访问】工具栏中的【打开】按钮，打开"第 4 章 /4-13 使用【环形阵列】绘制树池 .dwg"文件，如图 4-122 所示。

（2）在【默认】选项卡中，单击【修改】面板中的【环形阵列】按钮，启动环形阵列。

（3）选择图形下侧的矩形作为阵列对象，命令行操作如下：

类型 = 极轴 关联 = 是

指定阵列的中心点或 [基点(B)/旋转轴(A)]:   //指定树池圆心作为阵列的中心点进行阵列

选择夹点以编辑阵列或 [关联(AS)/基点(B)/项目(I)/项目间角度(A)/填充角度(F)/行(ROW)/层(L)/旋转项目(ROT)/退出(X)] <退出>: I↙

输入阵列中的项目数或 [表达式(E)] <6>: 70↙

选择夹点以编辑阵列或 [关联(AS)/基点(B)/项目(I)/项目间角度(A)/填充角度(F)/行(ROW)/层(L)/旋转项目(ROT)/退出(X)] <退出>:

（4）环形阵列结果如图 4-123 所示。

图4-122 素材图形

图4-123 环形阵列结果

【案例 4-14】使用【阵列】绘制同步带

视频文件：DVD\ 视频 \ 第 4 章 \4-14.MP4

（1）打开"第 4 章 /4-14 使用【阵列】绘制同步带 .dwg"素材文件，素材图形如图 4-124 所示。

（2）阵列同步带齿。单击【修改】面板中的【矩形阵列】按钮 ，选择单个齿轮作为阵列对象，设置列数为 12，行数为 1，距离为 −18，阵列结果如图 4-125 所示。

图4-124 素材文件　　图4-125 矩形阵列后的结果

（3）分解阵列图形。单击【修改】面板中的【分解】按钮 ，将矩形阵列的齿分解，并删除左端多余的部分。

（4）环形阵列。单击【修改】面板中的【环形阵列】按钮 ，选择最左侧的一个齿作为阵列对象，设置填充角度为 180°，项目数量为 8，结果如图 4-126 所示。

（5）镜像齿条。单击【修改】面板中的【镜像】按钮 ，选择如图 4-127 所示的 8 个齿作为镜像对象，以通过圆心的水平线作为镜像线，镜像结果如图 4-128 所示。

图4-126 环形阵列后的　图4-127 选择镜像对象
　　　　　 结果

（6）修剪图形。单击【修改】面板中的【修剪】按钮 ，修剪多余的线条，结果如图 4-129 所示。

图4-128 镜像后的结果　图4-129 修剪之后的结果

4.5 辅助绘图类

图形绘制完成后，有时还需要对细节部分做一定的处理，这些细节处理包括倒角、倒圆、曲线及多段线的调整等；此外部分图形还需要分解或打断进行二次编辑，如矩形、多边形等。

4.5.1 ▶ 圆角

利用【圆角】命令可以将两条相交的直线通过一个圆弧连接起来，通常用来表示在机械加工中把工件的棱角切削成圆弧面，是倒钝、去毛刺的常用手段，因此多见于机械制图中，如图4-130所示。

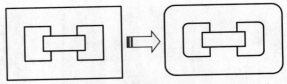

图4-130 绘制圆角

在AutoCAD 2018中【圆角】命令有以下几种调用方法：

○ 功能区：单击【修改】面板中【圆角】按钮 ⬛ ，如图4-131所示。
○ 菜单栏：执行【修改】|【圆角】命令。
○ 命令行：FILLET或F。

图4-131 【修改】面板中的【圆角】按钮

执行【圆角】命令后，命令行显示如下。

```
命令: _fillet                                          //执行【圆角】命令
当前设置: 模式 = 修剪, 半径 = 3.0000                    //当前圆角设置
选择第一个对象或 [放弃(U)/多段线(P)/半径(R)/修剪(T)/多个(M)]:    //选择要倒圆的第一个对象
选择第二个对象, 或按住 Shift 键选择对象以应用角点或 [半径(R)]:    //选择要倒圆的第二个对象
创建的圆弧的方向和长度由选择对象所拾取的点确定，始终在距离所选位置的最近处创建圆角，如图4-132所示。
```

图4-132 所选对象位置与所创建圆角的关系

重复【圆角】命令之后，圆角的半径和修剪选项无须重新设置，直接选择圆角对象即可，系统默认以上一次圆角的参数创建之后的圆角。

命令行中各选项的含义如下。

○ 【放弃（U）】：放弃上一次的圆角操作。
○ 【多段线（P）】：选择该项将对多段线中每个顶点处的相交直线进行圆角，并且圆角后的圆弧线段将成为多段线的新线段（除非"修剪（T）"选项设置为"不修剪"），如图4-133所示。

还原圆角

延伸对象

图4-134 半径值为0的倒圆角作用

○ 【修剪（T）】：选择该项，设置是否修剪对象。修剪与不修剪的效果对比如图4-135所示。

修剪   不修剪

图4-135 倒圆角的修剪效果

图4-133 "多段线（P）"倒圆

○ 【半径（R）】：选择该项，可以设置圆角的半径，更改此值不会影响现有圆角。0半径值可用于创建锐角，还原已倒圆的对象，或为两条直线、射线、构造线、二维多段线创建半径为0的圆角会延伸或修剪对象以使其相交，如图4-134所示。

○ 【多个（M）】：选择该选项，可以在依次调用命令的情况下对多个对象进行圆角。

【案例 4-15】机械轴零件倒圆角

🎬 视频文件：DVD\视频\第 4 章\4-15.MP4

（1）打开"第 4 章/4-15 机械轴零件倒圆角.dwg"素材文件，素材图形如图 4-136 所示。

（2）为方便轴零件的左侧装配设计成一锥形段，可对左侧进行倒圆，使其更为圆润，此处的倒圆半径可适当增大。单击【修改】面板中的【圆角】按钮 🔲，设置圆角半径为 3mm，对轴零件最左侧进行倒圆，如图 4-137 所示。

图4-136 素材文件　　图4-137 方便装配倒圆

（3）锥形段的右侧截面处较尖锐，需进行倒圆处理。重复倒圆命令，设置倒圆半径为 1mm，操作结果如

图 4-138 所示。

（4）退刀槽倒圆。为在加工时便于退刀，且在装配时与相邻零件保证靠紧，通常会在台肩处加工出退刀槽。该槽也是轴类零件的危险截面，如果轴失效发生断裂，多半是断于该处。因此为了避免退刀槽处的截面变化太大，会在此处设计有圆角，以防止应力集中。本例便在退刀槽两端处进行倒圆处理，圆角半径为 1mm，效果如图 4-139 所示。

图4-138 尖锐截面倒圆　　图4-139 退刀槽倒圆

4.5.2 ▶ 倒角

【倒角】命令用于将两条非平行直线或多段线以一斜线相连，在机械、家具、室内等设计图中均有应用。默认情况下，需要选择进行倒角的两条相邻的直线，然后按当前的倒角大小对这两条直线倒角。如图 4-140 所示为绘制倒角的图形。

在 AutoCAD 2018 中，【倒角】命令有以下几种调用方法：

○ 功能区：单击【修改】面板中【倒角】按钮 🔲，如图 4-141 所示。

○ 菜单栏：执行【修改】|【倒角】命令。

○ 命令行：CHAMFER 或 CHA。

图4-140 【修改】面板中的【倒角】按钮

图4-141 绘制倒角

倒角命令使用分个两个步骤，第一步确定倒角的大小，通过命令行里的【距离】选项实现，第二步选择需要倒角的两条边。调用【倒角】命令，命令行提示如下：

```
命令：_chamfer                                        //调用【倒角】命令
（"修剪"模式）当前倒角距离 1 = 0.0000，距离 2 = 0.0000
选择第一条直线或 [放弃(U)/多段线(P)/距离(D)/角度(A)/修剪(T)/方式(E)/多个(M)]：
                                                     //选择倒角的方式，或选择第一条倒角边
选择第二条直线，或按住 Shift 键选择直线以应用角点或 [距离(D)/角度(A)/方法(M)]：
                                                     //选择第二条倒角边
```

执行该命令后，命令行显示如下：

○ "放弃（U）"：放弃上一次的倒角操作。

○ √"多段线（P）"：对整个多段线每个顶点处的相交直线进行倒角，并且倒角后的线段将成为多

段线的新线段。如果多段线包含的线段过短以至于无法容纳倒角距离，则不对这些线段倒角，如图 4-142 所示（倒角距离为 3mm）。

图4-142 "多段线（P）"倒角

○ "距离（D）"：通过设置两个倒角边的倒角距离来进行倒角操作，第二个距离默认与第一个距离相同。果将两个距离均设定为零，CHAMFER将延伸或修剪两条直线，以使它们终止于同一点，同半径为0的倒圆角，如图4-143所示。

距离1=距离2=4　　距离1=5，距离2=3　　距离1=距离2=0

图4-143 不同"距离（D）"的倒角

○ "角度（A）"：用第一条线的倒角距离和第二条线的角度设定倒角距离，如图4-144所示。

○ "修剪（T）"：设定是否对倒角进行修剪，如图4-145所示。

图4-144 【角度】倒角方式　　图4-145 不修剪的倒角效果

○ "方式（E）"：选择倒角方式，与选择【距离(D)】或【角度(A)】的作用相同。

○ "多个（M）"：选择该项，可以对多组对象进行倒角。

【案例 4-16】家具倒角处理
视频文件：DVD\ 视频 \ 第 4 章 \4-16.MP4

（1）按 Ctrl+O 快捷键，打开"第 4 章 \4-16 家具倒角处理 .dwg"素材文件，如图 4-146 所示。

（2）单击【修改】工具栏中的【倒角】按钮，对图形外侧轮廓进行倒角，命令行提示如下。

```
命令: CHAMFER1
（"修剪"模式) 当前倒角距离 1 = 0.0000，距 2 = 0.0000
选择第一条直线或 [放弃(U)/多段线(P)/距离(D)/角度(A)/修剪(T)/方式(E)/多个(M)]:Dl
                              //输入D，选择"距离"选项
指定第一个 倒角距离 <0.0000>: 55l    //输入第一个倒角距离
指定第二个 倒角距离 <55.0000>:55l    //输入第二个倒角距离
选择第一条直线或 [放弃(U)/多段线(P)/距离(D)/角度(A)/修剪(T)/方式(E)/多个(M)]:
选择第二条直线，或按住 Shift 键选择直线以应用角点或 [距离(D)/角度(A)/方法(M)]:
                              //分别选择待倒角的线段，完成倒角操作，结果如图4-147所示
```

图4-146 素材图形

图4-147 倒角结果

4.5.3 光顺曲线

　　【光顺曲线】命令是指在两条开放曲线的端点之间，创建相切或平滑的样条曲线，有效对象包括直线、圆弧、椭圆弧、螺线、没闭合的多段线和没闭合的样条曲线。

　　执行【光顺曲线】命令的方法有以下3种。

○ 功能区：在【默认】选项卡中，单击【修改】面板中的【光顺曲线】按钮，如图4-148所示。

○ 菜单栏：选择【修改】|【光顺曲线】菜单命令。

○ 命令行：BLEND。

光顺曲线的操作方法与倒角类似，依次选择要光顺的2个对象即可，效果如图4-149所示。有效对象包括直线、圆弧、椭圆弧、螺旋、开放的多段线和开放的样条曲线。

图4-148 【修改】面板中的【光顺曲线】按钮

图4-149 光顺曲线

执行上述命令后，命令行提示如下。

```
命令：_BLEND↙       //调用【光顺曲线】命令
连续性 = 相切
选择第一个对象或 [连续性(CON)]:
                   //要光顺的对象
选择第二个点：CON↙  //激活【连续性】选项
输入连续性 [相切(T)/平滑(S)] <相切>：S↙
                   //激活【平滑】选项
选择第二个点：      //单击第二点完成命令操作
```

各选项的含义如下。

○ 连续性（CON）：设置连接曲线的过渡类型，有"相切""平滑"两个子选项。其含义说明如下。

○ 相切（T）：创建一条3阶样条曲线，在选定对象的端点处具有相切连续性。

○ 平滑（S）：创建一条5阶样条曲线，在选定对象的端点处具有曲率连续性。

4.5.4 编辑多段线

【编辑多段线】命令专用于编辑修改已存在的多段线，以及将直线或曲线转化为多段线。调用【多段线】命令的方式有以下两种。

○ 功能区：单击【修改】面板中的【编辑多段线】按钮 ⬰，如图4-150所示。

○ 菜单栏：调用【修改】|【对象】|【多段线】菜单命令，如图4-151所示。

○ 命令行：PEDIT或PE。

图4-150 【修改】面板中   图4-151 【编辑多段线】
的【编辑多段线】按钮   菜单命令

启动命令后，选择需要编辑的多段线。然后命令行提示各备选项，选择其中的一项来对多段线进行编辑。

```
命令：PE↙            //启动命令
PEDIT 选择多段线或 [多条(M)]:
                   //选择一条或多条多段线
输入选项 [闭合(C)/合并(J)/宽度(W)/编辑顶点(E)/
拟合(F)/样条曲线(S)/非曲线化(D)/线型生成(L)/反
转(R)/放弃(U)]:    //提示选择备选项
```

下面介绍常用的备选项用法。

1. 合并（J）

"合并（J）"备选项是PEDIT命令中最常用的一种编辑操作，可以将首尾相连的不同多段线合并成一个多段线。

更具实用意义的是，它能够将首尾相连的非多段线（如直线、圆弧等）连接起来，并转化成一条单独的多段线，如图4-152所示。这个功能在三维建模中经常用到，用以创建封闭的多段线，从而生成面域。

图4-152 将非多段线合并为一条多段线

2. 打开（O）/闭合（C）

对于首尾相连的闭合多段线，可以选择"打开（O）"备选项，删除多段线的最后一段线段；对于非闭合的多段线，可以选择"闭合（C）"备选项，连接多段线的起点和终点，形成闭合多段线，如图4-153所示。

原始图形　　　　选择"闭合　　　　再选择"打开
　　　　　　　　（C）"选项　　　　（O）"选项

图4-153 形成闭合多段线

3. 拟合（F）/还原多段线

多段线和平滑曲线之间可以相互转换，相关操作的备选项如下：

○ 【拟合（F）】：用曲线拟合方式将已存在的多段线转化为平滑曲线。曲线经过多段线的所有顶点并成切线方向，如图4-154所示。

○ 【样条曲线（S）】：用样条拟合方式将已存在的多段线转化为平滑曲线。曲线经过第一个和最后一个顶点，如图4-155所示。

○ 【非曲线化（D）】：将平滑曲线还原成为多段线，并删除所有拟合曲线，如图4-156所示。

图4-154 拟合　　图4-155 样条曲线　图4-156 非曲线化

4. 顶点（E）

选择编辑【顶点（E）】备选项，可以对多段线的顶点进行增加、删除、移动等操作，从而修改整个多段线的形状。选择该备选项后，命令行进入顶点编辑模式。

> 输入顶点编辑选项[下一个(N)/上一个(P)/打断(B)/插入(I)/移动(M)/重生成(R)/拉直(S)/切向(T)/宽度(W)/退出(X)]<N>：

各备选项功能的说明如下：

○ 【下一个（N）】/【上一个（P）】：用于选择编辑顶点。选择相应的备选项后，屏幕上的"×"形光标将移到下一顶点或上一顶点，以便选择并编辑其他选项。

○ 【打断（B）】：将"×"标记移到任何其他顶点时，保存已标记的顶点位置，并在该点处打断多段线，如图4-157所示。如果指定的一个顶点在多段线的端点上，得到的将是一条被截断的多段线。如果指定的两个顶点都在多段线端点上，或者只指定了一个顶点并且也在端点上，则不能使用"打断"选项。

图4-157 多段线的打断效果

○ 【插入（I）】：在所选的编辑顶点后增加新顶点，从而增加多段线的线段数目，如图4-158所示。

图4-158 多段线添加顶点

○ 【移动（M）】：移动编辑顶点的位置，从而改变整个多段线形状，如图4-159所示。效果不会改变多段线上圆弧与直线的关系，这是"移动"选项与夹点编辑拉伸最主要的区别。

图4-159 多段线移动顶点

○ 【重生成（R）】：重画多段线，编辑多段线后，刷新屏幕，显示编辑后的效果。

○ 【拉直（S）】：删除顶点并拉直多段线。选择该备选项后，以多段线端点为起点，通过"下一个"备选项中移动"×"标记，起点与该标记点之间的所有顶点将被删除从而拉直多段线，如图4-160所示。

图4-160 多段线的拉直效果

○ 【切向（T）】：为编辑顶点增加一个切线方向。将多段线拟和成曲线时，该切线方向将会被用到。该选项对现有的多段线形状不会有影响。

○ 【退出（X）】：退出顶点编辑模式。

5. 其他备选项

○ 【宽度（W）】：修改多段线线宽。这个选项只能使多段线各段具有统一的线宽值。如果要设置各段不同的线宽值或渐变线宽，可到顶点编辑模式下选择"宽度"编辑选项。

○ 【线型生成（L）】：生成经过多段线顶点的连续图案线型。关闭此选项，将在每个顶点处以点画线开始和结束生成线型。"线型生成"不能用于带变宽线段的多段线。

4.5.5 ▶ 对齐

【对齐】命令可以使当前的对象与其他对象对齐，既适用于二维对象，也适用于三维对象。在对齐二维对象时，可以指定1对或2对对齐点（源点和目标点），在对齐三维对象时则需要指定3对对齐点。

在AutoCAD 2018中【对齐】命令有以下几种常用调用方法：

- 功能区：单击【修改】面板中【对齐】按钮，如图4-161所示。
- 菜单栏：执行【修改】|【三维操作】|【对齐】命令，如图4-162所示。
- 命令行：ALIGN或AL。

图4-161　【修改】面板中　　图4-162　【对齐】菜单命令
的【对齐】按钮

执行上述任一命令后，根据命令行提示，依次选择源点和目标点，按Enter键结束操作，如图4-163所示。

```
命令：_align              //执行【对齐】命令
选择对象：找到 1 个      //选择要对齐的对象
指定第一个源点：         //指定源对象上的一点
指定第一个目标点：       //指定目标对象上的对应点
指定第二个源点：         //指定源对象上的一点
指定第二个目标点：       //指定目标对象上的对应点
指定第三个源点或 <继续>：
                         //按Enter键完成选择
是否基于对齐点缩放对象？ [是(Y)/否(N)] <否>：
                         //按Enter键结束命令
```

图4-163　对齐对象

执行【对齐】命令后，根据命令行提示选择要对齐的对象，并按Enter键结束命令。在这个过程中，可以指定一对、两对或三对对齐点（一个源点和一个目标点合称为一对"对齐点"）来对齐选定对象。对齐点的对数不同，操作结果也不同，具体介绍如下。

1. 一对对齐点（一个源点、一个目标点）

当只选择一对对齐点时，所选的对象将在二维或三维空间从源点1移动到目标点2，类似于【移动】操作，如图4-164所示。

图4-164　一对对齐点仅能移动对象

该对齐方法的命令行操作如下。

```
命令：ALIGN              //执行【对齐】命令
选择对象：找到 1 个      //选择图中的矩形
指定第一个源点：         //选择点1
指定第一个目标点：       //选择点2
指定第二个源点：         //按Enter键结束操作，矩形
                          移动至对象上
```

2. 两对对齐点（两个源点、两个目标点）

当选择两对对齐点时，可以移动、旋转和缩放选定对象，以便与其他对象对齐。第一对源点和目标点定义对齐的基点（点1、2），第二对对齐点定义旋转的角度（点3、4），效果如图4-165所示。

图4-165　两对对齐点可将对象移动并对齐

该对齐方法的命令行操作如下。

```
命令：ALIGN              //执行【对齐】命令
选择对象：找到 1 个      //选择图中的矩形
指定第一个源点：         //选择点1
指定第一个目标点：       //选择点2
指定第二个源点：         //选择点3
指定第二个目标点：       //选择点4
指定第三个源点或 <继续>：
                         //按Enter键完成选择
是否基于对齐点缩放对象？ [是(Y)/否(N)] <否>：
                         //按Enter键结束操作
```

在输入了第二对点后，系统会给出【缩放对象】的提示。如果选择"是（Y）"，则源对象将进行缩放，使得其上的源点3与目标点4重合，效

果如图4-166所示；如果选择"否（N）"，则源对象大小保持不变，源点3落在目标点2、4的连线上，如图4-165所示。

图4-166 对齐时的缩放效果

3. 三对对齐点（三个源点、三个目标点）

对于二维图形来说，两对对齐点已可以满足绝大多数的使用需要，只有在三维空间中才会用得上三对对齐点。当选择三对对齐点时，选定的对象可在三维空间中进行移动和旋转，使之与其他对象对齐，如图4-167所示。

图4-167 三对对齐点可在三维空间中对齐

【案例 4-17】使用【对齐】装配三通管
视频文件：DVD\ 视频 \ 第 4 章 \4-17.MP4

（1）打开"第4章/4-17使用【对齐】装配三通管.dwg"素材文件，其中已经绘制好了三通管和装配管，但图形比例不一致，如图4-168所示。

（2）单击【修改】面板中的【对齐】按钮 ，执行【对齐】命令，选择整个装配管图形，然后根据三通管和装配管的对齐方式，按图4-169所示选择对应的两对对齐点（1对应2、3对应4）。

图4-168 素材图形

图4-169 选择对齐点

（3）两对对齐点指定完毕后，单击 Enter 键，命令行提示"是否基于对齐点缩放对象"，输入 Y，选择"是"，再单击 Enter 键，即可将装配管对齐至三通管中，效果如图 4-170 所示。

图4-170 三对对齐点的对齐效果

4.5.6 ▶ 分解

【分解】命令是将某些特殊的对象，分解成多个独立的部分，以便于更具体的编辑。主要用于将复合对象，如矩形、多段线、块、填充等，还原为一般的图形对象。分解后的对象，其颜色、线型和线宽都可能发生改变。

在AutoCAD 2018中【分解】命令有以下几种调用方法：

○ 功能区：单击【修改】面板中【分解】按钮，如图4-171所示。

○ 菜单栏：选择【修改】|【分解】命令，如图4-172所示。

○ 命令行：EXPLODE或X。

图4-171 【修改】面板中的【分解】按钮　　图4-172 【分解】菜单命令

执行上述任一命令后，选择要分解的图形对象，按Enter键，即可完成分解操作，操作方法与【删除】一致。如图4-173所示的微波炉图块被分解后，可以单独选择到其中的任一条边。

分解前　　　　　　　分解后

图4-173 图形分解前后对比

4.5.7 ▶ 打断

在AutoCAD 2018中，根据打断点数量的不同，"打断"命令可以分为【打断】和【打断于点】两种，分别介绍如下。

1. 打断

执行【打断】命令可以在对象上指定两点，然后两点之间的部分会被删除。被打断的对象不能是组合形体，如图块等，只能是单独的线条，如直线、圆弧、圆、多段线、椭圆、样条曲线、圆环等。

在AutoCAD 2018中【打断】命令有以下几种调用方法：

○ 功能区：单击【修改】面板上【打断】按钮，如图4-174所示。

○ 菜单栏：执行【修改】|【打断】命令，如图4-175所示。

○ 命令行：BREAK或BR。

图4-174 【修改】面板中的【打断】按钮　　图4-175 【打断】菜单命令

【打断】命令可以在选择的线条上创建两个打断点，从而将线条断开。如果在对象之外指定一点为第二个打断点，系统将以该点到被打断对象的垂直点位置为第二个打断点，除去两点间的线段。如图4-176所示为打断对象的过程，可以看到利用【打断】命令能快速完成图形效果的调整。对应的命令行操作如下。

```
命令：_break              //执行【打断】命令
选择对象：                //选择要打断的图形
指定第二个打断点 或 [第一点(F)]: F↙
            //选择"第一点"选项，指定打断的第一点
指定第一个打断点：        //选择A点
指定第二个打断点：        //选择B点
```

打断前　　　　打断于AB点　　　第二点为对象之外的点

图4-176 图形打断效果

默认情况下，系统会以选择对象时的拾取点作为第一个打断点。若此时直接在对象上选取另一点，即可去除两点之间的图形线段，但这样的打断效果往往不符合要求，因此可在命令行中输入字母F，执行"第一点（F）"选项，通过指定第一点来获取准确的打断效果。

【案例 4-18】使用打断创建注释空间

视频文件：DVD\视频\第 4 章\4-18.MP4

（1）打开"第 4 章/4-18 使用打断创建注释空间 .dwg"素材文件，素材图形如图 4-177 所示，为一街区局部图。

图4-177 素材图形

（2）在【默认】选项卡中，单击【修改】面板中的【打断】按钮，选择解放西路主干道上的第一条线进行打断，效果如图 4-178 所示。

图4-178 打断直线

（3）按相同方法打断街道上的其他直线，得到的最终结果如图 4-179 所示。

图4-179 打断效果

2. 打断于点

【打断于点】是从【打断】命令派生出来的，【打断于点】是指通过指定一个打断点，将对象从该点处断开成两个对象。在AutoCAD 2018中【打断于点】命令不能通过命令行输入和菜单调用，因此只有以下2种调用方法：

○ 功能区：【修改】面板中【打断于点】按钮，如图4-180所示。

○ 工具栏：调出【修改】工具栏，单击其中的【打断于点】按钮。

图4-180 【修改】面板中的【打断于点】按钮

【打断于点】命令在执行过程中，需要输入的参数只有"打断对象"和一个"打断点"。打断之后的对象外观无变化，没有间隙，但选择时可见已在打断点处分成两个对象，如图4-181所示。对应命令行操作如下。

图4-181 打断于点的图形

```
命令：_break          //执行【打断于点】命令
选择对象：            //选择要打断的图形
指定第二个打断点 或 [第一点(F)]：_f
                    //系统自动选择"第一点"选项
指定第一个打断点：    //指定打断点
指定第二个打断点：@   //系统自动输入@结束命令
```

专家提醒

不能在一点打断闭合对象（例如圆）。

【案例 4-19】使用【打断】修改电路图

视频文件：DVD\视频\第 4 章\4-19.MP4

（1）打开"第 4 章 /4-19 使用【打断】修改电路图 .dwg"素材文件，其中绘制好了一简单电路图和一孤悬在外的电器元件（可调电阻），如图 4-182 所示。

（2）在【默认】选项卡中，单击【修改】面板中的【打断】按钮，选择可调电阻左侧的线路作为打断对象，可调电阻的上、下两个端点作为打断点，打断效果如图 4-183 所示。

（3）按相同方法打断剩下的两条线路，效果如图 4-184 所示。

（4）单击【修改】面板中的【复制】按钮，将可调电阻复制到打断的三条线路上，如图 4-185 所示。

图4-184　打断线路

图4-182　素材图形

图4-183　打断直线

图4-185　添加电器元件

4.5.8 ▶ 合并

【合并】命令用于将独立的图形对象合并为一个整体。它可以将多个对象进行合并，对象包括直线、多段线、三维多段线、圆弧、椭圆弧、螺旋线和样条曲线等。

在AutoCAD 2018中【合并】命令有以下几种调用方法：

○ 功能区：单击【修改】面板中【合并】按钮，如图 4-186所示。

○ 菜单栏：执行【修改】|【合并】命令，如图 4-187所示。

○ 命令行：JOIN或J。

图4-186　【修改】面板中的【合并】按钮　图4-187　【合并】菜单命令

执行以上任一命令后，选择要合并的对象按Enter键退出，如图 4-188所示。命令行操作如下。

```
命令: _join              //执行【合并】命令
选择源对象或要一次合并的多个对象: 找到 1 个
                        //选择源对象
选择要合并的对象: 找到 1 个, 总计 2 个
                        //选择要合并的对象
选择要合并的对象: ↙      //按Enter键完成操作
```

○ 三维多段线: 所有线性或弯曲对象都可以合并到源三维多段线。所选对象必须是连续的,可以不共面。产生的对象是单条三维多段线或单条样条曲线,分别取决于用户连接到线性对象还是弯曲的对象,如图4-192和图4-193所示。

图4-192 线性的三维多段线合并为单条多段线

图4-188 合并图形

【合并】命令产生的对象类型取决于所选定的对象类型、首先选定的对象类型以及对象是否共线(或共面)。因此【合并】操作的结果与所选对象及选择顺序有关,因此本书将不同对象的合并效果总结如下:

○ 直线: 两直线对象必须共线才能合并,它们之间可以有间隙,如图4-189所示;如果选择源对象为直线,再选择圆弧,合并之后将生成多段线,如图4-190所示。

图4-193 弯曲的三维多段线合并为样条曲线

○ 圆弧: 只有圆弧可以合并到源圆弧。所有的圆弧对象必须同心、同半径,之间可以有间隙。合并圆弧时,源圆弧按逆时针方向进行合并,因此不同的选择顺序,所生成的圆弧也有优弧、劣弧之分,如图4-194和图4-195所示;如果两圆弧相邻,之间没有间隙,则合并时命令行会提示是否转换为圆,选择"是(Y)",则生成一整圆,如图4-196所示,选择"否(N)",则无效果;如果选择单独的一段圆弧,则可以在命令行提示中选择"闭合(L)",来生成该圆弧的整圆,如图4-197所示。

图4-189 两直线合并为一条直线

图4-190 直线、圆弧合并为多段线

图4-194 按逆时针顺序选择圆弧合并生成劣弧

○ 多段线: 直线、多段线和圆弧可以合并到源多段线。所有对象必须连续且共面,生成的对象是单条多段线,如图4-191所示。

图4-195 按顺时针顺序选择圆弧合并生成优弧

图4-191 多段线与其他对象合并仍为多段线

图4-196 圆弧相邻时可合并生成整圆

图4-197 单段圆弧合并可生成整圆

○ 椭圆弧：仅椭圆弧可以合并到源椭圆弧。椭圆弧必须共面且具有相同的主轴和次轴，它们之间可以有间隙。从源椭圆弧按逆时针方向合并椭圆弧。操作基本与圆弧一致，在此不重复介绍。

○ 螺旋线：所有线性或弯曲对象可以合并到源螺旋线。要合并的对象必须是相连的，可以不共面。结果对象是单个样条曲线，如图4-198所示。

○ 样条曲线：所有线性或弯曲对象可以合并到源样条曲线。要合并的对象必须是相连的，可以不共面。结果对象是单个样条曲线，如图4-199所示。

图4-198 螺旋线的合并效果

图4-199 样条曲线的合并效果

【案例 4-20】使用【合并】修改电路图
视频文件：DVD\ 视频 \第 4 章 \4-20.MP4

（1）打开"第 4 章 /4-20 使用【合并】修改电路图 .dwg"素材文件，其中已经绘制好了一完整电路图，如图 4-200 所示。

（2）删除元器件。在【默认】选项卡中，单击【修改】面板中的【删除】按钮，删除在【案例 4-19】中添加的 3 个可调电阻，如图 4-201 所示。

（3）单击【修改】面板中的【合并】按钮，分别单击打断线路的两端，将直线合并，如图 4-202 所示。

（4）按相同方法合并剩下的两条线路，最终效果如图 4-203 所示。

图4-202 合并直线

图4-200 素材图形

图4-201 删除元器件

图4-203 完成效果

4.5.9 绘图次序

如果当前工作文件中的图形元素很多，而且不同的图形重重叠叠，则不利于操作。例如要选择某一个图形，但是这个图形被其他的图形遮住而无法选择，此时就可以通过控制图形的显示层次来解决，将挡在前面的图形后置，或让要选择的图形前置，即可让被遮住的图形显示在最前面，如图4-204所示。

图4-204 绘图次序的变化效果

在AutoCAD 2018中调整图形叠放次序有如下几种方法。

- 功能区：在【修改】面板上的【绘图次序】下拉列表中单击所需的命令按钮，如图4-174所示。
- 菜单栏：在【工具】|【绘图次序】列表中选择相应的命令，如图4-175所示。

图4-205 【修改】面板中的【绘图次序】列表

图4-206 【绘图次序】菜单命令

【绘图次序】列表中的各命令操作方式基本相同，而且十分简单，启用命令后直接选择要前置或后置的对象即可。【绘图次序】列表中的各命令含义说明如下。

- 【前置】：强制使选择的对象显示在所有对象之前。
- 【后置】：强制使选择的对象显示在所有图形之后。
- 【置于对象之上】：使选择的对象显示在指定的参考对象之前。
- 【置于对象之下】：使选择的对象显示在指定的参考对象之后。
- 【将文字前置】：强制使文字对象显示在所有其他对象之前，单击即可生效。
- 【将标注前置】：强制使标注对象显示在所有其他对象之前，单击即可生效。
- 【引线前置】：强制使引线对象显示在所有其他对象之前，单击即可生效。
- 【所有注释前置】：强制使所有注释对象（标注、文字、引线等）显示在所有其他对象之前，单击即可生效。
- 【将图案填充项后置】：强制使图案填充项显示在所有其他对象之后，单击即可生效。

【案例 4-21】更改绘图次序修改图形
视频文件：DVD\视频\第 4 章\4-21.MP4

（1）打开"第 4 章 /4-21 更改绘图次序修改图形 .dwg"素材文件，其中已经绘制好了一张市政规划的局部图，图中可见道路、文字等被河流所隐藏，如图 4-207 所示。

（2）前置道路。选中道路的填充图案，以及道路的上的各线条，接着单击【修改】面板中的【前置】按钮，结果如图 4-208 所示。

图4-207 素材图形

图4-208 前置道路

图4-209 将文字前置

（3）前置文字。此时道路图形被置于河流之上，符合生活实际，但道路名称被遮盖，因此需将文字对象前置。单击【修改】面板中的【将文字前置】按钮，即可完成操作，结果如图4-209所示。

（4）前置边框。上述步骤操作后图形边框被置于各对象之下，因此为了打印效果可将边框置于最高层，结果如图4-210所示。

图4-210 前置边框

4.6 通过夹点编辑图形

夹点是指图形对象上的一些特征点，如端点、顶点、中点、中心点等，图形的位置和形状通常是由夹点的位置决定的。在AutoCAD中，夹点是一种集成的编辑模式，利用夹点可以编辑图形的大小、位置、方向以及对图形进行镜像复制操作等。

4.6.1 夹点模式概述

在夹点模式下，图形对象以虚线显示，图形上的特征点（如端点、圆心、象限点等）将显示为蓝色的小方框，如图4-211所示，这样的小方框称为夹点。

夹点有未激活和被激活两种状态。蓝色小方框显示的夹点处于未激活状态，单击某个未激活夹点，该夹点以红色小方框显示，处于被激活状态，称为热夹点。以热夹点为基点，可以对图形对象进行拉伸、平移、复制、缩放和镜像等操作。同时按Shift键可以选择激活多个热夹点。

图4-211 不同对象的夹点

4.6.2 利用夹点拉伸对象

如需利用夹点来拉伸图形，则操作方法如下：

○ 快捷操作：在不执行任何命令的情况下选择对象，然后单击其中的一个夹点，系统自动将其作为拉伸的基点，即进入"拉伸"编辑模式。通过移动夹点，就可以将图形对象拉伸至新位置。夹点编辑中的【拉伸】与STRETCH【拉伸】命令一致，效果如图4-212所示。

（1）选择夹点　　（2）拖动夹点　　（3）拉伸结果

图4-212 利用夹点拉伸对象

专家提醒

对于某些夹点，拖动时只能移动而不能拉伸，如文字、块、直线中点、圆心、椭圆中心和点对象上的夹点。

4.6.3 ▶ 利用夹点移动对象

如需利用夹点来移动图形，则操作方法如下：

○ 快捷操作：选中一个夹点，按Enter键，即进入【移动】模式。

○ 命令行：在夹点编辑模式下确定基点后，输入MO进入【移动】模式，选中的夹点即为基点。

通过夹点进入【移动】模式后，命令行提示如下：

★★ MOVE ★★
指定移动点或 [基点(B)/复制(C)/放弃(U)/退出(X)]：

使用夹点移动对象，可以将对象从当前位置移动到新位置，其操作同MOVE【移动】命令，如图4-213所示。

（1）选择夹点 　（2）按1次Enter键，拖动夹点 　（3）移动结果

图4-213 利用夹点移动对象

4.6.4 ▶ 利用夹点旋转对象

如需利用夹点来移动图形，则操作方法如下：

○ 快捷操作：选中一个夹点，按2次Enter键，即进入【旋转】模式。

○ 命令行：在夹点编辑模式下确定基点后，输入RO进入【旋转】模式，选中的夹点即为基点。

通过夹点进入【移动】模式后，命令行提示如下：

★★ 旋转 ★★
指定旋转角度或 [基点(B)/复制(C)/放弃(U)/参照(R)/退出(X)]：

默认情况下，输入旋转角度值或通过拖动方式确定旋转角度后，即可将对象绕基点旋转指定的角度。也可以选择【参照】选项，以参照方式旋转对

象。操作方法同ROTATE【旋转】命令，利用夹点旋转对象如图4-214所示。

（1）选择夹点 　（2）按2次Enter键后拖动夹点 　（3）旋转结果

图4-214 利用夹点旋转对象

4.6.5 ▶ 利用夹点缩放对象

如需利用夹点来移动图形，则操作方法如下：

○ 快捷操作：选中一个夹点，按3次Enter键，即进入【缩放】模式。

○ 命令行：选中的夹点即为缩放基点，输入SC进入【缩放】模式。

通过夹点进入【缩放】模式后，命令行提示如下：

★★ 比例缩放 ★★
指定比例因子或 [基点(B)/复制(C)/放弃(U)/参照(R)/退出(X)]：

默认情况下，当确定了缩放的比例因子后，AutoCAD将相对于基点进行缩放对象操作。当比例因子大于1时放大对象；当比例因子大于0而小于1时缩小对象，操作同SCALE【缩放】命令，如图4-215所示。

（1）选择夹点 　（2）按3次Enter键后拖动夹点 　（3）缩放结果

图4-215 利用夹点缩放对象

4.6.6 ▶ 利用夹点镜像对象

如需利用夹点来镜像图形，则操作方法如下：

○ 快捷操作：选中一个夹点，按4次Enter键，即进入【镜像】模式。

○ 命令行：输入MI进入【镜像】模式，选中的夹点即为镜像线第一点。

通过夹点进入【镜像】模式后，命令行提示如下：

** 镜像 **

指定第二点或 [基点(B)/复制(C)/放弃(U)/退出(X)]:

指定镜像线上的第2点后，AutoCAD 将以基点作为镜像线上的第1点，将对象进行镜像操作并删除源对象。利用夹点镜像对象如图4-216所示。

（1）选择夹点　　　（2）按4次Enter键后拖动夹点

图4-216 利用夹点镜像对象

4.6.7 ▶ 利用夹点复制对象

如需利用夹点来复制图形，则操作方法如下：

○ 命令行：选中夹点后进入【移动】模式，然后在命令行中输入C，调用"复制（C）"选项即可，

命令行操作如下。

** MOVE **　　　　　　　//进入【移动】模式
指定移动点 或 [基点(B)/复制(C)/放弃(U)/退出(X)]:C↙　　　//选择"复制"选项
** MOVE (多个) **　　　//进入【复制】模式
指定移动点 或 [基点(B)/复制(C)/放弃(U)/退出(X)]:↙
　　　　　//指定放置点，并按Enter键完成操作

使用夹点复制功能，选定中心夹点进行拖动时需按住Ctrl键，复制效果如图4-217所示。

（1）选择夹点　　（2）进入复制模式，指定放置点　　（3）复制结果

图4-217 夹点复制

第5章
创建图形标注

　　使用AutoCAD进行设计绘图时，首先要明确的一点就是：图形中的线条长度，并不代表物体的真实尺寸，一切数值应按标注为准。无论是零件加工还是建筑施工，所依据的是标注的尺寸值，因而尺寸标注是绘图中最为重要的部分。像一些成熟的设计师，在现场或无法使用AutoCAD的场合，会直接用笔在纸上手绘出一张草图，图不一定要画得好看，但记录的数据却力求准确。由此也可看出，图形仅是标注的辅助而已。

　　对于不同的对象，其定位所需的尺寸类型也不同。AutoCAD 2018包含了一套完整的尺寸标注的命令，可以标注直径、半径、角度、直线及圆心位置等对象，还可以标注引线、形位公差等辅助说明。

5.1 尺寸标注的组成与原则

尺寸标注在AutoCAD中是一个复合体，以块的形式存储在图形中。在标注尺寸时需要遵循一定的规则，以避免标注混乱或引起歧义。

一个完整的尺寸标注由标注文字、尺寸线、延伸线及标注符号等组成，如图5-1所示。AutoCAD的尺寸标注命令和样式设置，都是围绕着这4个要素进行的。

图5-1 标注尺寸组成

各组成部分的作用与含义分别如下。

○ 延伸线：也称为投影线，用于标注尺寸的界限，由

图样中的轮廓线、轴线或对称中心线引出。标注时，延伸线从所标注的对象上自动延伸出来，它的端点与所标注的对象接近但未相连。

○ 尺寸线：用于表明标注的方向和范围。通常与所标注的对象平行，放在两延伸线之间，一般情况下为直线，但在角度标注时，尺寸线呈圆弧形。

○ 标注文字：表明标注图形的实际尺寸大小，通常位于尺寸线上方或中断处。在进行尺寸标注时，AutoCAD会自动生成所标注对象的尺寸数值，我们也可以对标注的文字进行修改、添加等编辑操作。

○ 标注符号：标注符号显示在尺寸线的两端，用于指定标注的起始位置。AutoCAD默认使用闭合的填充箭头作为标注符号。此外，AutoCAD还提供了多种箭头符号，以满足不同行业的需要，如建筑标记、小斜线箭头、点和斜杠等。

5.2 尺寸标注样式

【标注样式】用来控制标注的外观，如箭头样式、文字位置和尺寸公差等。在同一个AutoCAD文档中，可以同时定义多个不同的命名样式。修改某个样式后，就可以自动修改所有用该样式创建的对象。

绘制不同的工程图，需要设置不同的尺寸标注样式，要系统地了解尺寸设计和制图的知识，请参考有关机械或建筑等有关行业制图的国家规范和标准，以及其他的相关资料。

5.2.1 新建标注样式

同之前介绍过的【多线】命令一样，尺寸标注在AutoCAD中也需要指定特定的样式来进行下一步操作。但尺寸标注样式的内容相当丰富，涵盖了标注从箭头形状到尺寸线的消隐、伸出距离、文字对齐方式等诸多方面。因此可以通过在AutoCAD中设置不同的标注样式，使其适应不同的绘图环境，如机械标注、建筑标注等。

如果要新建标注样式，可以通过【标注样式和管理器】对话框来完成。在AutoCAD 2018中调用

【标注样式和管理器】有如下几种常用方法：

○ 功能区：在【默认】选项卡中单击【注释】面板下拉列表中的【标注样式】按钮，如图5-2所示。

○ 菜单栏：执行【格式】|【标注样式】命令，如图5-3所示。

○ 命令行：DIMSTYLE或D。

图5-2 【注释】面板中的【标注样式】按钮

图5-3 【标注样式】菜单命令

执行上述任一命令后，系统弹出【标注样式管理器】对话框，如图5-4所示。

单击【新建】按钮，系统弹出【创建新标注样式】对话框，如图5-5所示。然后在【新样式名】文本框中输入新样式的名称，单击【继续】按钮，即可打开【新建标注样式】对话框进行新建。

图5-4　【标注样式管理器】对话框

图5-5　【创建新标注样式】对话框

5.2.2 ▶ 设置标注样式

在5.2.1节新建标注样式的介绍中，打开【新建标注样式】对话框之后的操作是最重要的，这也是本小节所要着重讲解的。在【新建标注样式】对话框中可以设置尺寸标注的各种特性，对话框中有【线】、【符号和箭头】、【文字】、【调整】、【主单位】、【换算单位】和【公差】共7个选项卡，每一个选项卡对应一种特性的设置，分别介绍如下。

1. 【线】选项卡

切换到【新建标注样式】对话框中的【线】选项卡。

【线】选项卡中包括【尺寸线】和【尺寸界线】两个选项组。在该选项卡中可以设置尺寸线、尺寸界线的格式和特性。

◆ 【尺寸线】选项组

○ 【颜色】：用于设置尺寸线的颜色，一般保持默

认值"Byblock"（随块）即可。也可以使用变量DIMCLRD设置。

○ 【线型】：用于设置尺寸线的线型，一般保持默认值"Byblock"（随块）即可。

○ 【线宽】：用于设置尺寸线的线宽，一般保持默认值"Byblock"（随块）即可。也可以使用变量DIMLWD设置。

○ 【超出标记】：用于设置尺寸线超出量。若尺寸线两端是箭头，则此框无效；若在对话框的【符号和箭头】选项卡中设置了箭头的形式是"倾斜"和"建筑标记"时，可以设置尺寸线超过尺寸界线外的距离，如图5-6所示。

○ 【基线间距】：用于设置基线标注中尺寸线之间的间距。

○ 【隐藏】：【尺寸线1】和【尺寸线2】分别控制了第一条和第二条尺寸线的可见性，如图5-7所示。

图5-6　【超出标记】设置为5时的示例

图5-7　【隐藏尺寸线1】效果

◆ 【尺寸界线】选项组

○ 【颜色】：用于设置延伸线的颜色，一般保持默认值"Byblock"（随块）即可。也可以使用变量DIMCLRD设置。

○ 【线型】：分别用于设置【尺寸界线1】和【尺寸界线2】的线型，一般保持默认值"Byblock"（随块）即可。

○ 【线宽】：用于设置延伸线的宽度，一般保持默认值"Byblock"（随块）即可。也可以使用变量DIMLWD设置。

○ 【隐藏】：【尺寸界线1】和【尺寸界线2】分别控制了第一条和第二条尺寸界线的可见性。

○ 【超出尺寸线】：控制尺寸界线超出尺寸线的距离，如图5-8所示。

○ 【起点偏移量】：控制尺寸界线起点与标注对象端点的距离，如图5-9所示。

图5-8　【超出尺寸线】设置为5mm时的示例

图5-9　【起点偏移量】设置为3mm时的示例

设计点拨：如果是在机械制图的标注中，为了区分尺寸标注和被标注对象，用户应使尺寸界线与标注对象不接触，因此尺寸界线的【起点偏移量】一般设置为2～3mm。

2.【符号和箭头】选项卡

【符号和箭头】选项卡中包括【箭头】、【圆心标记】、【折断标注】、【弧长符号】、【半径折弯标注】和【线性折弯标注】共6个选项组，如图5-10所示。

图5-10　【符号和箭头】选项卡

◆【箭头】选项组

○【第一个】以及【第二个】：用于选择尺寸线两端的箭头样式。在建筑绘图中通常设为"建筑标注"或"倾斜"样式，如图5-11所示；机械制图中通常设为"箭头"样式，如图5-12所示。

○【引线】：用于设置快速引线标注（命令：LE）中的箭头样式，如图5-13所示。

○【箭头大小】：用于设置箭头的大小。

图5-11　建筑标注　　图5-12　机械标注　　图5-13　引线样式

专家提醒

Auto CAD中提供了19种箭头，如果选择了第一个箭头的样式，第二个箭头会自动选择和第一个箭头一样的样式。也可以在第二个箭头下拉列表中选择不同的样式。

◆【圆心标记】选项组

○ 圆心标记是一种特殊的标注类型，在使用【圆心标记】（命令：DIMCENTER）时，可以在圆弧中心生成一个标注符号，【圆心标记】选项组用于设置圆心标记的样式。各选项的含义如下。

○【无】：使用【圆心标记】命令时，无圆心标记，如图5-14所示。

○【标记】：创建圆心标记。在圆心位置将会出现小十字架，如图5-15所示。

○【直线】：创建中心线。在使用【圆心标记】命令时，十字架线将会延伸到圆或圆弧外边，如图5-16所示。

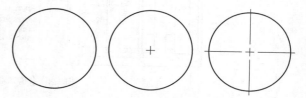

图5-14　圆心标记　图5-15　圆心标　图5-16　圆心标
为【无】　　　记为【标记】　　记为【直线】

专家提醒

可以取消选中【调整】选项卡中的【在尺寸界线之间绘制尺寸线】复选框，这样就能在标注直径或半径尺寸时，同时创建圆心标记，如图5-17所示。

图5-17　标注时同时创建尺寸与圆心标记

◆【折断标注】选项组

其中的【折断大小】文本框可以设置在执行DIMBREAK【标注打断】命令时标注线的打断长度。

◆【弧长符号】选项组

在该选项组中可以设置弧长符号的显示位置，包括【标注文字的前缀】、【标注文字的上方】和【无】3种方式，如图5-18所示。

【标注文字的前缀】　【标注文字的上方】　【无】

图5-18 弧长标注的类型

◆【半径折弯标注】选项组

其中的【折弯角度】文本框可以确定折弯半径标注中尺寸线的横向角度，其值不能大于90°。

◆【线性折弯标注】选项组

其中的【折弯高度因子】文本框可以设置折弯标注打断时折弯线的高度。

3.【文字】选项卡

【文字】选项卡包括【文字外观】、【文字位

置】和【文字对齐】3个选项组，如图5-19所示。

图5-19 【文字】选项卡

◆【文字外观】选项组

○ 【文字样式】：用于选择标注的文字样式。也可以单击其后的 [...] 按钮，系统弹出【文字样式】对话框，选择文字样式或新建文字样式。

○ 【文字颜色】：用于设置文字的颜色，一般保持默认值"Byblock"（随块）即可。也可以使用变量DIMCLRT设置。

○ 【填充颜色】：用于设置标注文字的背景色。默认为"无"，如果图纸中尺寸标注很多，就会出现图形轮廓线、中心线、尺寸线与标注文字相重叠的情况，这时若将【填充颜色】设置为"背景"，即可有效地改善图形，如图5-20所示。

图5-20 【填充颜色】为"背景"效果

○ 【文字高度】：设置文字的高度，也可以使用变量DIMCTXT设置。

○ 【分数高度比例】：设置标注文字的分数相对于其他标注文字的比例，AutoCAD将该比例值与标注文字高度的乘积作为分数的高度。

○ 【绘制文字边框】：设置是否给标注文字加边框。

◆【文字位置】选项组

○ 【垂直】：用于设置标注文字相对于尺寸线在垂直

方向的位置。【垂直】下拉列表中有【置中】、【上方】、【外部】和JIS等选项。选择【置中】选项可以把标注文字放在尺寸线中间；选择【上】选项将把标注文字放在尺寸线的上方；选择【外部】选项可以把标注文字放在远离第一定义点的尺寸线一侧；选择JIS选项则按JIS规则（日本工业标准）放置标注文字。各种效果如图5-21所示。

【居中】　　【上】　　【外部】　　【JIS】　　【下】

图5-21 文字设置垂直方向的位置效果图

○ 【水平】：用于设置标注文字相对于尺寸线和延伸线在水平方向的位置。其中水平放置位置有【居中】、【第一条尺寸界线】、【第二条尺寸界线】、【第一条尺寸界线上方】、【第二条尺寸界线上方】，各种效果如图5-22所示。

　　【居中】　　　【第一条尺寸界线】　　【第二条尺寸界线】　　【第一条尺寸界线上方】【第二条尺寸界线上方】

图5-22 尺寸文字在水平方向上的相对位置

○ 【从尺寸线偏移】：设置标注文字与尺寸线之间的距离，如图5-23所示。

文字偏移量为1mm　　　文字偏移量为5mm

图5-23 文字偏移量设置

◆ 【文字对齐】选项组

○ 在【文字对齐】选项组中，可以设置标注文字的对齐方式，如图5-24所示。各选项的含义如下。

○ 【水平】单选按钮：无论尺寸线的方向如何，文字始终水平放置。

○ 【与尺寸线对齐】单选按钮：文字的方向与尺寸线平行。

○ 【ISO标准】单选按钮：按照ISO标准对齐文字。当文字在尺寸界线内时，文字与尺寸线对齐，当文字在尺寸界线外时，文字水平排列。

　【水平】　　　【与尺寸线对齐】　　【ISO标准】

图5-24 尺寸文字对齐方式

4. 【调整】选项卡

　　【调整】选项卡包括【调整选项】、【文字位置】、【标注特征比例】和【优化】4个选项组，可以设置标注文字、尺寸线、尺寸箭头的位置，如图5-25所示。

图5-25 【调整】选项卡

◆ 【调整选项】选项组

　　在【调整选项】选项组中，可以设置当尺寸界线之间没有足够的空间同时放置标注文字和箭头时，应从尺寸界线之间移出的对象，如图5-26所示。各选项的含义如下。

○ 【文字或箭头(最佳效果)】单选按钮：表示由系统选择一种最佳方式来安排尺寸文字和尺寸箭头的位置。

○ 【箭头】单选按钮：表示将尺寸箭头放在尺寸界线外侧。

○ 【文字】单选按钮：表示将标注文字放在尺寸界线外侧。

○ 【文字和箭头】单选按钮：表示将标注文字和尺寸线都放在尺寸界线外侧。

○ 【文字始终保持在尺寸界线之间】单选按钮：表示标注文字始终放在尺寸界线之间。

○ 【若箭头不能放在尺寸界线内，则将其消除】单选按钮：表示当尺寸界线之间不能放置箭头时，不显示标注箭头。

文字和箭头全部移出　　　箭头移出　　　文字保持在界线之间　　　不绘制箭头　　　文字移出

图5-26 尺寸要素调整

◆【文字位置】选项组

在【文字位置】选项组中，可以设置当标注文字不在默认位置时应放置的位置，如图5-27所示。各选项的含义如下。

- 【尺寸线旁边】单选按钮：表示当标注文字在尺寸界线外部时，将文字放置在尺寸线旁边。
- 【尺寸线上方，带引线】单选按钮：表示当标注文字在尺寸界线外部时，将文字放置在尺寸线上方并加一条引线相连。
- 【尺寸线上方，不带引线】单选按钮：表示当标注文字在尺寸界线外部时，将文字放置在尺寸线上方，不加引线。

【尺寸线旁边】　【尺寸线上方，加 引线】　【尺寸线上方，不 加引线】

图5-27 文字位置调整

◆【标注特征比例】选项组

在【标注特征比例】选项组中，可以设置标注尺寸的特征比例以便通过设置全局比例来调整标注的大小。各选项的含义如下。

- 【注释性】复选框：选择该复选框，可以将标注定义成可注释性对象。
- 【将标注缩放到布局】单选按钮：选中该单选按钮，可以根据当前模型空间视口与图纸之间的缩放关系设置比例。
- 【使用全局比例】单选按钮：选择该单选按钮，可以对全部尺寸标注设置缩放比例，该比例不改变尺寸的测量值，效果如图5-58所示。

全局比例值为1　　全局比例值为5　　全局比例值为10

图5-28 设置全局比例值

◆【优化】选项组

在【优化】选项组中，可以对标注文字和尺寸线进行细微调整。该选项区域包括以下两个复选框。

- 【手动放置文字】：表示忽略所有水平对正设置，并将文字手动放置在"尺寸线位置"的相应位置。
- 【在尺寸界线之间绘制尺寸线】：表示在标注对象时，始终在尺寸界线间绘制尺寸线。

▌5. 【主单位】选项卡

【主单位】选项卡包括【线性标注】、【测量单位比例】、【消零】、【角度标注】和【消零】5个选项组，如图5-29所示。

图5-29 【主单位】选项卡

【主单位】选项卡可以对标注尺寸的精度进行设置，并能给标注文本加入前缀或者后缀等。

◆【线性标注】选项组

- 【单位格式】：设置除角度标注之外的其余各标注类型的尺寸单位，包括【科学】、【小数】、【工程】、【建筑】、【分数】等选项。
- 【精度】：设置除角度标注之外的其他标注的尺寸精度。
- 【分数格式】：当单位格式是分数时，可以设置分数的格式，包括【水平】、【对角】和【非堆叠】3种方式。
- 【小数分隔符】：设置小数的分隔符，包括【逗点】、【句点】和【空格】3种方式。
- 【舍入】：用于设置除角度标注外的尺寸测量值的舍入值。
- 【前缀】和【后缀】：设置标注文字的前缀和后缀，在相应的文本框中输入字符即可。

◆ 【测量单位比例】选项组

　　使用【比例因子】文本框可以设置测量尺寸的缩放比例，AutoCAD的实际标注值为测量值与该比例的积。选中【仅应用到布局标注】复选框，可以设置该比例关系仅适用于布局。

◆ 【消零】选项组

　　该选项组中包括【前导】和【后续】两个复选框。设置是否消除角度尺寸的前导和后续零，如图5-30所示。

图5-31 【换算单位】选项卡

图5-30 【后续】消零示例

◆ 【角度标注】选项组

- ○ 【单位格式】：在此下拉列表框中设置标注角度时的单位。
- ○ 【精度】：在此下拉列表框的设置标注角度的尺寸精度。

6. 【换算单位】选项卡

　　【换算单位】选项卡包括【换算单位】、【消零】和【位置】3个选项组，如图5-31所示。

　　【换算单位】可以方便地改变标注的单位，通常用的是公制单位与英制单位的互换。

　　选中【显示换算单位】复选框后，对话框的其他选项才可用，可以在【换算单位】选项组中设置换算单位的【单位格式】、【精度】、【换算单位倍数】、【舍入精度】、【前缀】及【后缀】等，方法与设置主单位的方法相同，在此不一一讲解。

图5-32 【公差】选项卡

　　【公差】选项卡可以设置公差的标注格式，其中常用功能含义如下。

- ○ 【方式】：在此下拉列表框中有表示标注公差的几种方式，如图5-33所示。
- ○ 【上偏差和下偏差】：设置尺寸上偏差、下偏差值。
- ○ 【高度比例】：确定公差文字的高度比例因子。确定后，AutoCAD将该比例因子与尺寸文字高度之积作为公差文字的高度。
- ○ 【垂直位置】：控制公差文字相对于尺寸文字的位置，包括【上】、【中】和【下】3种方式。
- ○ 【换算单位公差】：当标注换算单位时，可以设置换算单位精度和是否消零。

7. 【公差】选项卡

　　【公差】选项卡包括【公差格式】、【公差对齐】、【消零】、【换算单位公差】和【消零】5个选项组，如图5-32所示。

图5-33 公差的各种表示方式效果图

【案例 5-1】创建建筑制图标注样式

视频文件：DVD\视频\第5章\5-1.MP4

建筑标注样式可按《房屋建筑制图统一标准》GB/T 50001-20010来进行设置。需要注意的是，建筑制图中的线性标注箭头为斜线的建筑标记，而半径、直径、角度标注则仍为实心箭头，因此在新建建筑标注样式时要注意分开设置。

（1）新建空白文档，单击【注释】面板中的【标注样式】按钮，打开【标注样式管理器】对话框，如图5-34所示。

（2）设置通用参数。单击【标注样式管理器】对话框中的【新建】按钮，打开【创建新标注样式】对话框，在其中输入【建筑标注】样式名，如图5-35所示。

图5-34 【标注样式管理器】对话框

图5-35 【创建新标注样式】对话框

（3）单击【创建新标注样式】对话框中的【继续】按钮，打开【新建标注样式：建筑标注】对话框，选择【线】选项卡，设置【基线间距】为7，【超出尺寸线】为2，【起点偏移量】为3，如图5-36所示。

（4）选择【符号和箭头】选项卡，在【箭头】参数栏的【第一个】、【第二个】下拉列表中选择【建筑标记】；在【引线】下拉列表中保持默认，最后设置箭头大小为2，如图5-37所示。

图5-36 设置【线】选项卡中的参数

图5-37 设置【箭头和文字】选项卡中的参数

（5）选择【文字】选项卡，设置【文字高度】为3.5mm，在文字位置区域中选择【上方】，文字对齐方式选择【与尺寸线对齐】，如图5-38所示。

（6）选择【调整】选项卡，因为建筑图往往尺寸都非常巨大，因此设置全局比例为100，如图5-39所示。

图5-38 设置【线】选项卡中的参数

图5-39 设置【箭头和文字】选项卡中的参数

（7）其余选项卡参数保持默认，单击【确定】按钮，返回【标注样式管理器】对话框。以上为建筑标注的常规设置，接着再针对性地设置半径、直径、角度等标注样式。

（8）设置半径标注样式。在【标注样式管理器】对话框中选择创建好的【建筑标注】，然后单击【新建】按钮，打开【创建新标注样式】对话框，输入新样式名为"半径"，在【基础样式】下拉列表中选择【半径标注】选项，如图5-40所示。

图5-40　创建仅用于半径标注的样式

（9）单击【继续】按钮，打开【新建标注样式：建筑标注：半径】对话框，设置其中的箭头符号为【实心闭合】，文字对齐方式为【ISO标准】，其余选项卡参数不变，如图5-41所示。

图5-41　设置半径标注的参数

（10）单击【确定】按钮，返回【标注样式管理器】对话框，可在左侧的【样式】列表框中发现在【建筑标注】下多出了一个【半径】分支，如图5-42所示。

（11）设置直径标注样式。按相同方法，设置仅用于直径的标注样式，结果如图5-43所示。

图5-42　新创建的半径标注

图5-43　设置直径标注的参数

（12）设置角度标注样式。按相同方法，设置仅用于角度的标注样式，结果如图5-44所示。

图5-44　设置角度标注的参数

（13）设置完成之后的建筑标注样式在【标注样式管理器】中预览如图5-45所示。典型的建筑标注样式实例如图5-46所示。

图5-45　新创建的半径标注

图5-46　建筑标注样式实例

【案例 5-2】创建公制 - 英制的换算样式

视频文件：DVD\视频\第5章\5-2.MP4

（1）打开"第5章/5-2创建公制-英制的换算样式.dwg"素材文件，其中已绘制好一个法兰零件图形，如图5-47所示。

（2）单击【注释】面板中【标注样式】按钮，选择当前使用的【ISO-25】标注样式，单击【修改】按钮如图5-48所示。

图5-47 素材文件

图5-48 【标注样式管理器】对话框

（3）启用换算单位。打开【修改标注样式：ISO-25】对话框，切换到其中的【换算单位】选项卡，

勾选【显示换算单位】复选框，然后在【换算单位倍数】文本框中输入0.0393701，即毫米换算至英寸的比例值，再在【位置】区域选择换算尺寸的放置位置，如图5-49所示。

（4）单击【确定】按钮，返回绘图区，可见在原标注区域的指定位置处添加了带括号的数值，该值即为英制尺寸，如图5-50所示。

图5-49 素材文件

图5-50 【标注样式管理器】对话框

5.3 标注的创建

为了更方便、快捷地标注图纸中的各个方向和形式的尺寸，AutoCAD 2018提供了智能标注、线性标注、径向标注、角度标注和多重引线标注等多种标注类型。掌握这些标注方法可以为各种图形灵活添加尺寸标注，使其成为生产制造或施工的依据。

5.3.1 智能标注

【智能标注】命令为AutoCAD 2018的新增功能，可以根据选定的对象类型自动创建相应的标注，例如选择一条线段，则创建线性标注；选择一

段圆弧，则创建半径标注。【智能标注】可以看作是【快速标注】命令的加强版。

执行【智能标注】命令有以下几种方式。

○ 功能区：在【默认】选项卡中，单击【注释】面板中的【标注】按钮。

○ 命令行：DIM。

使用上面任一种方式启动【智能标注】命令，将鼠标置于对应的图形对象上，就会自动创建出相应的标注，如图5-51所示。如果需要，可以使用命令行选项更改标注类型。具体操作命令行提示如下：

选择对象或指定第一个尺寸界线原点或 [角度(A)/基线(B)/连续(C)/坐标(O)/对齐(G)/分发(D)/图层(L)/放弃(U)]:　　//选择图形或标注对象

线性、对齐标注　　角度标注　　半径、直径标注

图5-51　智能标注

【案例 5-3】使用【智能标注】注释图形
视频文件：DVD\视频\第5章\5-3.MP4

（1）打开"第5章/5-3 使用【智能标注】注释图形.dwg"素材文件，其中已绘制好一示例图形，如图5-52所示。

（2）标注水平尺寸。在【默认】选项卡中，单击【注释】面板上的【标注】按钮，然后移动光标至图形上方的水平线段，系统自动生成线性标注，如图5-53所示。

图5-52　素材文件　　图5-53　标注水平尺寸

（3）标注竖直尺寸。放置好上步骤创建的尺寸，即可继续执行【智能标注】命令。接着选择图形左侧的竖直线段，即可得到如图5-54所示的竖直尺寸。

（4）标注半径尺寸。放置好竖直尺寸，接着选择左下角的圆弧段，即可创建半径标注，如图5-55所示。

图5-54　标注竖直尺寸　　图5-55　标注半径尺寸

（5）标注角度尺寸。放置好半径尺寸，继续执行【智能标注】命令。选择图形底边的水平线，然后不要放置标注，直接选择右侧的斜线，即可创建角度标注，如图5-56所示。

图5-56　标注角度尺寸

（6）创建对齐标注。放置角度标注之后，移动光标至右侧的斜线，得到如图5-57所示的对齐标注。

（7）单击Enter键结束【智能标注】命令，最终标注结果如图5-58所示。读者也可自行使用【线性】、【半径】等传统命令进行标注，以比较两种方法之间的异同，来选择自己所习惯的一种。

图5-57　标注对齐尺寸　　图5-58　最终效果

5.3.2　线性标注

使用水平、竖直或旋转的尺寸线创建线性的标注尺寸。【线性标注】仅用于标注任意两点之间的水平或竖直方向的距离。执行【线性标注】命令的方法有以下几种。

○ 功能区：在【默认】选项卡中，单击【注释】面板中的【线性】按钮，如图5-59所示。

○ 菜单栏：选择【标注】|【线性】命令，如图5-60所示。

○ 命令行：DIMLINEAR或DLI。

执行【线性标注】命令后，依次指定要测量的两点，即可得到线性标注尺寸。命令行操作提示如下。

命令: _dimlinear   //执行【线性标注】命令
指定第一个尺寸界线原点或 <选择对象>:
                         //指定测量的起点
指定第二条尺寸界线原点: //指定测量的终点
指定尺寸线位置或   //放置标注尺寸，结束操作

图5-59 【注释】面板中的
【线性】按钮

图5-60 【线性】菜单命令

【案例 5-4】标注零件图的线性尺寸
视频文件：DVD\视频\第5章\5-4.MP4

（1）打开"第5章/5-4 标注零件图的线性尺寸.dwg"素材文件，其中已绘制好一零件图形，如图5-61所示。

（2）单击【注释】面板中的【线性】按钮，执行【线性标注】命令，具体操作如下：

命令: _dimlinear
指定第一个尺寸界线原点或 <选择对象>:   //指定标注对象起点
指定第二条尺寸界线原点: //指定标注对象终点
指定尺寸线位置或
[多行文字(M)/文字(T)/角度(A)/水平(H)/垂直(V)/旋转(R)]:
标注文字 = 100   //单击左键，确定尺寸线放置位置，完成操作

（3）用同样的方法标注其他水平或垂直方向的尺寸，标注完成后，其结果如图5-62所示。

图5-61 素材图形

图5-62 线性标注结果

5.3.3 ▶ 对齐标注

在对直线段进行标注时，如果该直线的倾斜角度未知，那么使用【线性标注】的方法将无法得到准确的测量结果，这时可以使用【对齐标注】完成如图5-63所示的标注效果。

图5-63 对齐标注

在AutoCAD中调用【对齐标注】有如下几种常用方法：

- ○ 功能区：在【默认】选项卡中，单击【注释】面板中的【对齐】按钮 ，如图5-64所示。
- ○ 菜单栏：执行【标注】|【对齐】命令，如图5-65所示。
- ○ 命令行：DIMALIGNED或DAL。

图5-64 【注释】面板中的
【对齐】按钮

图5-65 【对齐】菜单命令

【对齐标注】的使用方法与【线性标注】相同，指定两目标点后就可以创建尺寸标注，命令行操作如下。

```
命令: _dimaligned
指定第一个尺寸界线原点或 <选择对象>:      //指定测量的起点
指定第二条尺寸界线原点:                  //指定测量的终点
指定尺寸线位置或                         //放置标注尺寸, 结束操作
[多行文字(M)/文字(T)/角度(A)]:
标注文字 = 50
```

【案例 5-5】标注零件图的对齐尺寸
视频文件：DVD\视频\第5章\5-5.MP4

（1）单击【快速访问】工具栏中的【打开】按钮 ，打开"第5章/5-4 标注零件图的线性尺寸-OK.dwg"素材文件，如图5-62所示。

（2）在【默认】选项卡中，单击【注释】面板中的【对齐】按钮 ，执行【对齐标注】命令，具体步骤如下：

```
命令: _dimaligned
指定第一个尺寸界线原点或 <选择对象>:      //指定横槽的圆心为起点
指定第二条尺寸界线原点:                  //指定横槽的另一圆心为终点
指定尺寸线位置或
[多行文字(M)/文字(T)/角度(A)]:
标注文字 = 30                            //单击左键, 确定尺寸线放置位置, 完成操作
```

（3）操作完成后，其结果如图 5-66所示。

（4）用同样的方法标注其它非水平、竖直的线性尺寸，对齐标注完成后，其结果如图 5-67所示。

图 5-66 标注第一个对齐尺寸30

图 5-67 对齐标注结果

5.3.4 ▶ 角度标注

利用【角度】标注命令不仅可以标注两条成一定角度的直线或3个点之间的夹角，如果选择圆弧，还可以标注圆弧的圆心角。在AutoCAD中调用【角度】标注有如下几种方法：

○ 功能区：在【默认】选项卡中，单击【注释】面板中的【角度】按钮 ◿，如图5-68所示。

○ 菜单栏：执行【标注】|【角度】命令，如图5-69所示。

○ 命令行：DIMANGULAR或DAN。

图5-68 【注释】面板中的 图5-69 【角度】菜单命令
　　　　【角度】按钮

通过以上任意一种方法执行该命令后，选择图形上要标注角度尺寸的对象，即可进行标注。操作示例如图5-70所示，命令行操作过程如下。

```
命令: _dimangular
选择圆弧、圆、直线或 <指定顶点>:                    //选择直线CO
选择第二条直线:                                  //选择直线AO
指定标注弧线位置或 [多行文字(M)/文字(T)/角度(A)/象限点(Q)]:   //在锐角内放置圆弧线，结束命令
标注文字 = 45

命令: _dimangular                               //单击Enter键，重复【角度标注】命令
                                              //执行【角度标注】命令
选择圆弧、圆、直线或 <指定顶点>:                    //选择圆弧AB
指定标注弧线位置或 [多行文字(M)/文字(T)/角度(A)/象限点(Q)]:   //在合适位置放置圆弧线，结束命令

标注文字 = 50
```

图5-70 角度标注

【案例 5-6】标注零件图的角度尺寸
🎬 视频文件：DVD\视频\第5章\5-5.MP4

（1）单击【快速访问】工具栏中的【打开】按钮 📂，打开"第5章/5-6标注零件图的角度尺寸.dwg"素材文件，如图5-71所示。

（2）在【默认】选项卡中，单击【注释】面板上的【角度】按钮 ◿，标注角度，其具体步骤如下：

```
命令: _dimangular
选择圆弧、圆、直线或 <指定顶点>:                    //选择第一条直线
选择第二条直线:                                  //选择第二条直线
指定标注弧线位置或 [多行文字(M)/文字(T)/角度(A)/象限点(Q)]:   //指定尺寸线位置
标注文字 = 30
```

（3）标注完成后，其效果如图5-72所示。

图5-71　素材图形

图5-72　角度标注结果

5.3.5　半径标注

利用【半径标注】可以快速标注圆或圆弧的半径大小，系统自动在标注值前添加半径符号"R"。执行【半径标注】命令的方法有以下几种。

○ 功能区：在【默认】选项卡中，单击【注释】面板中的【半径】按钮，如图5-73所示。

○ 菜单栏：执行【标注】|【半径】命令，如图5-74所示。

○ 命令行：DIMRADIUS或DRA。

图5-73　【注释】面板中的　　图5-74　【半径】菜单命
　　　【半径】按钮　　　　　　　　令

执行任一命令后，命令行提示选择需要标注的对象，单击圆或圆弧即可生成半径标注，拖动指针在合适的位置放置尺寸线。该标注方法的操作示例

如图5-75所示，命令行操作过程如下。

命令: _dimradius　　//执行【半径】标注命令
选择圆弧或圆:　　　　//单击选择圆弧A
标注文字 = 150
指定尺寸线位置或 [多行文字(M)/文字(T)/角度(A)]:
　　　　//在圆弧内侧合适位置放置尺寸线，结束命令

按Enter键可重复上一命令，按此方法重复【半径】标注命令，即可标注圆弧B的半径。

图5-75　半径标注

【半径标注】中命令行各选项含义与之前所介绍的一致，在此不重复介绍。唯独半径标记"R"需引起注意。

在系统默认情况下，系统自动加注半径符号"R"。但如果在命令行中选择【多行文字】和【文字】选项重新确定尺寸文字时，只有在输入的尺寸文字加前缀，才能使标注出的半径尺寸有半径符号"R"，否则没有该符号。

【案例 5-7】标注零件图的半径尺寸
📽 视频文件：DVD\视频\第5章\5-7.MP4

（1）单击【快速访问】工具栏中的【打开】按钮，打开"第5章/5-6 标注零件图的角度尺寸-OK.dwg"素材文件，如图5-72所示。

（2）单击【注释】面板中的【半径】按钮，选择右侧的圆弧为对象，标注半径如图5-76所示，命令行操作如下。

命令: _dimradius
选择圆弧或圆:　　//选择右侧圆弧
标注文字 = 30
指定尺寸线位置或[多行文字(M)/文字(T)/角度(A)]:　　　　　　//在合适位置放置尺寸线，结束命令

（3）用同样的方法标注其他不为整圆的圆弧以及倒圆角，效果如图5-77所示。

图5-76 标注第一个半径尺寸R30

图5-77 半径标注结果

5.3.6 直径标注

利用直径标注可以标注圆或圆弧的直径大小，系统自动在标注值前添加直径符号"Ø"。执行【直径标注】命令的方法有以下几种。

- 功能区：在【默认】选项卡中，单击【注释】面板中的【直径】按钮，如图5-78所示。
- 菜单栏：执行【标注】|【角度】命令，如图5-79所示。

图5-78 【注释】面板中的【直径】按钮

图5-79 【直径】菜单命令

- 命令行：DIMDIAMETER或DDI。

【直径】标注的方法与【半径】标注的方法相同，执行【直径标注】命令之后，选择要标注的圆弧或圆，然后指定尺寸线的位置即可，如图5-80所示，命令行操作如下。

命令: _dimdiameter　　//执行【直径】标注命令
选择圆弧或圆:　　//单击选择圆
标注文字 = 160
指定尺寸线位置或 [多行文字(M)/文字(T)/角度(A)]:
　　　　　　//在合适位置放置尺寸线，结束命令

图5-80 直径标注

【案例 5-8】标注零件图的直径尺寸
视频文件：DVD\视频\第5章\5-8.MP4

（1）单击【快速访问】工具栏中的【打开】按钮，打开"第5章/5-7 标注零件图的半径尺寸-OK.dwg"素材文件，如图5-77所示。

（2）单击【注释】面板中的【直径】按钮，选择右侧的圆为对象，标注直径如图5-81所示，命令行操作如下。

命令: _dimdiameter
选择圆弧或圆:　　　　　　　　//选择右侧圆
标注文字 = 30
指定尺寸线位置或 [多行文字(M)/文字(T)/角度(A)]:　　　　　　　//在合适位置放置尺寸线，结束命令

（3）用同样的方法标注其他圆的直径尺寸，效果如图5-82所示。

图5-81 标注第一个直径尺寸Ø30

图5-82 直径标注结果

5.3.7 ▶ 折弯标注

当圆弧半径相对于图形尺寸较大时，半径标注的尺寸线相对于图形显得过长，这时可以使用【折弯标注】。该标注方式与【半径】、【直径】标注方式基本相同，但需要指定一个位置代替圆或圆弧的圆心。

执行【折弯标注】命令的方法有以下几种。

○ 功能区：在【默认】选项卡中，单击【注释】面板中的【折弯】按钮 ，如图5-83所示。

○ 菜单栏：选择【标注】|【折弯】命令，如图5-84所示。

○ 命令行：DIMJOGGED。

【折弯标注】与【半径标注】的使用方法基本相同，但需要指定一个位置代替圆或圆弧的圆心，操作示例如图5-85所示。命令行操作如下。

命令: _dimjogged　　//执行【折弯】标注命令
选择圆弧或圆:　　　　//单击选择圆弧
指定图示中心位置:　　//指定A点
标注文字 = 250
指定尺寸线位置或 [多行文字(M)/文字(T)/角度(A)]:
指定折弯位置:　　　　//指定折弯位置，结束命令

图5-83 【注释】面板中的
【折弯】按钮

图5-84 【折弯】菜单命令

图5-85 折弯标注

【案例 5-9】标注零件图的折弯尺寸
视频文件: DVD\视频\第5章\5-9.MP4

（1）单击【快速访问】工具栏中的【打开】按钮 ，打开"第5章/5-8 标注零件图的直径尺寸-OK.dwg"素材文件，如图5-82所示。

（2）在【默认】选项卡中，单击【注释】面板中的【折弯】按钮，选择上侧圆弧为对象，标注折弯半径如图5-86所示。

图5-86 折弯标注结果

5.3.8 ▶ 弧长标注

弧长标注用于标注圆弧、椭圆弧或者其他弧线的长度。在AutoCAD中调用【弧长标注】有如下几种常用方法：

○ 功能区：在【默认】选项卡中，单击【注释】面板中的【弧长】按钮，如图5-87所示。

○ 菜单栏：执行【标注】|【弧长】命令，如图5-88所示。

○ 命令行：DIMARC。

图5-89 弧长标注

5.3.9 ▶ 连续标注

【连续标注】是以指定的尺寸界线（必须以【线性】、【坐标】或【角度】标注界线）为基线进行标注，但【连续标注】所指定的基线仅作为与该尺寸标注相邻的连续标注尺寸的基线，依此类推，下一个尺寸标注都以前一个标注与其相邻的尺寸界线为基线进行标注。

在AutoCAD 2018中调用【连续】标注命令有如下几种常用方法：

○ 功能区：在【注释】选项卡中，单击【标注】面板中的【连续】按钮，如图5-90所示。

○ 菜单栏：执行【标注】|【连续】命令，如图5-91所示。

○ 命令行：DIMCONTINUE或DCO。

图5-87 【注释】面板中的【弧长】按钮　　图5-88 【弧长】菜单命令

【弧长】标注的操作与【半径】、【直径】标注相同，直接选择要标注的圆弧即可。弧长标注的操作方法示例如图5-89所示，命令行的操作过程如下。

```
命令：_dimarc            //执行【弧长标注】命令
选择弧线段或多段线圆弧段：
                        //单击选择要标注的圆弧
指定弧长标注位置或 [多行文字(M)/文字(T)/角度
(A)/部分(P)/引线(L)]：
标注文字 = 67            //在合适的位置放置标注
```

图5-90 【标注】面板上的　　图5-91 【连续】菜单命
【连续】按钮　　　　　　令

标注连续尺寸前，必须存在一个尺寸界线起点。进行连续标注时，系统默认将上一个尺寸界线终点作为连续标注的起点，提示用户选择第二条延伸线起点，重复指定第二条延伸线起点，则创建出连续标注。【连续】标注在进行墙体标注时极为方便，其效果如图5-92所示，命令行操作如下。

```
命令: _dimcontinue                                    //执行【连续标注】命令
选择连续标注:                                         //选择作为基准的标注
指定第二个尺寸界线原点,或 [选择(S)/放弃(U)] <选择>:    //指定标注的下一点，系统自动放置尺寸
标注文字 = 2400
指定第二个尺寸界线原点,或 [选择(S)/放弃(U)] <选择>:    //指定标注的下一点，系统自动放置尺寸
标注文字 = 1400
指定第二个尺寸界线原点,或 [选择(S)/放弃(U)] <选择>:    //指定标注的下一点，系统自动放置尺寸
标注文字 = 1600
指定第二个尺寸界线原点,或 [选择(S)/放弃(U)] <选择>:    //指定标注的下一点，系统自动放置尺寸
标注文字 = 820
指定第二个尺寸界线原点,或 [选择(S)/放弃(U)] <选择>:↲   //按Enter键完成标注
选择连续标注: ★取消★↲                                //按Enter键结束命令
```

图5-92 连续标注示例

【案例 5-10】连续标注墙体轴线尺寸
视频文件：DVD\视频\第5章\5-10.MP4

（1）按Ctrl+O组合键，打开"第5章/5-10线性标注墙体轴线尺寸.dwg"素材文件，如图5-93所示。

（2）标注第一个竖直尺寸。在命令行中输入DLI，执行【线性标注】命令，为轴线添加第一个尺寸标注，如图5-94所示。

图5-93 素材图形　　　　图5-94 线性标注

（3）在【注释】选项卡中，单击【标注】面板中的【连续】按钮，执行【连续标注】命令，命令行提示如下。

```
命令: DCO↲    DIMCONTINUE
                              //调用【连续标注】命令
选择连续标注:                  //选择标注
指定第二条尺寸界线原点或 [放弃(U)/选择(S)] <选择>:
                              //指定第二条尺寸界线原点
标注文字 = 2100
指定第二条尺寸界线原点或 [放弃(U)/选择(S)] <选择>:
标注文字 = 4000    //按Esc键退出绘制，完成连续标注的结果如图5-95所示
```

（4）用上述相同的方法继续标注轴线，结果如图5-96所示。

图5-95 连续标注　　　　图5-96 标注结果

5.3.10 ▶ 基线标注

【基线标注】用于以同一尺寸界线为基准的一系列尺寸标注，即从某一点引出的尺寸界线作为第一条尺寸界线，依次进行多个对象的尺寸标注。

在AutoCAD 2018中调用【基线】标注有如下几种常用方法：

○ 功能区：在【注释】选项卡中，单击【标注】面板中的【基线】按钮，如图5-97所示。
○ 菜单栏：【标注】|【基线】命令，如图5-98所示。
○ 命令行：DIMBASELINE或DBA。

图5-97 【标注】面板上的
【基线】按钮

图5-98 【基线】菜单命令

按上述方式执行【基线标注】命令后，将光标移动到第一条尺寸界线起点，单击鼠标左键，即完

成一个尺寸标注。重复拾取第二条尺寸界线的终点即可以完成一系列基线尺寸的标注，如图5-99所示，命令行操作如下。

```
命令：_dimbaseline          //执行【基线标注】命令
选择基准标注：              //选择作为基准的标注
指定第二个尺寸界线原点或 [选择(S)/放弃(U)] <选择>：
        //指定标注的下一点，系统自动放置尺寸
标注文字 = 20
指定第二个尺寸界线原点或 [选择(S)/放弃(U)] <选择>：
        //指定标注的下一点，系统自动放置尺寸
标注文字 = 30
指定第二个尺寸界线原点或 [选择(S)/放弃(U)] <选择>：↵
        //按Enter键完成标注
选择基准标注：↵            //按Enter键结束命令
```

图5-99 基线标注示例

【案例 5-11】基线标注密封沟槽尺寸
📀 视频文件：DVD\视频\第5章\5-11.MP4

（1）打开"第5章/5-11基线标注密封沟槽尺寸.dwg"素材文件，其中已绘制好一个活塞的半边剖面图，如图5-100所示。

（2）标注第一个水平尺寸。单击【注释】面板中的【线性】按钮，在活塞上端添加一个水平，如图5-101所示。

图5-100 素材图形

图5-101 标注第一个水平
标注

设计点拨

如果图形为对称结构，在绘制剖面图时可以选择只绘制半边图形，如图5-100所示。

（3）标注沟槽定位尺寸。切换至【注释】选项卡，单击【标注】面板中的【基线】按钮，系统自动以上步骤创建的标注为基准，接着依次选择活塞图上各沟槽的右侧端点，用作定位尺寸，如图5-102所示。

（4）补充沟槽定型尺寸。退出【基线】命令，重新切换到【默认】选项卡，再次执行【线性】标注，依次将各沟槽的定型尺寸补齐，如图5-103所示。

图5-102 基线标注定位
尺寸

图5-103 补齐沟槽的定型
尺寸

5.3.11 ▶ 多重引线标注

使用【多重引线】工具添加和管理所需的引出

线，不仅能够快速地标注装配图的证件号和引出公差，而且能够更清楚地标识制图的标准、说明等内容。此外，还可以通过修改【多重引线样式】对引

线的格式、类型以及内容进行编辑。本节便"创建多重引线标注"和"管理多重引线样式"两部分来进行介绍。

图5-106 多重引线标注示例

1. 创建多重引线标注

本小节介绍多重引线的标注方法。在AutoCAD 2018中启用【多重引线】标注有如下几种常用方法:

- 功能区:在【默认】选项卡中,单击【注释】面板上的【引线】按钮 ,如图5-104所示。
- 菜单栏:执行【标注】|【多重引线】命令,如图5-105所示。
- 命令行:MLEADER或MLD。

图5-104 【注释】面板上的 【引线】按钮

图5-105 【多重引线】标注菜单命令

执行上述任一命令后,在图形中单击确定引线箭头位置;然后在打开的文字输入窗口中输入注释内容即可,如图5-106所示,命令行提示如下:

```
命令:_mleader          //执行【多重引线】命令
指定引线箭头的位置或 [引线基线优先(L)/内容优先
(C)/选项(O)] <选项>:    //指定引线箭头位置
指定引线基线的位置:     //指定基线位置,并输入
注释文字,在空白处单击即可结束命令
```

命令行中各选项含义说明如下。

- "引线基线优先(L)":选择该选项,可以颠倒多重引线的创建顺序为先创建基线位置(即文字输入的位置),再指定箭头位置,如图5-107所示。

图5-107 "引线基线优先(L)"标注多重引线

- "引线箭头优先(H)":即默认先指定箭头、再指定基线位置的方式。
- "内容优先(L)":选择该选项,可以先创建标注文字,再指定引线箭头来进行标注,如图5-108所示。该方式下的基线位置可以自动调整,随鼠标移动方向而定。

图5-108 "内容优先(L)"标注多重引线

【案例 5-12】多重引线标注机械装配图
视频文件:DVD\视频\第5章\5-12.MP4

在机械装配图中,有时会因为零部件过多,而采用分类编号的方法(如螺钉类、螺母类、加工件类),不同类型的编号在外观上自然也不能一样(如外围带圈、带方块),因此就需要灵活使用【多重引线】命令中的"块(B)"选项来进行标注。此外,还需要指定【多重引线】的角度,让引线在装配图中达到工整、整齐的效果。

(1)打开"第5章/5-12多重引线标注机械装配图.dwg"素材文件,其中已绘制好一球阀的装配图,和一名称为"1"的属性图块,如图5-109所示。

(2)绘制辅助线。单击【修改】面板中的【偏移】按钮,将图形中的竖直中心线向右偏移50mm,如图5-110所示,用作多重引线的对齐线。

图5-109 素材图形

图5-110 多重引线标注菜单命令

（3）在【默认】选项卡中，单击【注释】面板上的【引线】按钮，执行【多重引线】命令，并选择命令行中的"选项（O）"命令，设置内容类型为"块"，指定块"1"；然后选择"第一个角度（F）"选项，设置角度为60°，再设置"第二个角度（F）"为180°，在手柄处添加引线标注，如图5-111所示，命令行操作如下。

```
命令: _mleader
指定引线箭头的位置或 [引线基线优先(L)/内容优先(C)/选项(O)] <选项>:
输入选项 [引线类型(L)/引线基线(A)/内容类型(C)/最大节点数(M)/第一个角度(F)/第二个角度(S)/退出选项
(X)] <退出选项>: Cl          //选择"内容类型"选项
选择内容类型 [块(B)/多行文字(M)/无(N)] <多行文字>: Bl          //选择"块"选项
输入块名称 <1>: 1          //输入要调用的块名称
输入选项 [引线类型(L)/引线基线(A)/内容类型(C)/最大节点数(M)/第一个角度(F)/第二个角度(S)/退出选项
(X)] <内容类型>: Fl          //选择"第一个角度"选项
输入第一个角度约束 <0>: 60          //输入引线箭头的角度
输入选项 [引线类型(L)/引线基线(A)/内容类型(C)/最大节点数(M)/第一个角度(F)/第二个角度(S)/退出选项
(X)] <第一个角度>: Sl          //选择"第二个角度"选项
输入第二个角度约束 <0>: 180          //输入基线的角度
输入选项 [引线类型(L)/引线基线(A)/内容类型(C)/最大节点数(M)/第一个角度(F)/第二个角度(S)/退出选项
(X)] <第二个角度>: Xl          //退出"选项"
指定引线箭头的位置或 [引线基线优先(L)/内容优先(C)/选项(O)] <选项>:          //在手柄处单击放置引线箭头
指定引线基线的位置:          //在辅助线上单击放置，结束命令
```

（4）按相同方法，标注球阀中的阀芯和阀体，分别标注序号2、3，如图5-112所示。

图5-111 添加第一个多重引线标注

图5-112 添加其余多重引线标注

2. 设置多重引线样

与标注一样，多重引线也可以设置"多重引线样式"来指定引线的默认效果，如箭头、引线、文字等特征。创建不同样式的多重引线，可以使其适用于不同的使用环境。

在AutoCAD 2018中打开【多重引线样式管理器】有如下几种常用方法：

○ 功能区：在【默认】选项卡中单击【注释】面板下拉列表中的【多重引线样式】按钮，如图5-113所示。

○ 菜单栏：执行【格式】|【多重引线样式】命令，

如图5-114所示。

○ 命令行：MLEADERSTYLE或MLS。

图5-113 【注释】面板中的【多重引线样式】按钮

图5-114 【多重引线样式】菜单命令

执行以上任意方法系统均将打开【多重引线样式管理器】对话框，如图5-115所示。

该对话框和【标注样式管理器】对话框功能类似，可以设置多重引线的格式和内容。单击【新建】按钮，系统弹出【创建新多重引线样式】对话框，如图5-116所示。然后在【新样式名】文本框中输入新样式的名称，单击【继续】按钮，即可打开【修改多重引线样式】对话框进行修改。

图5-115　【多重引线样式管理器】对话框

图5-116　【创建新多重引线样式】对话框

在【修改多重引线样式】对话框中可以设置多重引线标注的各种特性，对话框中有【引线格式】、【引线结构】和【内容】这3个选项卡，如图5-117所示。每一个选项卡对应一种特性的设置，分别介绍如下。

图5-117　【修改多重引线样式】对话框

◆ 【引线格式】选项卡

该选项卡如图5-117所示，可以设置引线的线型、颜色和类型，具体选项含义介绍如下。

○ 【类型】：用于设置引线的类型，包含【直线】、【样条曲线】和【无】三种，效果同前文介绍过的"引线类型（L）"命令行选项。

○ 【颜色】：用于设置引线的颜色，一般保持默认值"Byblock"（随块）即可。

○ 【线型】：用于设置引线的线型，一般保持默认值"Byblock"（随块）即可。

○ 【线宽】：用于设置引线的线宽，一般保持默认

值"Byblock"（随块）即可。

○ 【符号】：可以设置多重引线的箭头符号，共19种。

○ 【大小】：用于设置箭头的大小。

○ 【打断大小】：设置多重引线在用于DIMBREAK【标注打断】命令时的打断大小。该值只有在对【多重引线】使用【标注打断】命令时才能观察到效果，值越大，则打断的距离越大，如图5-118所示。

打断前　　打断大小：3　　打断大小：8

图5-118　不同【打断大小】在执行【标注打断】后的效果

知识链接

有关DIMBREAK【标注打断】命令的知识见本章第7.4.1节标注打断。

◆ 【引线结构】选项卡

○ 该选项卡如图5-119所示，可以设置【多重引线】的折点数、引线角度以及基线长度等，各选项具体含义介绍如下。

○ 【最大引线点数】：可以指定新引线的最大点数或线段数，效果同前文介绍的"最大节点数（M）"命令行选项。

○ 【第一段角度】：该选项可以约束新引线中的第一个点的角度，效果同前文介绍的"第一个角度（F）"命令行选项。

○ 【第二段角度】：该选项可以约束新引线中的第二个点的角度，效果同前文介绍的"第二个角度（S）"命令行选项。

○ 【自动包含基线】：确定【多重引线】命令中是否含有水平基线。

○ 【设置基线距离】：确定【多重引线】中基线的固定长度。只有勾选【自动包含基线】复选框后才可使用。

◆ 【内容】选项卡

【内容】选项卡如图5-120所示，在该选项卡中，可以对【多重引线】的注释内容进行设置，如文字样式、文字对齐等。

图5-119 【引线结构】选项卡

图5-120 【内容】选项卡

- 【多重引线类型】：该下拉列表中可以选择【多重引线】的内容类型，包含【多行文字】、【块】和【无】三个选项，效果同前文介绍过的"内容类型（C）"命令行选项。
- 【文字样式】：用于选择标注的文字样式。也可以单击其后的 按钮，系统弹出【文字样式】对话框，选择文字样式或新建文字样式。
- 【文字角度】：指定标注文字的旋转角度，有【保持水平】、【按插入】、【始终正向读取】三个选项。【保持水平】为默认选项，无论引线如何变化，文字始终保持水平位置，如图5-121所示；【按插入】则根据引线方向自动调整文字角度，使文字对齐至引线，如图5-122所示；【始终正向读取】同样可以让文字对齐至引线，但对齐时会根据引线方向自动调整文字方向，使其一直保持从右往左的正向读取方向，如图5-123所示。

图5-121 【保持　　图5-122 【按插　　图5-123 【始终
水平】效果　　　　入】效果　　　　正向读取】效果

【文字角度】只有在取消【自动包含基线】复选框后才会生效。

- 【文字颜色】：用于设置文字的颜色，一般保持默认值"Byblock"（随块）即可。
- 【文字高度】：设置文字的高度。
- 【始终左对正】：始终指定文字内容左对齐。
- 【文字加框】：为文字内容添加边框，如图5-124所示。边框始终从基线的末端开始，与文本之间的间距就相当于基线到文本的距离，因此通过修改【基线间隙】文本框中的值，就可以控制文字和边框之间的距离。

图5-124 【文字加框】效果对比

- 【引线连接-水平连接】：将引线插入到文字内容的左侧或右侧，【水平连接】包括文字和引线之间的基线，为默认设置，如图5-125所示。
- 【引线连接-垂直连接】：将引线插入到文字内容的顶部或底部，【垂直连接】不包括文字和引线之间的基线，如图5-126所示。

图5-125 【水平连接】引线　　图5-126 【垂直连接】引
在文字内容左、右两侧　　　　线在文字内容上、下两侧

【垂直连接】选项下不含基线效果。

- 【连接位置】：该选项控制基线连接到文字的方式，根据【引线连接】的不同有不同的选项。如果选择的是【水平连接】，则【连接位置】有左、右之分，每个下拉列表都有9个位置可选，如图5-127所示；如果选择的是【垂直连接】，则【连接位置】有上、下之分，每个下拉列表只有2个位置可选，如图5-128所示。

图5-127 【水平连接】下的引线连接位置　　　　　　　图5-128 【垂直连接】下的引线连接位置

 专家提醒

【水平连接】下的9种引线连接位置如图5-129所示；【垂直连接】下的2种引线连接位置如图5-130所示。通过指定合适的位置，可以创建出适用于不同行业的多重引线。

图5-129 【水平连接】下的9种引线连接位置

图5-130 【垂直连接】下的2种引线连接位置

○ 【基线间隙】：该文本框中可以指定基线和文本内容之间的距离，如图5-131所示。

图5-131 不同的【基线间隙】对比

【案例5-13】多重引线标注立面图标高
视频文件：DVD\视频\第5章\5-13.MP4

○ 打开"第5章/5-13多重引线标注标高.dwg"素材文件，其中已绘制好一楼层的立面图，和一名称为"标高"的属性图块，如图5-132所示。

图5-132 素材图形

○ 创建引线样式。在【默认】选项卡中单击【注释】面板下拉列表中的【多重引线样式】按钮，打开【多重引线样式管理器】对话框，单击【新建】按钮，新建一名称为"标高引线"的样式，如图5-133所示。

图5-133 新建"标高引线"样式

（1）设置引线参数。单击【继续】按钮，打开【修改多重引线样式：标高引线】对话框，在【引线格式】选项卡中设置箭头【符号】为【无】，如图5-134所示；在【引线结构】选项卡中取消【自动包含基线】复选框的勾选，如图5-135所示。

图5-134 选择箭头【符号】为【无】

图5-135 取消【自动包含基线】复选框的勾选

（2）设置引线内容。切换至【内容】选项卡，在【多重引线类型】下拉列表中选择【块】，然后在【源块】下拉列表中选择【用户块】，即用户自己所创建的图块，如图5-136所示。

（3）接着系统自动打开【选择自定义内容块】对话框，在下拉列表中提供了图形中所有的图块，在其中选择素材图形中已创建好的【标高】图块即可，如图5-137所示。

图5-136 设置多重引线内容

图5-137 选择【标高】图块

（4）选择完毕后自动返回【修改多重引线样式：标高引线】对话框，然后再在【内容】选项卡的【附着】下拉列表中选择【插入点】选项，则所有引线参数设置完成，如图5-138所示。

（5）单击【确定】按钮完成引线设置，返回【多重引线样式管理器】对话框，将【标高引线】样式置为当前，如图5-139所示。

图5-138 设置多重引线的附着点

图5-139 将【标高引线】样式置为当前

（6）标注标高。返回绘图区后，在【默认】选项卡中，单击【注释】面板上的【引线】按钮，执行【多重引线】命令，从左侧标注的最下方尺寸界线端点开始，水平向左引出第一条引线，然后单击鼠标左键放置，打开【编辑属性】对话框，输入标高值"0.000"，即基准标高，如图5-140所示。

图5-140 通过【多重引线】放置标高

（7）标注效果如图5-141所示。接着按相同方法，对其余位置进行标注，即可快速创建该立面图的所有标高，最终效果如图5-142所示。

图5-141 标注第一个标高

图5-142 标注其余标高

5.3.12 快速引线标注

【快线引线】标注命令是AutoCAD常用的引线标注命令，相较于【多重引线】来说，【快线引线】是一种形式较为自由的引线标注，其结构组成如图5-143所示，其中转折次数可以设置，注释内容也可设置为其他类型。

【快线引线】命令只能在命令行中输入QLEADER或LE来执行。在命令行中输入QLEADER或LE，然后按Enter键，此时命令行提示如下。

```
命令: LE            //执行【快速引线】命令
QLEADER
指定第一个引线点或 [设置(S)] <设置>:
                   //指定引线箭头位置
指定下一点:         //指定转折点位置
指定下一点:         //指定要放置内容的位置
指定文字宽度 <0>:1  //输入文本宽度或保持默认
输入注释文字的第一行 <多行文字(M)>: 快速引线1
                   //输入文本内容
输入注释文字的下一行:1
     //指定下一行内容或单击Enter键完成操作
```

在命令行中输入S，系统弹出【引线设置】对话框，如图5-144所示，可以在其中对引线的注释、引出线和箭头、附着等参数进行设置。

图5-143 快速引线的结构　　图5-144 【引线设置】对话框

5.3.13 形位公差标注

在产品设计及工程施工时很难做到分毫无差，因此必须考虑形位公差标注，最终产品不仅有尺寸误差，而且还有形状上的误差和位置上的误差。通常将形状误差和位置误差统称为"形位误差"，这类误差影响产品的功能，因此设计时应规定相应的【公差】，并按规定的标准符号标注在图样上。

通常情况下，形位公差的标注主要由公差框格和指引线组成，而公差框格内又主要包括公差代号、公差值以及基准代号。其中，第一个特征控制框为几何特征符号,表示应用公差的几何特征，例如位置、轮廓、形状、方向、同轴或跳动，形状公差可以控制直线度、平行度、圆度和圆柱度，典型组成结构如图5-145所示。第二个特征控制框为公差值及相关符号。下面简单介绍形位公差的标注方法。

图5-145 形位公差的组成

在AutoCAD中启用【形位公差】标注有如下几种常用方法：

○ 功能区：在【注释】选项卡中，单击【标注】面板中的【公差】按钮 ，如图5-146所示。

○ 菜单栏：执行【标注】|【公差】命令，如图5-147所示。

○ 命令行：在命令行中输入TOLERANCE/TOL。

图5-146 【标注】面板上的【公差】按钮　图5-147 【公差】标注菜单命令

要在AutoCAD中添加一个完整的形位公差，可遵循以下4步：

（1）绘制基准代号和公差指引。通常在进行形位公差标注之前指定公差的基准位置绘制基准符号，并在图形上的合适位置利用引线工具绘制公差标注的箭头指引线，如图5-148所示。

图5-148 绘制公差基准代号和箭头指引线

（2）指定形位公差符号。通过前文介绍的方法执行

【公差】命令后，系统弹出【形位公差】对话框，如图5-149所示。选择对话框中的【符号】色块，系统弹出【特征符号】对话框，选择公差符号，即可完成公差符号的指定，如图5-150所示。

图5-149 【形位公差】对话框

图5-150 【特征符号】对话框

（3）指定公差值和包容条件。在【公差1】区域中的文本框中直接输入公差值，并选择后侧的色块弹出【附加符号】对话框，在对话框中选择所需的包容符号即可完成指定。

（4）指定基准并放置公差框格。在【基准1】区域中的文本框中直接输入该公差基准代号A，然后单击【确定】按钮，并在图中所绘制的箭头指引处放置公差框格即可完成公差标注，如图5-151所示。

图5-151 标注形位公差

通过【形位公差】对话框，可添加特征控制框里的各个符号及公差值等。各个区域的含义如下。

○ 【符号】区域：单击"■"框，系统弹出【特征符号】对话框，如图5-150所示，在该对话框中选择公差符号。各个符号的含义和类型如表5-1所示。再次单击"■"框，表示清空已填入的符号。

表 5-1　特征符号的含义和类型

符号	特征	类型	符号	特征	类型
⊕	位置	位置	▱	平面度	形状
◎	同轴（同心）度	位置	◯	圆度	形状
═	对称度	位置	▬	直线度	形状
//	平行度	方向	⌒	面轮廓度	轮廓
⊥	垂直度	方向	⌒	线轮廓度	轮廓
∠	倾斜度	方向	↗	圆跳动	跳动
�	圆柱度	形状	↗	全跳动	跳动

○ 【公差1】和【公差2】区域：每个【公差】区域包含3个框。第一个为"■"框，单击插入直径符号；第二个为文本框，可输入公差值；第三个"■"框，单击后弹出【附加符号】对话框（见图5-152），用来插入公差的包容条件。其中符号M代表材料的一般中等情况；L代表材料的最大状况；S代表材料的最小状况。

○ 【基准1】、【基准2】和【基准3】区域：这3个区域用来添加基准参照，3个区域分别对应第一级、第二级和第三级基准参照。

○ 【高度】文本框：输入特征控制框中的投影公差零值。

○ 【基准标识符】文本框：输入参照字母组成的基准标识符。

○ 【延伸公差带】选项：在延伸公差带值的后面插入延伸公差带符号。

图5-152　【附加符号】对话框

【案例 5-14】标注轴的形位公差
视频文件：DVD\视频\第5章\5-14.MP4

（1）打开素材文件"第5章/5-14标注轴的形位公差.dwg"，如图5-153所示。

（2）单击【绘图】面板中的【矩形】、【直线】按钮，绘制基准符号，并添加文字，如图5-154所示。

（3）选择【标注】|【公差】命令，弹出【形位公差】对话框，选择公差类型为【同轴度】，然后输入公差值Ø0.03和公差基准A，如图5-155所示。

（4）单击【确定】按钮，在要标注的位置附近单击，放置该形位公差，如图5-156所示。

图5-153　素材图形

图5-155　设置公差参数

图5-154　绘制基准符号

图5-156　生成的形位公差

（5）单击【注释】面板中的【多重引线】按钮，绘制多重引线指向公差位置，如图5-157所示。

（6）使用【快速引线】命令快速绘制形位公差。在命令行中输入LE并按Enter键，利用快速引线标注形位公差，命令行操作如下。

```
命令: LE↙                        //调用【快速引线】命令
QLEADER
指定第一个引线点或 [设置(S)] <设置>:   //选择【设置】选项，弹出【引线设置】对话框，设置类型为【公差】，
                                 如图5-158所示，单击【确定】按钮，继续执行以下命令行操作
指定第一个引线点或 [设置(S)] <设置>:   //在要标注公差的位置单击，指定引线箭头位置
指定下一点:                       //指定引线转折点
指定下一点:                       //指定引线端点
```

图5-157 添加多重引线

图5-158 【引线设置】对话框

（7）在需要标注形位公差的地方定义引线，如图5-159所示。定义之后，弹出【形位公差】对话框，设置公差参数，如图5-160所示。

图5-159 绘制快速引线

图5-160 设置公差参数

（8）单击【确定】按钮，创建的形位公差标注如图5-161所示。

图5-161 标注的形位公差

5.4 标注的编辑

在创建尺寸标注后，如未能达到预期的效果，还可以对尺寸标注进行编辑，如修改尺寸标注文字的内容、编辑标注文字的位置、更新标注和关联标注等操作，而不必删除所标注的尺寸对象再重新进行标注。

5.4.1 ▶ 标注打断

在图纸内容丰富，标注繁多的情况下，过于密集的标注线就会影响图纸的观察效果，甚至让用户混淆尺寸，引起疏漏，造成损失。为了使图纸尺寸结构清晰，就可使用【标注打断】命令在标注线交叉的位置将其打断。

执行【标注打断】命令的方法有以下几种。

- 功能区：在【注释】选项卡中，单击【标注】面板中的【打断】按钮，如图5-162所示。
- 菜单栏：选择【标注】|【标注打断】命令，如图5-163所示。
- 命令行：DIMBREAK。

图5-162 【标注】面板上的【打断】按钮　　图5-163 【标注打断】菜单命令

【标注打断】的操作示例如图5-164所示，命令行操作过程如下。

```
命令: _DIMBREAK //执行【标注打断】命令
选择要添加/删除折断的标注或 [多个(M)]:
                //选择线性尺寸标注50
选择要折断标注的对象或 [自动(A)/手动(M)/删除
(R)] <自动>:1    //选择多重引线或直接按Enter键
1 个对象已修改
```

图5-164 【标注打断】操作示例

命令行中各选项的含义如下。

- "多个（M）"：指定要向其中添加折断或要从中删除折断的多个标注。
- "自动（A）"：此选项是默认选项，用于在标注相交位置自动生成打断。普通标注的打断距离为【修改标注样式】对话框中【箭头和符号】选项卡下【折断大小】文本框中的值，见本章5.2.2小节中的图5-10；多重引线的打断距离则通过【修改多重引线样式】对话框中【引线格式】选项卡下的【打断大小】文本框中的值来控制，见本章中图5-118。
- "手动（M）"：选择此项，需要用户指定两个打断点，将两点之间的标注线打断。
- "删除（R）"：选择此项可以删除已创建的打断。

【案例 5-15】打断标注优化图形
📹 视频文件：DVD\视频\第5章\5-15.MP4

如果图形中孔系繁多，结构复杂，图形的定位尺寸、定形尺寸就会相当丰富，而且互相交叉，对我们观察图形有一定影响。而且这类图形打印出来之后，如果打印机像素不高，就可能模糊成一团，让加工人员无从下手。因此本例便通过对一定位块的标注进行优化，来让读者进一步理解【标注打断】命令的操作。

（1）打开素材文件"第5章/5-15打断标注优化图形.dwg"，如图5-165所示，其中的标注相互交叉，有一些尺寸被遮挡。

（2）在【注释】选项卡中，单击【标注】面板中的【打断】按钮，然后在命令行中输入M，执行"多个（M）"选项，接着选择最上方的尺寸40，连按两次Enter键，完成打断标注的选取，结果如图5-166所示，命令行操作如下。

```
命令: _DIMBREAK
选择要添加/删除折断的标注或 [多个(M)]: Ml      //选择"多个"选项
选择标注: 找到 1 个                          //选择最上方的尺寸40为要打断的尺寸
选择标注:1                                  //按Enter键完成选择
选择要折断标注的对象或 [自动(A)/删除(R)] <自动>:1   //按Enter键完成要显示的标注选择，即所有其他标注
1 个对象已修改
```

图5-165 素材图形

图5-166 打断尺寸40

（3）根据相同的方法，打断其余要显示的尺寸，最终结果如图5-167所示。

图5-167 图形的最终打断结果

5.4.2 调整标注间距

在AutoCAD中进行基线标注时，如果没有设置合适的基线间距，可能使尺寸线之间的间距过大或过小，如图5-168所示。利用【调整间距】命令，可调整互相平行的线性尺寸或角度尺寸之间的距离。

图5-168 标注间距过小

【调整间距】命令的执行方式有以下几种。

- 功能区：在【注释】选项卡中，单击【标注】面板中的【调整间距】按钮，如图5-169所示。
- 菜单栏：选择【标注】|【调整间距】命令，如图5-170所示。
- 命令行：DIMSPACE。

图5-169 【标注】面板上的【调整间距】按钮　图5-170 【调整间距】标注菜单命令

【调整间距】命令的操作示例如图5-171所示，命令行操作如下。

```
命令: _DIMSPACE        //执行【标注间距】命令
选择基准标注:          //选择尺寸29
选择要产生间距的标注:找到 1 个   //选择尺寸49
选择要产生间距的标注:找到 1 个，总计 2 个
                      //选择尺寸69
选择要产生间距的标注:↙ //单击Enter键，结束选择
输入值或 [自动(A)] <自动>: 10↙  //输入间距值
```

图5-171 调整标注间距的效果

【调整间距】命令可以通过"输入值"和"自动（A）"这两种方式来创建间距，两种方式的含义解释如下。

- "输入值"：为默认选项。可以在选定的标注间隔开所输入的间距距离。如果输入的值为0，则可以将多个标注对齐在同一水平线上，如图5-172所示。
- "自动（A）"：根据所选择的基准标注的标注样式中指定的文字高度自动计算间距。所得的间距值标注文字高度的2倍，如图5-173所示。

图5-172 输入间距值为0的效果

图5-173 "自动（A）"根据字高自动调整间距

【案例 5-16】调整间距优化图形

视频文件：DVD\视频\第5章\5-16.MP4

（1）打开素材文件"第5章/5-16调整间距优化图形.dwg"，如图5-174所示，图形中各尺寸出现了移位，并不工整。

（2）水平对齐底部尺寸。在【注释】选项卡中，单击【标注】面板中的【调整间距】按钮，选择左下方的阳台尺寸1300作为基准标注，然后依次选择右方的尺寸5700、900、3900、1200作为要产生间距的标注，输入间距值为0，则所选尺寸都统一水平对齐至尺寸1300处，如图5-175所示，命令行操作如下。

```
命令:_DIMSPACE
选择基准标注: /                                  //选择尺寸1300
选择要产生间距的标注:找到 1 个                     //选择尺寸5700
选择要产生间距的标注:找到 1 个,总计 2 个           //选择尺寸900
选择要产生间距的标注:找到 1 个,总计 3 个           //选择尺寸3900
选择要产生间距的标注:找到 1 个,总计 4 个           //选择尺寸1200
选择要产生间距的标注:↙                            //按Enter键,结束选择
输入值或 [自动(A)] <自动>:0↙                      //输入间距值0,得到水平排列
```

图5-174 素材图形

图5-175 水平对齐尺寸

（3）垂直对齐右侧尺寸。选择右下方1350尺寸为基准尺寸，然后选择上方的尺寸2100、2100、3600，输入间距值为0，得到垂直对齐尺寸，如图5-176所示。

（4）对齐其他尺寸。按相同方法，对齐其余尺寸，最外层的总长尺寸除外，效果如图5-177所示。

图5-176 垂直对齐尺寸

图5-177 对齐其余尺寸

（5）调整外层间距。再次执行【调整间距】命令，仍选择左下方的阳台尺寸1300作为基准尺寸，然后选择下方的总长尺寸11700为要产生间距的尺寸，输入间距值为1300，效果如图5-178所示。

（6）按相同方法，调整所有的外层总长尺寸，最终结果如图5-179所示。

图5-178 垂直对齐尺寸　　　　　　　　　　图5-179 对齐其余尺寸

5.4.3 ▶ 翻转箭头

当尺寸界线内的空间狭窄时，可使用翻转箭头将尺寸箭头翻转到尺寸界线之外，使尺寸标注更清晰。选中需要翻转箭头的标注，则标注会以夹点形式显示，指针移到尺寸界线夹点上，弹出快捷菜单，选择其中的【翻转箭头】命令即可翻转该侧的一个箭头。使用同样的操作翻转另一端的箭头，操作示例如图5-180所示。

图5-180 翻转箭头

5.4.4 ▶ 编辑多重引线

使用【多重引线】命令注释对象后，可以对引线的位置和注释内容进行编辑。在AutoCAD 2018中，提供了4种【多重引线】的编辑方法，分别介绍如下。

1. 添加引线

【添加引线】命令可以将引线添加至现有的多重引线对象，从而创建一对多的引线效果。执行方式总结如下。

○ 功能区1：在【默认】选项卡中，单击【注释】面板中的【添加引线】按钮 ⁊ °，如图5-181所示。

○ 功能区2：在【注释】选项卡中，单击【引线】面

板中的【添加引线】按钮 ⁊ °，如图5-182所示。

图5-181 【标注】面板上的　　图5-182 【引线】面板上
　　【添加引线】按钮　　　　　的【添加引线】按钮

单击【添加引线】按钮 ⁊ °执行命令后，直接选择要添加引线的【多重引线】，然后在指定引线的箭头放置点即可，如图5-183所示，命令行操作如下。

选择多重引线：　　　　　　　　　　//选择要添加引线的多重引线
找到 1 个
指定引线箭头位置或 [删除引线(R)]：　　//指定新的引线箭头位置，按Enter键结束命令

图5-183　【添加引线】操作示例

2. 删除引线

【删除引线】命令可以将引线从现有的多重引线对象中删除，即将【添加引线】命令所创建的引线删除。该命令的执行方式有以下几种。

- 功能区1：在【默认】选项卡中，单击【注释】面板中的【删除引线】按钮，如图5-181所示。
- 功能区2：在【注释】选项卡中，单击【引线】面板中的【删除引线】按钮，如图5-182所示。

单击【删除引线】按钮执行命令后，直接选择要删除引线的【多重引线】即可，如图5-184所示，命令行操作如下。

> 选择多重引线：　//选择要删除引线的多重引线
> 找到 1 个
> 指定要删除的引线或 [添加引线(A)]: 1
> 　　　　　　　//按Enter键结束命令

图5-184　【删除引线】操作示例

3. 对齐引线

【对齐引线】命令可以将选定的多重引线对齐，并按一定的间距进行排列。该命令的执行方式有以下几种。

- 功能区1：在【默认】选项卡中，单击【注释】面板中的【对齐】按钮，如图5-181所示。
- 功能区2：在【注释】选项卡中，单击【引线】面板中的【对齐】按钮，如图5-182所示。
- 命令行：MLEADERALIGN。

单击【对齐】按钮执行命令后，选择所有要进行对齐的多重引线，然后按Enter键确认，接着根据提示指定一多重引线，则其余多重引线均对齐至该多重引线，如图5-185所示，命令行操作如下。

> 命令：_mleaderalign　　//执行【对齐引线】命令
> 选择多重引线：指定对角点：找到 6 个
> 　　　　　　//选择所有要进行对齐的多重引线
> 选择多重引线：1　　　　//按Enter键完成选择
> 当前模式：使用当前间距　//显示当前的对齐设置
> 选择要对齐到的多重引线或 [选项(O)]:
> 　　　　　　//选择作为对齐基准的多重引线
> 指定方向：
> 　//移动光标指定对齐方向，单击鼠标左键结束命令

图5-185　【对齐引线】操作示例

4. 合并引线

【合并引线】命令可以将包含"块"的多重引线组织成一行或一列，并使用单引线显示结果，多见于机械行业中的装配图。在装配图中，有时会遇到若干个零部件成组出现的情况，如1个螺栓就可能套有2个弹性垫圈和1个螺母。如果都——对应一条多重引线来表示，那图形就非常凌乱，因此一组紧固件以及装配关系清楚的零件组，可采用公共指引线，如图5-186所示。

图5-186 零件组的编号形式

该命令的执行方式有以下几种。

- 功能区1：在【默认】选项卡中，单击【注释】面板中的【合并】按钮 /8，如图5-181所示。
- 功能区2：在【注释】选项卡中，单击【引线】面板中的【合并】按钮 /8，如图5-182所示。
- 命令行：MLEADERCOLLECT。

单击【合并】按钮 /8 执行命令后，选择所有要合并的多重引线，然后按Enter键确认，接着根据提示选择多重引线的排列方式，或直接单击鼠标左键放置多重引线，如图5-187所示，命令行操作如下。

```
命令: _mleadercollect    //执行【合并引线】命令
选择多重引线: 指定对角点: 找到 3 个
                //选择所有要进行对齐的多重引线
选择多重引线:1          //单击Enter完成选择
指定收集的多重引线位置或 [垂直(V)/水平(H)/缠绕(W)] <水平>:
                //选择引线排列方式，或单击左键结束命令
```

选择要合并的多重引线

图5-187 【合并引线】操作示例

专家提醒

执行【合并】命令的多重引线，其注释的内容必须是"块"。如果是多行文字，则无法操作。

命令行中提供了3种多重引线合并的方式，分别介绍如下。

- "垂直（V）"：将多重引线集合放置在一列或多列中，如图5-188所示。
- "水平（H）"：将多重引线集合放置在一行或多行中，为默认选项，如图5-189所示。

图5-188 "垂直（V）"合并多重引线　　图5-189 "水平（H）"合并多重引线

- "缠绕（W）"：指定缠绕的多重引线集合的宽度。选择该选项后，可以指定"缠绕宽度"和"数目"，可以指定序号的列数，效果如图5-190所示。

列数量为2　　　　　　　列数量为3

图5-190 不同数量的合并效果

熟能生巧：选择顺序对合并引线的效果影响

对【多重引线】执行【合并】命令时，最终的引线序号应按顺序依次排列，而不能出现数字颠倒、错位的情况。错位现象的出现是由于用户在操作时没有按顺序选择多重引线所致，因此无论是单独点选、还是一次性框选，都需要考虑各引线的选择先后顺序，如图5-191所示。

合并前　　　　正确排列（选择顺　错误排列（选择顺
　　　　　　　序1、2、3）　　　序2、1、3）

图5-191 选择顺序对【合并引线】的影响效果

除了序号排列效果，最终合并引线的水平基线和箭头所指点也与选择顺序有关，具体总结如下：

- 水平基线即为所选的第一个多重引线的基线。箭头

所指点即为所选的最后一个多重引线的箭头所指点。

下面便通过一个具体实例来详解选择顺序对于【合并引线】的影响。

【案例5-17】合并引线调整序列号

视频文件：DVD\视频\第5章\5-17.MP4

（1）打开素材文件"第5章/5-17合并引线调整序列号.dwg"，此文件为装配图的一部分，其中已经创建了3个多重引线标注，序号21、22、23，如图5-192所示。

（2）在【默认】选项卡中，单击【注释】面板中的【合并】按钮 ⁄8，选择序号21为第一个多重引线，然后选择序号22，最后选择序号23，如图5-193所示。

图5-192 素材图形　　　　　　　　　　　图5-193 选择要合并的多重引线

（3）此时可预览到合并后引线序号顺序为21、22、23，且引线箭头点与原引线23一致。在任意点处单击放置，即可结束命令，最终图形效果如图5-194所示。

图5-194 图形最终效果

第2篇 精通篇

第6章
创建文字和表格

　　文字和表格是图纸中的重要组成部分，用于注释和说明图形难以表达的特征，例如机械图纸中的技术要求、材料明细表，建筑图纸中的安装施工说明、图纸目录表等。本章介绍AutoCAD中文字、表格的设置和创建方法。

6.1　创建文字

文字注释是绘图过程中很重要的内容，进行各种设计时，不仅要绘制出图形，还需要在图形中标注一些注释性的文字，这样可以对不便于表达的图形设计加以说明，使设计表达更加清晰。

6.1.1　文字样式的创建与其他操作

与【标注样式】一样，文字内容也可以设置【文字样式】来定义文字的外观，包括字体、高度、宽度比例、倾斜角度以及排列方式等，是对文字特性的一种描述。

1. 新建文字样式

要创建文字样式首先要打开【文字样式】对话框。该对话框不仅显示了当前图形文件中已经创建的所有文字样式，并显示当前文字样式及其有关设置、外观预览。在该对话框中不但可以新建并设置文字样式，还可以修改或删除已有的文字样式。

调用【文字样式】有如下几种常用方法：

○ 功能区：在【默认】选项卡中，单击【注释】面板上的【文字样式】按钮 ，如图6-1所示。
○ 菜单栏：选择【格式】|【文字样式】菜单命令，如图6-2所示。
○ 命令行：STYLE或ST。

图6-1　【注释】面板中的【文字样式】按钮　　图6-2　【文字样式】菜单命令

执行该命令后，系统弹出【文字样式】对话框，如图6-3所示，可以在其中新建或修改当前文字样式，以指定字体、高度等参数。

图6-3　【文字样式】对话框

【文字样式】对话框中各参数的含义如下。

○ 【样式】列表框：列出了当前可以使用的文字样式，默认文字样式为Standard（标准）。
○ 【字体名】下拉列表：在该下拉列表中可以选择不同的字体，如宋体、黑体和楷体等，如图6-4所示。
○ 【使用大字体】复选框：用于指定亚洲语言的大字体文件，只有后缀名为.SHX的字体文件才可以创建大字体。
○ 【字体样式】下拉列表：在该下拉列表中可以选择其他字体样式。
○ 【置为当前】按钮：单击该按钮，可以将选择的文字样式设置成当前的文字样式。
○ 【新建】按钮：单击该按钮，系统弹出【新建文字样式】对话框，如图6-5所示。在样式名文本框中输入新建样式的名称，单击【确定】按钮，新建文字样式将显示在【样式】列表框中。

图6-4　选择字体

图6-5　【新建文字样式】复选框

○ 【颠倒】复选框：勾选【颠倒】复选框之后，文字方向将翻转，如图6-6所示。
○ 【反向】复选框：勾选【反向】复选框，文字的阅读顺序将与开始时相反，如图6-7所示。

图6-6　颠倒文字效果　　　　图6-7　反向文字效果

- 【高度】文本框：该参数可以控制文字的高度，即控制文字的大小。
- 【宽度因子】文本框：该参数控制文字的宽度，正常情况下宽度比例为1。如果增大比例，那么文字将会变宽。图6-8所示为宽度因子变为2时的效果。
- 【倾斜角度】文本框：该参数控制文字的倾斜角度，正常情况下为0。图6-9所示为文字倾斜45°

后的效果。要注意的是用户只能输入-85°～85°之间的角度值，超过这个区间的角度值将无效。

图6-8 调整宽度因子　　　　图6-9 调整倾斜角度

【案例 6-1】将 "???" 还原为正常文字

视频文件：DVD\视频\第6章\6-1.MP4

（1）打开"第6章/6-1将"???"还原为正常文字.dwg"素材文件，所创建的文字显示为问号，内容不明，如图6-10所示。

（2）点选出现问号的文字，单击鼠标右键，在弹出的下拉列表中选择【特性】选项，系统弹出【特性】管理器。在【特性】管理器【文字】列表中，可以查看文字的【内容】、【样式】、【高度】等特性，并且能够修改。将其修改为【宋体】样式，如图6-11所示。

（3）文字得到正确显示，如图6-12所示。

图6-10 素材文件　　　　图6-11 修改文字样式　　　　图6-12 正常显示的文字

2. 应用文字样式

在创建的多种文字样式中，只能有一种文字样式作为当前的文字样式，系统默认创建的文字均按照当前文字样式。因此要应用文字样式，首先应将其设置为当前文字样式。

设置当前文字样式的方法有以下两种。

- 在【文字样式】对话框的【样式】列表框中选择要置为当前的文字样式，单击【置为当前】按钮，如图6-13所示。
- 在【注释】面板的【文字样式控制】下拉列表框中选择要置为当前的文字样式，如图6-14所示。

图6-14 通过【注释】面板设置当前文字样式

3. 重命名文字样式

有时在命名文字样式时出现错误，需对其重新进行修改，重命名文字样式的方法有以下2种。

- 在命令行输入RENAME（或REN）并按Enter键，打开【重命名】对话框。在【命名对象】列表框中选择【文字样式】，然后在【项目】列表框中选择【标注】，在【重命名为】文本框中输入新的名称，如"园林景观标注"，然后单击【重命名为】按钮，最后单击【确定】按钮关闭对话框，如图6-15所示。

图6-13 在【文字样式】对话框中置为当前

○ 在【文字样式】对话框的【样式】列表框中选择要重命名的样式名，并单击鼠标右键，在弹出的快捷菜单中选择【重命名】命令，如图6-16所示。但采用这种方式不能重命名STANDARD文字样式。

图6-15 【重命名】对话框

图6-16 重命名文字样式

4. 删除文字样式

○ 文字样式会占用一定的系统存储空间，可以删除一些不需要的文字样式，以节约存储空间。删除文字样式的方法只有一种，即在【文字样式】对话框的【样式】列表框中选择要删除的样式名，并单击鼠标右键，在弹出的快捷菜单中选择【删除】命令，或单击对话框中的【删除】按钮，如图6-17所示。

图6-17 删除文字样式

专家提醒

当前的文字样式不能被删除。如果要删除当前文字样式，可以先将别的文字样式置为当前，然后再进行删除。

【案例 6-2】创建国标文字样式
视频文件：DVD\视频\第6章\6-2.MP4

（1）单击【快速访问】工具栏中的【新建】按钮，新建图形文件。

（2）在【默认】选项卡中，单击【注释】面板中的【文字样式】按钮，系统弹出【文字样式】对话框，如图6-18所示。

（3）单击【新建】按钮，弹出【新建文字样式】对话框，系统默认新建【样式1】样式名，在【样式名】文本框中输入"国标文字"，如图6-19所示。

图6-18 【文字样式】对话框

图6-19 【新建文字样式】对话框

（4）单击【确定】按钮，在样式列表框中新增【国标文字】文字样式，如图6-20所示。

（5）单击【字体】选项组下的【字体名】列表框中选择【gbenor.shx】字体，勾选【使用大字体】复选框，在大字体复选框中选择【gbcbig.shx】字体。其他选项保持默认，如图6-21所示。

图6-20 新建文字样式

图6-21 更改设置

（6）单击【应用】按钮，然后单击【置为当前】按钮，将【国标文字】置于当前样式。

（7）单击【关闭】按钮，完成【国标文字】的创建。创建完成的样式可用于【多行文字】、【单行文字】等文字创建命令，也可以用于标注、动态块中的文字。

6.1.2 创建单行文字

【单行文字】是将输入的文字以"行"为单位作为一个对象来处理。即使在单行文字中输入若干行文字，每一行文字仍是单独的对象。【单行文字】的特点就是每一行均可以独立移动、复制或编辑，因此，可以用来创建内容比较简短的文字对象，如图形标签、名称、时间等。

在AutoCAD 2018中启动【单行文字】命令的方法有：

○ 功能区：在【默认】选项卡中，单击【注释】面板上的【单行文字】按钮 A，如图6-22所示。
○ 菜单栏：执行【绘图】|【文字】|【单行文字】命令，如图6-23所示。
○ 命令行：DT 或TEXT或DTEXT。

图6-22 【注释】面板中的 图6-23 【单行文字】菜
【单行文字】按钮 单命令

调用【单行文字】命令后，就可以根据命令行的提示输入文字，命令行提示如下：

命令：_dtext　　　　　//执行【单行文字】命令
当前文字样式："Standard" 文字高度：2.5000 注释性：否　　　　//显示当前文字样式
指定文字的起点或 [对正(J)/样式(S)]：
　　　　　　//在绘图区域合适位置任意拾取一点
指定高度 <2.5000>: 3.5✓ //指定文字高度
指定文字的旋转角度 <0>:✓
　　　　　　//指定文字旋转角度，一般默认为0

在调用命令的过程中，需要输入的参数有文字起点、文字高度（此提示只有在当前文字样式的字高为0时才显示）、文字旋转角度和文字内容。文字起点用于指定文字的插入位置，是文字对象的左下角点。文字旋转角度指文字相对于水平位置的倾斜角度。

设置完成后，绘图区域将出现一个带光标的矩形框，在其中输入相关文字即可，如图6-24所示。

图6-24 输入单行文字

在输入单行文字时，按Enter键不会结束文字的输入，而是表示换行，且行与行之间还是互相独立存在的；在空白处单击左键则会新建另一处单行文字；只有按快捷键Ctrl+Enter才能结束单行文字的输入。

【单行文字】命令行中各选项含义说明如下。

○ "指定文字的起点"：默认情况下，所指定的起点位置即是文字行基线的起点位置。在指定起点位置后，继续输入文字的旋转角度即可进行文字的输入。在输入完成后，按两次回车键或将鼠标移至图纸的其他任意位置并单击，然后按Esc键即可结束单行文字的输入。

○ "对正（J）"：该选项可以设置文字的对正方式，共有15种方式，各对正方式可参考图6-25。

图6-25 对正方式示意图

○ "样式（S）"：选择该选项可以在命令行中直接输入文字样式的名称，也可以输入"？"，便会打开【AutoCAD文本窗口】对话框，该对话框将显示当前图形中已有的文字样式和其他信息，如图6-26所示。

图6-26 【AutoCAD文本窗口】对话框

【案例 6-3】使用【单行文字】注释图形

视频文件：DVD\视频\第6章\6-3.MP4

（1）打开"第6章/6-3使用【单行文字】注释图形.dwg"素材文件，其中已绘制好了一植物平面图例，如图6-27所示。

（2）在【默认】选项卡中，单击【注释】面板中的【文字】下拉列表中的【单行文字】按钮 **Ａ**，然后根据命令行提示输入文字："桃花心木"，如图6-28所示，命令行提示如下：

```
命令: DTEXTl
当前文字样式："Standard" 文字高度: 2.5000 注释性: 否
指定文字的起点或 [对正(J)/样式(S)]:
指定高度 <2.5000>: 600l                      //指定文字高度
指定文字的旋转角度 <0>:l                       //指定文字角度。按Ctrl+Enter键，结束命令
命令: _text
当前文字样式："Standard" 文字高度: 2.5000 注释性: 否 对正: 左
指定文字的起点或 [对正(J)/样式(S)]: Jl         //选择"对正"选项
输入选项 [左(L)/居中(C)/右(R)/对齐(A)/中间(M)/布满(F)/左上(TL)/中上(TC)/右上(TR)/左中(ML)/正中
(MC)/右中(MR)/左下(BL)/中下(BC)/右下(BR)]: TLl  //选择"左上"对齐方式
指定文字的左上点:                             //选择表格的左上角点
指定高度 <2.5000>: 600l                      //输入文字高度为600
指定文字的旋转角度 <0>:l                       //文字旋转角度为0
                                            //输入文字"桃花心木"
```

图6-27 素材文件

图6-28 创建第一个单行文字

（3）输入完成后，可以不退出命令，直接在右边的框格中单击鼠标，同样会出现文字输入框，输入第二个单行文字："麻楝"，如图6-29所示。

（4）按相同方法，在各个框格中输入植被名称，效果如图6-30所示。

图6-29 创建第二个单行文字

图6-30 创建其余单行文字

（5）使用【移动】命令或通过夹点拖移，将各单行文字对齐，最终结果如图6-31所示。

图6-31 对齐所有单行文字

6.1.3 单行文字的编辑与其他操作

○ 同Word、Excel等办公软件一样,在AutoCAD中,也可以对文字进行编辑和修改。本节介绍如何在AutoCAD中对【单行文字】的文字特性和内容进行编辑与修改。

1. 修改文字内容

修改文字内容的方法如下。

○ 菜单栏:调用【修改】|【对象】|【文字】|【编辑】菜单命令。
○ 命令行:DDEDIT或ED。
○ 快捷操作:直接在要修改的文字上双击。

调用以上任意一种操作后,文字将变成可输入状态,如图6-32所示。此时可以重新输入需要的文字内容,然后按Enter键退出,如图6-33所示。

某小区景观设计总平面图

图6-32 可输入状态

某小区景观设计总平面图1:200

图6-33 编辑文字内容

2. 修改文字特性

在标注的文字出现错输、漏输及多输入的状态下,可以运用上面的方法修改文字的内容。但是它仅仅只能够修改文字的内容,而很多时候我们还需要修改文字的高度、大小、旋转角度、对正样式等特性。

修改单行文字特性的方法有以下3种:

○ 功能区:在【注释】选项卡中,单击【文字】面板中的【缩放】按钮 **缩放** 或【对正】按钮 **A↓**,如图6-34所示。
○ 菜单栏:调用【修改】|【对象】|【文字】|【比例】/【对正】菜单命令,如图6-35所示。
○ 对话框:在【文字样式】对话框中修改文字的颠倒、反向和垂直效果。

图6-34 【文字】面板中的修改文字按钮

图6-35 修改文字的菜单命令

3. 单行文字中插入特殊符号

单行文字的可编辑性较弱,只能通过输入控制符的方式插入特殊符号。

AutoCAD的特殊符号由两个百分号(%%)和一个字母构成,常用的特殊符号输入方法见表6-1所示。在文本编辑状态输入控制符时,这些控制符也临时显示在屏幕上。当结束文本编辑之后,这些控制符将从屏幕上消失,转换成相应的特殊符号。

表 6-1 AutoCAD 文字控制符

特殊符号	功 能
%%O	打开或关闭文字上划线
%%U	打开或关闭文字下划线
%%D	标注（°）符号
%%P	标注正负公差（±）符号
%%C	标注直径（∅）符号

在AutoCAD的控制符中，％％O和％％U分别是上划线与下划线的开关。第一次出现此符号时，可打开上划线或下划线；第二次出现此符号时，则会关掉上划线或下划线。

4. 创建多行文字

【多行文字】又称为段落文字，是一种更易于管理的文字对象，可以由两行以上的文字组成，而且各行文字都是作为一个整体处理。在制图中常使用多行文字功能创建较为复杂的文字说明，如图样的工程说明或技术要求等。与【单行文字】相比，【多行文字】格式更工整规范，可以对文字进行更为复杂的编辑，如为文字添加下划线、设置文字段落对齐方式、为段落添加编号和项目符号等。

可以通过如下3种方法创建多行文字。

○ 功能区：在【默认】选项卡中，单击【注释】面板上的【多行文字】按钮 A ，如图6-36所示。
○ 菜单栏：选择【绘图】|【文字】|【多行文字】命令，如图6-37所示。
○ 命令行：T或MT或MTEXT。

图6-36 【注释】面板中的　图6-37 【多行文字】菜
【多行文字】按钮　　　　　单命令

调用该命令后，命令行操作如下：

命令: MTEXT
当前文字样式: "景观设计文字样式" 文字高度: 600 注释性: 否
指定第一角点: //指定多行文字框的第一个角点
指定对角点或 [高度(H)/对正(J)/行距(L)/旋转(R)/样式(S)/宽度(W)/栏(C)]: //指定多行文字框的对角点

在指定了输入文字的对角点之后，弹出如图6-38所示的【文字编辑器】选项卡和编辑框，用户可以在编辑框中输入、插入文字。

图6-38 多行文字编辑器

【多行文字编辑器】由【多行文字编辑框】和【文字编辑器】选项卡组成，它们的作用说明如下。

○ 【多行文字编辑框】：包含了制表位和缩进，可以十分快捷地对所输入的文字进行调整，各部分功能如图6-39所示。

图6-39 【多行文字编辑框】功能

○ 【文字编辑器】选项卡：包含【样式】面板、【格式】面板、【段落】面板、【插入】面板、【拼写检查】面板、【工具】面板、【选项】面板和【关闭】面板，如图6-40所示。在多行文字编辑框中，选中文字，通过【文字编辑器】选项卡可以修改文字的大小、字体、颜色等，完成在一般文字编辑中常用的一些操作。

图6-40 【文字编辑器】选项卡

【案例 6-4】使用【多行文字】创建技术要求

视频文件：DVD\视频\第6章\6-4.MP4

（1）打开"第6章/6-4使用【多行文字】创建技术要求.dwg"素材文件，其中已绘制好了一零件图，如图6-41所示。

（2）设置文字样式。选择【格式】|【文字样式】命令，新建名称为"文字"的文字样式。

（3）在【文字样式】对话框中设置字体为【仿

宋】，字体样式为【常规】，高度为3.5mm，宽度因子为0.7，将该字体设置为当前，如图6-42所示。

图6-41 素材图形

图6-42 设置文字样式

（4）在命令行中输入T并按Enter键，根据命令行提示在图形左下角指定一个矩形范围作为文本区域，如图6-43所示。

图6-43 指定文本框

（5）在文本框中输入如图6-44所示的多行文字，在【文字编辑器】选项卡中设置字高为12.5mm，输入一行之后，按Enter键换行。在文本框外任意位置单击，结束输入，结果如图6-45所示。

图6-44 输入多行文字

图6-45 创建的技术要求

6.1.4 添加多行文字背景

有时为了使文字更清晰地显示在复杂的图形中，用户可以为文字添加不透明的背景。

双击要添加背景的多行文字，打开【文字编辑器】选项卡，单击【样式】面板上的【遮罩】按钮 遮罩，系统弹出【背景遮罩】对话框，如图6-46所示。

图6-46 【背景遮罩】对话框

勾选其中的【使用背景遮盖】选项，再设置填充背景的大小和颜色即可，效果如图6-47所示。

技术要求
1.未注倒角为C2。
2.未注圆角半径为R3。
3.正火处理160-220HBS。

⟹

技术要求
1.未注倒角为C2。
2.未注圆角半径为R3。
3.正火处理160-220HBS。

图6-47 多行文字文字背景效果

6.1.5 多行文字中插入特殊符号

与单行文字相比，在多行文字中插入特殊字符的方式更灵活。除了使用控制符的方法外，还有以下两种途径：

- 在【文字编辑器】选项卡中，单击【插入】面板上的【符号】按钮，在弹出列表中选择所需的符号即可，如图6-48所示。
- 在编辑状态下右击，在弹出的快捷菜单中选择【符号】命令，如图6-49所示，其子菜单中包括了常用的各种特殊符号。

图6-48 在【符号】下拉列表中选择符号

图6-49 使用快捷菜单输入特殊符号

6.1.6 ▶ 创建堆叠文字

如果要创建堆叠文字（一种垂直对齐的文字或

分数），可先输入要堆叠的文字，然后在其间使用"/"、"#"或"^"分隔，再选中要堆叠的字符，单击【文字编辑器】选项卡中【格式】面板中的【堆叠】按钮，则文字按照要求自动堆叠。堆叠文字在机械制图中应用很多，可以用来创建尺寸公差、分数等，如图6-50所示。需要注意的是，这些分隔符号必须是英文格式的符号。

图6-50 文字堆叠效果

【案例6-5】编辑文字创建尺寸公差
🎬 视频文件：DVD\视频\第6章\6-5.MP4

（1）打开素材文件"第6章/6-5编辑文字创建尺寸公差.dwg"，如图6-51所示，文件中已经标注了所需的尺寸。

图6-51 素材图形

（2）添加直径符号。双击尺寸25，打开【文字编辑器】选项卡，然后将光标移动至25之前，输入"%%C"，为其添加直径符号，如图6-52所示。

图6-52 添加直径符号

（3）输入公差文字。再将光标移动至25的后方，依次输入"K7 +0.006^-0.015"，如图6-53所示。

图6-53 输入公差文字

（4）创建尺寸公差。接着按住鼠标左键，向后拖移，选中"+0.006^-0.015"文字，然后单击【文字编辑器】选项卡中【格式】面板中的【堆叠】按钮，即可创建尺寸公差，如图6-54所示。

图6-54 堆叠公差文字

6.1.7 ▶ 文字的查找与替换

在一个图形文件中往往有大量的文字注释，有时需要查找某个词语，并将其替换，例如替换某个拼写上的错误，这时就可以使用【查找】命令定位至特定的词语，并进行替换。

执行【查找】命令的方法有以下几种。

○ 功能区：在【注释】选项卡中【文字】面板上的【查找】文本框中输入要查找的文字，如图6-55所示。

○ 菜单栏：选择【编辑】|【查找】命令，如图6-56所示。

○ 命令行：FIND。

执行以上任一操作之后，弹出【查找和替换】对话框，如图6-57所示。然后在【查找内容】文本框中输入要查找的文字，或在【替换为】文本框中输入要替换的文本，单击【完成】按钮即可完成操作。该对话框的操作与Word等其他文本编辑软件一致。

图6-57 【查找和替换】对话框

图6-55 【文字】面板中的【查找】
文本框

图6-56 【查找】
菜单命令

【案例 6-6】替换技术要求中的文字
视频文件：DVD\视频\第6章\6-6.MP4

（1）打开"第6章/6-6替换技术要求中的文字.dwg"文件，如图6-58所示。

（2）在命令行输入FIND并回车，打开【查找和替换】对话框。在【查找内容】文本框中输入"实施"，在【替换为】文本框中输入"施工"。

（3）在【查找位置】下拉列表框中选择【整个图形】选项，也可以单击该下拉列表框右侧的【选择对象】按钮，选择一个图形区域作为查找范围，如图6-59所示。

（4）单击对话框左下角的【更多选项】按钮，展开折叠的对话框。在【搜索选项】区域取消【区分大小写】复选框，在【文字类型】区域取消【块属性值】复选框，如图6-60所示。

（5）单击【全部替换】按钮，将当前文字中所有符合查找条件的字符全部替换。在弹出的【查找和替换】对话框中单击"确定"按钮，关闭对话框，结果如图6-61所示。

图6-60 设置查找与替换选项

实施顺序：种植工程宜在道路等土建工程实施完后进场，如有交叉实施应采取措施保证种植实施质量。

图6-58 输入文字

图6-59 "查找和替换"对话框

施工顺序：种植工程宜在道路等土建工程施工完后进场，如有交叉施工应采取措施保证种植施工质量。

图6-61 替换结果

6.2　创建表格

表格在各类制图中的运用非常普遍，主要用来展示与图形相关的标准、数据信息、材料和装配信息等内容。根据不同类型的图形（如机械图形、工程图形、电子的线路图形等），对应的制图标准也不相同，这就需要设置符合产品设计要求的表格样式，并利用表格功能快速、清晰、醒目地反映设计思想及创意。使用AutoCAD的表格功能，能够自动地创建和编辑表格，其操作方法与Word、Excel相似。

6.2.1　表格样式的创建

与文字类似，AutoCAD中的表格也有一定样式，包括表格内文字的字体、颜色、高度以及表格的行高、行距等。在插入表格之前，应先创建所需的表格样式。创建表格样式的方法有以下几种。

○ 功能区：在【默认】选项卡中，单击【注释】滑出面板上的【表格样式】按钮，如图6-62所示。
○ 菜单栏：选择【格式】|【表格样式】命令，如图6-63所示。
○ 命令行：TABLESTYLE或TS。

图6-62　【注释】面板中的【表格样式】按钮

图6-63　【表格样式】菜单命令

执行上述任一命令后，系统弹出【表格样式】对话框，如图6-64所示。通过该对话框可执行将表格样式置为当前、修改、删除或新建操作。单击【新建】按钮，系统弹出【创建新的表格样式】对话框，如图6-65所示。

图6-64　【表格样式】对话框

图6-65　【创建新的表格样式】对话框

在【新样式名】文本框中输入表格样式名称，在【基础样式】下拉列表框中选择一个表格样式为新的表格样式提供默认设置，单击【继续】按钮，系统弹出【新建表格样式】对话框，如图6-66所示，可以对样式进行具体设置。

当单击【新建表格样式】对话框中【管理单元样式】按钮时弹出图6-67所示【管理单元格式】对话框，对单元格式进行添加、删除和重命名

图6-66　【新建表格样式】对话框

图6-67　【管理单元样式】对话框

【新建表格样式】对话框由【起始表格】、【常规】、【单元样式】和【单元样式预览】4个区域组成，其各选项的含义如下：

1.【起始表格】区域

该选项允许用户在图形中制定一个表格用作样列来设置此表格样式的格式。单击【选择表格】按钮，进入绘图区，可以在绘图区选择表格录入表格。【删除表格】按钮与【选择表格】按钮作用相反。

2.【常规】区域

该选项用于更改表格方向，通过【表格方向】下拉列表框选择【向下】或【向上】来设置表格方向：
○【向下】：创建由上而下读取的表格，标题行和列

都在表格的顶部。

- ○【向上】：创建由下而上读取的表格，标题行和列都在表格的底部。
- ○【预览框】：显示当前表格样式设置效果的样例。

▶ 3.【单元样式】区域

该区域用于定义新的单元样式或修改现有单元样式。

【单元样式】列表 [数据▾]：该列表中显示表格中的单元样式。系统默认提供了【数据】、【标题】和【表头】三种单元样式，用户如需要创建新的单元样式，可以单击右侧第一个【创建新单元样式】按钮 ，打开【创建新单元样式】对话框，如图6-68所示。在对话框中输入新的单元样式名，单击【继续】按钮创建新的单元样式。

如单击右侧第二个【管理单元样式】按钮时，则弹出如图6-69所示【管理单元格式】对话框，在该对话框里可以对单元格式进行添加、删除和重命名。

图6-68 【创建新单元格式】对话框

图6-69 【管理单元格式】对话框

【单元样式】区域中还有3个选项卡，如图6-70所示，其含义分别介绍如下：

【常规】选项卡　　　　【文字】选项卡　　　　【边框】选项卡

图6-70 【单元样式】区域中的3个选项卡

◆【常规】选项卡

- ○【填充颜色】：制定表格单元的背景颜色，默认值为【无】。
- ○【对齐】：设置表格单元中文字的对齐方式。
- ○【水平】:设置单元文字与左右单元边界之间的距离。
- ○【垂直】：设置单元文字与上下单元边界之间的距离。

◆【文字】选项卡

- ○【文字样式】：选择文字样式，单击 ... 按钮，打开【文字样式】对话框，利用它可以创建新的文字样式。

- ○【文字角度】：设置文字倾斜角度。逆时针为正，顺时针为负。

◆【边框】选项卡

- ○【线宽】：指定表格单元的边界线宽。
- ○【颜色】：指定表格单元的边界颜色。
- ○ ⊞ 按钮：将边界特性设置应用于所有单元格。
- ○ ⊡ 按钮：将边界特性设置应用于单元的外部边界。
- ○ ⊞ 按钮：将边界特性设置应用于单元的内部边界。
- ○ 按钮：将边界特性设置应用于单元的底、左、上及下边界。
- ○ 按钮：隐藏单元格的边界。

【案例 6-7】创建"标题栏"表格样式
视频文件: DVD\视频\第6章\6-7.MP4

（1）打开素材文件"第6章/6-7创建标题栏表格样式.dwg"，如图6-51所示，其中已经绘制好了一零件图。

（2）选择【格式】|【表格样式】命令，系统弹出【表格样式】对话框，单击【新建】按钮，系统弹出【创建新的表格样式】对话框，在【新样式名】

文本框中输入"标题栏"，如图6-72所示。

图6-71　【表格样式】对话框

图6-72　输入表格样式名

（3）设置表格样式。单击【继续】按钮，系统弹出【新建新的样式：标题栏】对话框，在【表格方向】下拉列表中选择【向上】；切换至选择【文字】选项卡，在【文字样式】下拉列表中选择【表格文字】选项，并设置【文字高度】为4，如图6-73所示。

（4）单击【确定】按钮，返回【表格样式】对话框，选择新创建的"标题栏"样式，然后单击【置为当前】按钮，如图6-74所示。单击【关闭】按钮，完成表格样式的创建。

图6-73　设置文字样式

图6-74　将"标题栏"样式置为当前

6.2.2　插入表格

表格是在行和列中包含数据的对象，在设置表格样式后便可以从空格或表格样式创建表格对象，还可以将表格链接至Microsoft Excel电子表格中的数据。

在AutoCAD 2018中插入表格有以下几种常用方法：

- 功能区：在【默认】选项卡中，单击【注释】面板中的【表格】按钮，如图6-75所示。
- 菜单栏：执行【绘图】|【表格】命令，如图6-76所示。
- 命令行：TABLE或TB。

通过以上任意一种方法执行该命令后，系统弹出【插入表格】对话框，如图6-77所示。在【插入表格】面板中包含多个选项组和对应选项。

设置好列数和列宽、行数和行高后，单击【确定】按钮，并在绘图区指定插入点，将会在当前位置按照表格设置插入一个表格，然后在此表格中添加相应的文本信息即可完成表格的创建。

图6-77　【插入表格】对话框

图6-75　【注释】面板中的【表格】按钮

图6-76　【表格】菜单命令

【插入表格】对话框中包含5大区域，各区域参数的含义说明如下：

○ 【表格样式】区域：在该区域中不仅可以从下拉列表框中选择表格样式，也可以单击右侧的 ![按钮]按钮后创建新表格样式。

○ 【插入选项】区域：该区域中包含3个单选按钮，其中选中【从空表格开始】单选按钮可以创建一个空的表格；而选中【自数据连接】单选按钮可以从外部导入数据来创建表格，如Excel；若选中【自图形中的对象数据（数据提取）】单选按钮则可以用于从可输出到表格或外部的图形中提取数据来创建表格。

○ 【插入方式】区域：该区域中包含两个单选按钮，其中选中【指定插入点】单选按钮可以在绘图窗口中的某点插入固定大小的表格；选中【指定窗口】单选按钮可以在绘图窗口中通过指定表格两对角点的方式来创建任意大小的表格。

○ 【列和行设置】区域：在此选项区域中，可以通过改变【列】、【列宽】、【数据行】和【行高】文本框中的数值来调整表格的外观大小。

○ 【设置单元样式】区域：在此选项组中可以设置【第一行单元样式】、【第二行单元样式】和【所有其他单元样式】选项。默认情况下，系统均以【从空表格开始】方式插入表格。

【案例 6-8】通过【表格】创建标题栏
📹 视频文件：DVD\视频\第6章\6-8.MP4

○ 打开素材文件"第6章/6-8通过【表格】栏创建标题栏，如图6-51所示，其中已经绘制好了一零件图。

○ 在命令行输入TB并按Enter键，系统弹出【插入表格】对话框。选择插入方式为【指定窗口】，然后设置【列数】为7、【行数】为2，设置所有行的单元样式均为【数据】，如图6-78所示。

○ 单击【插入表格】对话框上的【确定】按钮，然后在绘图区单击确定表格左下角点，向上拖动指针，在合适的位置单击确定表格右下角点。生成的表格如图6-79所示。

图6-79 插入表格

图6-78 设置表格参数

专家提醒

在设置行数时需要看清楚对话框中输入的是【数据行数】，这里的数据行数应减去标题与表头的数值，即"最终行数=输入行数+2"。

【案例 6-9】通过 Excel 生成 AutoCAD 表格
📹 视频文件：DVD\视频\第6章\6-9.MP4

（1）如果要统计的数据过多，如电气设施的统计表，首选会使用Excel进行处理，然后再导入AutoCAD中作为表格即可。而且在一般公司中，这类表格数据都由其他部门制作，设计人员无需再自行整理。

（2）打开素材文件"第6章/6-9电气设备设施一览表.xls"，如图6-51所示，已用Excel创建了一电气设施的统计表格。

图6-80　素材文件

（3）将表格主体（即行3~13、列A~K）复制到剪贴板。

（4）然后打开AutoCAD，新建一空白文档，再选择【编辑】菜单中的【选择性粘贴】选项，打开【选择性粘贴】对话框，选择其中的"AutoCAD图元"选项，如图6-81所示。

图6-81　选择性粘贴

（5）确定后表格即转化成AutoCAD中的表格，如图6-82所示。即可以编辑其中的文字，非常方便。

序号	名　称	规格型号		重量/原值（吨/万元）	制造/投用（时间）	主体材质	操作条件	安装地点/使用部门	生产制造单位	备注
1.0000	吸氢泵、碳化泵、浓氢泵（TH01）	MNS	1.0000		2010.04/2010.08	数铝锌板	交流控制（AC380V/220V）	碳化配电室/	上海德力西开关有限公司	
2.0000	离心机1#~3#主机、辅机控制（TH02）	MNS	1.0000		2010.04/2010.08	数铝锌板	交流控制（AC380V/220V）	碳化配电室/	上海德力西开关有限公司	
3.0000	防爆控制箱	XBK-B24D24G	1.0000		2010.07	转铁	交流控制（AC220V）	碳化值班室内/	新黎明防爆电器有限公司	
4.0000	防爆照明(动力)配电箱	CBP51-7KXXG	1.0000		2010.11	转铁	交流控制（AC380V）	碳化二楼/	长城电器集团有限公司	
5.0000	防爆动力(电磁)启动箱	BXG	1.0000		2010.07	转铁	交流控制（AC380V）	碳化值班室内/	新黎明防爆电器有限公司	
6.0000	防爆照明(动力)配电箱	CBP51-7KXXG	1.0000		2010.11	转铁	交流控制（AC380V）	碳化一楼/	长城电器集团有限公司	
7.0000	碳化循环水控制柜		1.0000		2010.11	普通钢板	交流控制（AC380V）	碳化配电室内/	自配控制柜	
8.0000	碳化淡水泵控制柜		1.0000		2011.04	普通钢板	交流控制（AC380V）	碳化配电室内/	自配控制柜	
9.0000	防爆控制箱	XBK-B12D12G	1.0000		2010.07	转铁	交流控制（AC380V）	碳化二楼/	新黎明防爆电器有限公司	
10.0000	防爆控制箱	XBK-B30D30G	1.0000		2010.07	转铁	交流控制（AC380V）	碳化二楼/	新黎明防爆电器有限公司	

图6-82　粘贴为AutoCAD中的表格

6.2.3　编辑表格

在添加完成表格后，不仅可根据需要对表格整体或表格单元执行拉伸、合并或添加等编辑操作，而且可以对表格的表指示器进行所需的编辑，其中包括编辑表格形状和添加表格颜色等设置。

1. 编辑表格

当选中整个表格，单击鼠标右键，弹出的快捷菜单如图6-83所示。可以对表格进行剪切、复制、删除、移动、缩放和旋转等简单操作，还可以均匀调整表格的行、列大小，删除所有特性替代。当选择【输出】命令时，还可以打开【输出数据】对话框，以.csv格式输出表格中的数据。

当选中表格后，也可以通过拖动夹点来编辑表格，其各夹点的含义如图6-84所示。

图6-83 快捷菜单　　　　　　　　　　　图6-84 选中表格时各夹点的含义

2. 编辑表格单元

当选中表格单元时，其快捷菜单如图6-85所示。当选中表格单元格后，在表格单元格周围出现夹点，也可以通过拖动这些夹点来编辑单元格，其各夹点的含义如图6-86所示。如果要选择多个单元格，可以按鼠标左键并在与欲选择的单元格上拖动；也可以按住Shift键并在欲选择的单元内按鼠标左键，可以同时选中这两个单元格以及它们之间的所有单元。

图6-85 快捷菜单　　　　　　　　　　　图6-86 通过夹点调整单元格

6.2.4 添加表格内容

在AutoCAD 2018中，表格的主要作用就是能够清晰、完整、系统地表现图纸中的数据。表格中的数据都是通过表格单元进行添加的，表格单元不仅可以包含文本信息，而且还可以包含多个块。此外，还可以将AutoCAD中的表格数据与Microsoft Excel电子表格中的数据进行连接。

确定表格的结构之后，最后在表格中添加文字、块、公式等内容。添加表格内容之前，必须了解单元格的选中状态和激活状态。

○ 选中状态：单元格的选中状态在上一节已经介绍，如图6-86所示。单击单元格内部即可选中单元格，选中单元格之后系统弹出【表格单元】选项卡。

○ 激活状态：在单元格的激活状态，单元格呈灰底显示，并出现闪动光标，如图6-87所示。双击单

元格可以激活单元格，激活单元格之后系统弹出【文字编辑器】选项卡。

1. 添加数据

当创建表格后，系统会自动亮显第一个表格单元，并打开【文字格式】工具栏，此时可以开始输入文字，在输入文字的过程中，单元格的行高会随输入文字的高度或行数的增加而增加。要移动到下一单元格，可以按Tab键或用箭头键向左、向右、向上和向下移动。通过在选中的单元格中按F2键可以快速编辑单元格文字。

2. 在表格中添加块

在表格中添加块和方程式需要选中单元格。选中单元格之后，系统将弹出【表格单元】选项卡，单击【插入】面板上的【块】按钮，系统弹出【在表格单元中插入块】对话框，如图6-88所示，浏览到块

文件然后插入块。在表格单元中插入块时，块可以自动适应单元的大小，也可以调整单元格以适应块的大小，并且可以将多个块插入到同一个表格单元中。

图6-87　激活单元格

图6-88　【在表格单元中插入块】对话框

3. 在表格中添加方程式

在表格中添加方程式可以将某单元格的值定义为其他单元格的组合运算值。选中单元格之后，在【表格单元】选项卡中，单击【插入】面板上的【公式】按钮，弹出图6-89所示的选项，选择【方程式】选项，将激活单元格，进入文字编辑模式。输入与单元格标号相关的运算公式，如图6-90所示。该方程式的运算结果如图6-91所示。如果修改方程所引用的单元格，运算结果也随之更新。

图6-89　【公式】下拉列表

图6-90　输入方程表达式

图6-91　方程运算结果

【案例 6-10】填写标题栏表格

视频文件：DVD\视频\第6章\6-10.MP4

（1）打开素材文件"第6章/6-8通过表格创建标题栏-OK.dwg"，如图6-79所示，其中已经绘制了零件图形和标题栏。

（2）编辑标题栏。框选左上角的6个单元格，然后单击【表格单元】选项卡中【合并】面板上的【合并全部】按钮，合并结果如图6-92所示。

图6-92　合并单元格

（3）合并其余单元格。使用相同的方法合并其余的单元格，最终结果如图6-93所示。

图6-93　合并其余单元格

（4）输入文字。双击左上角合并之后的大单元格，输入图形的名称："低速传动轴"，如图6-94所示。此时输入的文字，其样式为"标题栏"表格样式中所设置的样式。

图6-94　输入单元格文字

（5）按相同方法，输入其他文字，如"设计""审核"等，如图6-95所示。

低速传动轴		比例	材料	数量	图号
设计		公司名称			
审核					

图6-95 在其他单元格中输入文字

（6）调整文字内容。单击左上角的大单元格，在【表格单元】选项卡中，选择【单元样式】面板下的【正中】选项，将文字对齐至单元格的中心，如图6-96所示。

图6-96 调整单元格内容的对齐方式

（7）按相同的方法，对齐所有单元格内容（也可以直接选中表格，再单击【正中】，即将表格中所有单元格对齐方式统一为【正中】），再将两处文字字高调整为8mm，则最终结果如图6-97所示。

低速传动轴		比例	材料	数量	图号
设计		公司名称			
审核					

图6-97 对齐其他单元格

第7章
图层与图形特性

　　图层是AutoCAD提供给用户的组织图形的强有力工具。AutoCAD的图形对象必须绘制在某个图层上，它可能是默认的图层，也可以是用户自己创建的图层。利用图形的特性，如颜色、线宽、线型等，可以非常方便地区分不同的对象。此外，AutoCAD还提供了大量的图层管理功能（打开/关闭、冻结/解冻、加锁/解锁等），这些功能使用户在组织图层时非常方便。

7.1 图层概述

本节介绍图层的基本概念和分类原则，使读者对AutoCAD图层的含义和作用，以及一些使用的原则有一个清晰的认识。

7.1.1 图层的基本概念

AutoCAD图层相当于传统图纸中使用的重叠图纸。它就如同一张张透明的图纸，整个AutoCAD文档就是由若干张透明图纸上下叠加的结果，如图7-1所示。用户可以根据不同的特征、类别或用途，将图形对象分类组织到不同的图层中。同一个图层中的图形对象具有许多相同的外观属性，如线宽、颜色、线型等。

图7-1 图层的原理

按图层组织数据有很多好处。首先，图层结构有利于设计人员对AutoCAD文档的绘制和阅读。不同工种的设计人员，可以将不同类型的数据组织到各自的图层中，最后统一叠加。阅读文档时，可以暂时隐藏不必要的图层，减少屏幕上的图形对象数量，提高显示效率，也有利于看图。修改图纸时，可以锁定或冻结其他工种的图层，以防误删、误改他人图纸。其次，按照图层组织数据，可以减少数据冗余，压缩文件数据量，提高系统处理效率。许多图形对象都有共同的属性。如果逐个记录这些属性，那么这些共同属性将被重复记录。而按图层组织数据以后，具有共同属性的图形对象同属一个层。

7.1.2 图层分类原则

按照图层组织数据，将图形对象分类组织到不同的图层中，这是AutoCAD设计人员的一个良好习惯。在新建文档时，首先应该在绘图前大致设计好文档的图层结构。多人协同设计时，更应该设计好一个统一而又规范的图层结构，以便数据交换和共享。切忌将所有的图形对象全部放在同一个图层中。

图层可以按照以下的原则组织：

- 按照图形对象的使用性质分层。例如在建筑设计中，可以将墙体、门窗、家具、绿化分在不同的层。
- 按照外观属性分层。具有不同线型或线宽的实体应当分数不同的图层，这是一个很重要的原则。例如在机械设计中，粗实线（外轮廓线）、虚线（隐藏线）和点画线（中心线）就应分属三个不同的层，这样也方便了打印控制。
- 按照模型和非模型分层。AutoCAD制图的过程实际上是建模的过程。图形对象是模型的一部分；文字标注、尺寸标注、图框、图例符号等并不属于模型本身，是设计人员为了便于设计文件的阅读而人为添加的说明性内容。所以模型和非模型应当分属不同的层。

7.2 图层的创建与设置

图层的新建、设置等操作通常在【图层特性管理器】选项板中进行。此外，用户也可以使用【图层】面板或【图层】工具栏快速管理图层。【图层特性管理器】选项板中可以控制图层的颜色、线型、线宽、透明度、是否打印等，本节仅介绍其中常用的前三种，后面的设置操作方法与此相同，便不再介绍。

7.2.1 新建并命名图层

在使用AutoCAD进行绘图工作前，用户宜先根据自身行业要求创建好对应的图层。AutoCAD的图层创建和设置都在【图层特性管理器】选项板中进行。

打开【图层特性管理器】选项板有以下几种

方法。

- 功能区：在【默认】选项卡中，单击【图层】面板中的【图层特性】按钮，如图7-2所示。
- 菜单栏：选择【格式】|【图层】命令，如图7-3所示。
- 命令行：LAYER或LA。

图7-2　【图层】面板中的【图层特性】按钮

图7-3　粗实线图层

执行任一命令后，弹出【图层特性管理器】选项板，如图7-4所示，单击对话框上方的【新建】按钮，即可新建一个图层项目。默认情况下，创建的图层会依次以"图层1""图层2"等按顺序进行命名，用户也可以自行输入易辨别的名称，如"轮廓线""中心线"等。输入图层名称之后，依次设置该图层对应的颜色、线型、线宽等特性。

设置为当前的图层项目前会出现✔符号。如图7-5所示为将粗实线图层置为当前图层，颜色设置为红色、线型为实线，线宽为0.3mm的结果。

图7-4　【图层特性管理器】选项板

图7-5　粗实线图层

图层的名称最多可以包含255个字符，并且中间可以含有空格，图层名区分大小写字母。图层名不能包含的符号有：<、>、^、"、"、;、、?、*、|、、=、'等，如果用户在命名图层时提示失败，可检查是否含有了这些非法字符。

【图层特性管理器】选项板主要分为【图层树状区】与【图层设置区】两部分，如图7-6所示。

图7-6　图层特性管理器

1. 图层树状区

【图层树状区】用于显示图形中图层和过滤器的层次结构列表，其中【全部】用于显示图形中所有的图层，而【所有使用的图层】过滤器则为只读过滤器，过滤器按字母顺序进行显示。

【图层树状区】各选项及功能按钮的作用如下：

- 【新建特性过滤器】按钮：单击该按钮将弹出如图7-7所示的【图层过滤器特性】对话框，此时可以根据图层的若干特性（如颜色、线宽）创建【特性过滤器】。
- 【新建组过滤器】按钮：单击该按钮可创建【组过滤器】，在【组过滤器】内可包含多个【特性过滤器】，如图7-8所示。

图7-7　【图层过滤器特性】对话框

图7-8 创建【组过滤器】

○ 【图层状态管理器】按钮：单击该按钮将弹出如图7-9所示的【图层状态管理器】对话框，通过该对话框中的列表可以查看当前保存在图形中的图层状态、存在空间、图层列表是否与图形中的图层列表相同。

○ 【反转过滤器】复选框：勾选该复选框后，将在右侧列表中显示所有与过滤器不符合的图层，当【特性过滤器1】中选择到所有颜色为绿色的图层时，勾选该复选框将显示所有非绿色的图层，如图7-10所示。

○ 【状态栏】：在状态栏内罗列出了当前过滤器的名称、列表视图中显示的图层数与图形中的图层数等信息。

图7-9 【图层状态管理器】对话框

图7-10 【反转过滤器】复选框

2. 图层设置区

【图层设置区】具有搜索、创建、删除图层等功能，并能显示图层具体的特性与说明，【图形树状区】各选项及功能按钮的作用如下：

○ 【搜索图层】文本框：通过在其左侧的文本框内输入搜索关键字符，可以按名称快速搜索至相关的图层列表。

○ 【新建图层】按钮：单击该按钮可以在列表中新建一个图层。

○ 【在所有视口中都被冻结的新图层视口】按钮：单击该按钮可以创建一个新图层，但在所有现有的布局视口中会将其冻结。

○ 【删除图层】按钮：单击该按钮将删除当前选中的图层。

○ 【置为当前】按钮：单击该按钮可以将当前选中的图层置为当前层，用户所绘制的图形将存放在该图层上。

○ 【刷新】按钮：单击该按钮可以刷新图层列表中的内容。

○ 【设置】按钮：单击该按钮将显示如图7-11所示的【图层设置】对话框，用于调整【新图层通知】、【隔离图层设置】以及【对话框设置】等内容。

图7-11 【图层设置】对话框

7.2.2 设置图层颜色

如前文所述，为了区分不同的对象，通常为不同的图层设置不同的颜色。设置图层颜色之后，该图层上的所有对象均显示为该颜色（修改了对象特性的图形除外）。

打开【图层特性管理器】选项板，单击某一图层对应的【颜色】项目，如图7-12所示，弹出【选择颜色】对话框，如图7-13所示。在调色板中选择一种颜色，单击【确定】按钮，即完成颜色设置。

图7-12 单击图层颜色项目

图7-13 【选择颜色】对话框

7.2.3 ▶ 设置图层线型

线型是指图形基本元素中线条的组成和显示方式，如实线、中心线、点画线、虚线等。通过线型的区别，可以直观判断图形对象的类别。在AutoCAD中默认的线型是实线（Continuous），其他的线型需要加载才能使用。

在【图层特性管理器】选项板中，单击某一图层对应的【线型】项目，弹出【选择线型】对话框，如图7-14所示。在默认状态下，【选择线型】对话框中只有Continuous一种线型。如果要使用其他线型，必须将其添加到【选择线型】对话框中。

单击【加载】按钮，弹出【加载或重载线型】对话框，如图7-15所示，从对话框中选择要使用的线型，单击【确定】按钮，完成线型加载。

图7-14 【选择线型】对话框

图7-15 【加载或重载线型】对话框

【案例7-1】调整中心线线型比例
视频文件：DVD\视频\第7章\7-1.MP4

（1）打开"第7章/7-1调整中心线线型比例.dwg"素材文件，如图7-16所示，图形的中心线为实线显示。

（2）在【默认】选项卡中，单击【特性】面板中【线型】下拉列表中的【其他】按钮，如图7-17所示。

图7-16 素材图形　　图7-17 【特性】面板中的【其他】按钮

（3）系统弹出【线型管理器】对话框，在中间的线型列表框中选中中心线所在的图层【CENTER】，然后在右下方的【全局比例因子】文本框中输入新值为0.25，如图7-18所示。

（4）设置完成之后，单击对话框中的【确定】按钮返回绘图区，可以看到中心线的效果发生了变化，

为合适的点画线，如图7-19所示。

图7-18 【线型管理器】对话框

图7-19 修改线型比例值之后的图形

7.2.4 ▶ 设置图层线宽

线宽即线条显示的宽度。使用不同宽度的线条表现对象的不同部分，可以提高图形的表达能力和可读性，如图7-20所示。

图7-20 线宽变化

在【图层特性管理器】选项板中，单击某一图层对应的【线宽】项目，弹出【线宽】对话框，如图7-21所示，从中选择所需的线宽即可。

如果需要自定义线宽，在命令行中输入LWEIGHT或LW并按Enter键，弹出【线宽设置】对话框，如图7-22所示，通过调整线宽比例，可使图形中的线宽显示得更宽或更窄。

机械、建筑制图中通常采用粗、细两种线宽，在AutoCAD中常设置粗细比例为2：1。共有0.25/0.13、0.35/0.18、0.5/0.25、0.7/0.35、1/0.5、1.4/0.7、2/1（单位均为mm）这7种组合，同一图纸只允许采用一种组合。其余行业制图请查阅相关标准。

图7-21 【线宽】对话框

图7-22 【线宽设置】对话框

【案例 7-2】创建绘图基本图层
视频文件：DVD\视频\第7章\7-2.MP4

本案例介绍绘图基本图层的创建，在该实例中要求分别建立【粗实线】、【中心线】、【细实线】、【标注与注释】和【细虚线】层，这些图层的主要特性见表 7-1（根据GB/T-17450《技术制图规章》所述适用于建筑、机械等工程制图）。

表 7-1 图层列表

序号	图层名	线宽/mm	线　型	颜色	打印属性
1	粗实线	0.3	CONTINUOUS	黑	打印
2	细实线	0.15	CONTINUOUS	红	打印
3	中心线	0.15	CENTER	红	打印
4	标注与注释	0.15	CONTINUOUS	绿	打印
5	细虚线	0.15	ACAD-ISO 02W100	5	打印

（1）在【默认】选项卡中，单击【图层】面板中的【图层特性】按钮。系统弹出【图层特性管理器】选项板，单击【新建】按钮，新建图层。系统默认【图层1】的名称新建图层，如图7-23所示。

（2）此时文本框呈可编辑状态，在其中输入文字"中心线"并按Enter键，完成中心线图层的创建，如图7-24所示。

图7-23 【图层特性管理器】选项板

图7-24 重命名图层

（3）单击【颜色】属性项，在弹出的【选择颜色】对话框中选择【红色】，如图7-25所示。单击【确定】按钮，返回【图层特性管理器】选项板。

（4）单击【线型】属性项，弹出【选择线型】对话框，如图7-26所示。

图7-28　设置线型

图7-25　设置图层颜色

图7-26　【选择线型】对话框

（5）在对话框中单击【加载】按钮，在弹出的【加载或重载线型】对话框中选择CENTER线型，如图7-27所示。单击【确定】按钮，返回【选择线型】对话框。再次选择CENTER线型，如图7-28所示。

（6）单击【确定】按钮，返回【图层特性管理器】选项板。单击【线宽】属性项，在弹出的【线宽】对话框，选择线宽为0.15mm，如图7-29所示。

（7）单击【确定】按钮，返回【图层特性管理器】选项板。设置的中心线图层如图7-30所示。

图7-29　选择线宽　　　图7-30　设置的中心线图层

（8）重复上述步骤，分别创建【粗实线】层、【细实线】层、【标注与注释】层和【细虚线】层，为各图层选择合适的颜色、线型和线宽特性，结果如图7-31所示。

图7-27　【加载或重载线型】对话框

图7-31　图层设置结果

7.3　图层的其他操作

在AutoCAD中，还可以对图层进行隐藏、冻结以及锁定等其他操作，这样在使用AutoCAD绘制复杂的图形对象时，就可以有效地降低误操作，提高绘图效率。

7.3.1　打开与关闭图层

在绘图的过程中可以将暂时不用的图层关闭，

被关闭的图层中的图形对象将不可见，并且不能被选择、编辑、修改以及打印。在AutoCAD中关闭图层的常用方法有以下几种：

○ 对话框：在【图层特性管理器】对话框中选中要关闭的图层，单击 💡 按钮即可关闭选择图层，图层被关闭后该按钮将显示为 💡 ，表明该图层已经被关闭，如图7-32所示。

○ 功能区：在【默认】选项卡中，打开【图层】面板中的【图层控制】下拉列表，单击目标图层 💡 按钮即可关闭图层，如图7-33所示。

图7-32 通过图层特性管理器关闭图层

图7-33 通过功能面板图标关闭图层

专家提醒

当关闭的图层为【当前图层】时，将弹出如图7-34所示的确认对话框，此时单击【关闭当前图层】链接即可。如果要恢复关闭的图层，重复以上操作，单击图层前的【关闭】图标 💡 即可打开图层。

图7-34 确定关闭当前图层

【案例7-3】通过【关闭】图层控制图形

🎬 视频文件：DVD\视频\第7章\7-3.MP4

（1）打开素材文件"第7章/7-3通过【关闭】图层控制图形.dwg"，其中已经绘制了一室内平面图，如图7-35所示；且图层效果全开，如图7-36所示。

图7-35 素材图形

图7-36 素材中的图层

（2）设置图层显示。在【默认】选项卡中，单击【图层】面板中的【图层特性】按钮 🔷 ，打开【图层特性管理器】选项板。在对话框内找到【家具】

层，选中该层前的打开/关闭图层按钮 💡 ，单击此按钮，此时按钮变成 💡 ，即可关闭【家具】层。再按此方法关闭其他图层，只保留【QT-000墙体】和【门窗】图层开启，如图7-37所示。

（3）关闭【图层特性管理器】选项板，此时图形仅包含墙体和门窗，效果如图7-38所示。

图7-37 关闭除墙体和门窗之外的所有图层

图7-38 关闭图层效果

7.3.2 ▶ 冻结与解冻图层

将长期不需要显示的图层冻结，可以提高系统运行速度，减少了图形刷新的时间，因为这些图层将不会被加载到内存中。AutoCAD不会在被冻结的图层上显示、打印或重生成对象。

在AutoCAD中关闭图层的常用方法有以下几种：

○ 对话框：在【图层特性管理器】对话框中单击要冻结的图层前的【冻结】按钮 ☼，即可冻结该图层，图层冻结后将显示为 ❋，如图7-39所示。

○ 功能区：在【默认】选项卡中，打开【图层】面板中的【图层控制】下拉列表，单击目标图层 ☼ 按钮，如图7-40所示。

图7-40 通过功能面板图标冻结图层

操作技巧

如果要冻结的图层为【当前图层】时，将弹出如图7-41所示的对话框，提示无法冻结【当前图层】，此时需要将其他图层设置为【当前图层】才能冻结该图层。如果要恢复冻结的图层，重复以上操作，单击图层前的【解冻】图标 ❋ 即可解冻图层。

图7-41 图层无法冻结

图7-39 通过图层特性管理器冻结图层

【案例7-4】通过【冻结】图层控制图形
📽 视频文件：DVD\视频\第7章\7-4.MP4

（1）打开素材文件"第7章/7-4通过【冻结】图层控制图形.dwg"，其中已绘制了一完整图形，但在图形上方还有绘制过程中遗留的辅助图，如图7-42所示。

（2）冻结图层。在【默认】选项卡中，打开【图层】面板中的【图层控制】下拉列表，在列表框内找到【Defpoints】层，单击该层前的【冻结】按钮 ☼，按钮变成 ❋，即可冻结【Defpoints】层，如图7-43所示。

图7-43 冻结不需要的图形图层

（3）冻结【Defpoints】层之后的图形如图7-44所示，可见上方的辅助图形被消隐。

图7-42 素材图形

图7-44 图层冻结之后的结果

图层的【冻结】和【关闭】，都能使得该图层上的对象全部被隐藏，看似效果一致，其实仍有不

同。被【关闭】的图层，不能显示、不能编辑、不能打印，但仍然存在于图形当中，图形刷新时仍会

计算该层上的对象，可以近似理解为被"忽视"；而被【冻结】的图层，除了不能显示、不能编辑、不能打印之外，还不会再被认为属于图形，图形刷新时也不会再计算该层上的对象，可以理解为被"无视"。

图层【冻结】和【关闭】的一个典型区别就是视图刷新时的处理差别，以【案例7-4】为例，如果选择关闭【Defpoints】层，那双击鼠标中键进行【范围】缩放时，则效果如图7-45所示，辅助图虽然已经隐藏，但图形上方仍空出了它的区域；反之【冻结】则如图7-46所示，相当于删除了辅助图。

图7-45 图层【关闭】时的视图缩放效果

图7-46 图层【冻结】时的视图缩放效果

7.3.3 ▶ 锁定与解锁图层

如果某个图层上的对象只需要显示、不需要选择和编辑，那么可以锁定该图层。被锁定图层上的对象仍然可见，但会淡化显示，而且可以被选择、标注和测量，但不能被编辑、修改和删除，另外还可以在该层上添加新的图形对象。因此使用AutoCAD绘图时，可以将中心线、辅助线等基准线所在的图层锁定。

锁定图层的常用方法有以下几种：

○ 对话框：在【图层特性管理器】对话框中单击【锁定】图标 🔓，即可锁定该图层，图层锁定后该图标将显示为 🔒，如图7-47所示。

○ 功能区：在【默认】选项卡中，打开【图层】面板中的【图层控制】下拉列表，单击 🔓 图标即可锁定该图层，如图7-48所示。

图7-47 通过图层特性管理器锁定图层

图7-48 通过功能面板图标锁定图层

专家提醒

如果要解除图层锁定，重复以上的操作单击【解锁】按钮 🔒，即可解锁已经锁定的图层。

7.3.4 ▶ 设置当前图层

当前图层是当前工作状态下所处的图层。设定某一图层为当前图层之后，接下来所绘制的对象都位于该图层中。如果要在其他图层中绘图，就需要更改当前图层。

在AutoCAD中设置当前图层有以下几种常用方法。

○ 对话框：在【图层特性管理器】选项板中选择目标图层，单击【置为当前】按钮 🖉，如图7-49所示。被置为当前的图层在项目前会出现 ✔ 符号。

○ 功能区1：在【默认】选项卡中，单击【图层】面板中【图层控制】下拉列表，在其中选择需要的图层，即可将其设置为当前图层，如图7-50所示。

○ 功能区2：在【默认】选项卡中，单击【图层】面板中【置为当前】按钮 置为当前，即可将所选图形对象的图层置为当前，如图7-51所示。

○ 命令行：在命令行中输入CLAYER命令，然后输入图层名称，即可将该图层置为当前。

图7-49 【图层特性管理器】中置为当前

图7-50 【图层控制】下拉列表　图7-51 【置为当前】按钮

转换图形所在图层

在AutoCAD中还可以十分灵活地进行图层转换，即将某一图层内的图形转换至另一图层，同时使其颜色、线型、线宽等特性发生改变。

如果某图形对象需要转换图层，可以先选择该图形对象，然后单击【图层】面板中的【图层控制】下拉列表框，选择要转换的目标图层即可，如图7-52所示。

转换前　　　　　选择图层　　　　　转换后

图7-52 图层转换

绘制复杂的图形时，由于图形元素的性质不同，用户常需要将某个图层上的对象转换到其他图层上，同时使其颜色、线型、线宽等特性发生改变。除了之前所介绍的方法之外，其余在AutoCAD中转换图层的方法如下。

1. 通过【图层控制】列表转换图层

选择图形对象后，在【图层控制】下拉列表选择所需图层。操作结束后，列表框自动关闭，被选中的图形对象转移至刚选择的图层上。

2. 通过【图层】面板中的命令转换图层

在【图层】面板中有如下命令帮助转换图层：

○ 【匹配图层】按钮：先选择要转换图层的对象，然后单击Enter键确认，再选择目标图层对象，即可将原对象匹配至目标图层。

○ 【更改为当前图层】按钮：选择图形对象后单击该按钮，即可将对象图层转换为当前图层；

【案例 7-5】切换图形至 Defpoint 层
视频文件：DVD\视频\第7章\7-5.MP4

（1）打开"第7章/7-5切换图形至Defpoint层.dwg"素材文件，其中已经绘制好了一完整图形，在图形上方还有绘制过程中遗留的辅助图，如图7-53所示。

（2）选择要切换图层的对象。框选上方的辅助图，如图7-54所示，

图7-54 选择对象

图7-53 素材文件

（3）切换图层。在【默认】选项卡中，打开【图层】面板中的【图层控制】下拉列表，在列表框内选择【Defpoints】层并单击，如图7-55所示。

（4）此时图形对象由其他图层转换为【Defpoints】层，如图7-56所示。再延续【案例7-4】的操作，即可完成冻结。

图7-55 【图层控制】下拉列表

图7-56 最终效果

7.3.6 ▶ 排序图层、按名称搜索图层

有时即便对图层进行了过滤，得到的图层结果还是很多，这时如果想要快速定位至所需的某个图层就不是一件简单的事情。此种情况就需要应用到图层排序与搜索。

1. 排序图层

在【图层特性管理器】选项板中可以对图层进行排序，以便图层的寻找。在【图形特性管理器】选项板中，单击列表框顶部的【名称】标题，图层将以字母的顺序排列出来，如果再次单击，排列的顺序将倒过来，如图7-57所示。

图7-57 排序图层效果

2. 按名称搜索图层

对于复杂且图层多的设计图纸而言，逐一搜索某一图层很浪费时间，因此可以通过输入图层名称来快速地搜索图层，大大提高了工作效率。

打开【图层特性管理器】选项板，在右上角搜索图层中输入图层名称，系统则自动搜索到该图层，如图7-58所示。

图7-58 按名称搜索图层

7.3.7 ▶ 删除多余图层

在图层创建过程中，如果新建了多余的图层，此时可以在【图层特性管理器】选项板中单击【删除】按钮 将其删除，但AutoCAD规定以下4类图层不能被删除，如下所述。

○ 图层0和图层Defpoints。

○ 当前图层。要删除当前层，要先改变当前层到其

他层。

- 包含对象的图层。要删除该层，必须先删除该层中所有的图形对象。
- 依赖外部参照的图层。要删除该层，必先删除外部参照。

如果图形中图层太多且杂不易管理，而将不使用的图层进行删除时，却被系统提示无法删除，如图7-59所示。

图7-59　【图层-未删除】对话框

不仅如此，局部打开图形中的图层也被视为已参照并且不能删除。对于0图层和Defpoints图层是系统自己建立的，无法删除这是常识，用户应该把图形绘制在别的图层；对于当前图层无法删除，可以更改当前图层再实行删除操作；对于包含对象或依赖外部参照的图层实行移动操作比较困难，用户可以使用"图层转换"或"图层合并"的方式删除。

1. 图层转换的方法

图层转换是将当前图像中的图层映射到指定图形或标准文件中的其他图层名和图层特性，然后使用这些贴图对其进行转换。下面介绍其操作步骤：

单击功能区【管理】选项卡【CAD标准】组面板中【图层转换器】按钮，系统弹出【图层转换器】对话框，如图7-60所示。

图7-60　【图层转换器】对话框

单击对话框【转换为】功能框中【新建】按钮，系统弹出【新图层】对话框，如图7-61所示。在【名称】文本框中输入现有的图层名称或新的图层名称，并设置线型、线宽、颜色等属性，单击【确定】按钮。

单击对话框【设置】按钮，弹出如图7-62所示的【设置】对话框。在此对话框中可以设置转换

后图层的属性状态和转换时的请求，设置完成后单击【确定】按钮。

图7-61　【新图层】对话框

图7-62　【设置】对话框

在【图层转换器】对话框【转换自】选项列表中选择需要转换的图层名称，在【转换为】选项列表中选择需要转换到的图层。这时激活【映射】按钮，单击此按钮，在【图层转换映射】列表中将显示图层转换映射列表，如图7-63所示。

映射完成后单击【转换】按钮，系统弹出【图层转换器-未保存更改】对话框，如图7-64所示，选择【仅转换】选项即可。这时打开【图层特性管理器】对话框，会发现选择的【转换自】图层不见了，这是由于转换后图层被系统自动删除，如果选择的【转换自】图层是0图层和Defpoints图层，将不会被删除。

图7-63　【图层转换器】对话框

图7-64　【图层转换器-未保存更改】对话框

2. 图层合并的方法

可以通过合并图层来减少图形中的图层数。将所合并图层上的对象移动到目标图层，并从图形中清理原始图层。以这种方法同样可以删除顽固图层，下面介绍其操作步骤：

在命令行中输入LAYMRG并按Enter键，系统提示：选择要合并的图层上的对象或[命名 (N)]。可以用鼠标在绘图区框选图形对象，也可以输入N并按Enter键。输入N并按Enter键后弹出【合并图层】对话框，如图7-65所示。在【合并图层】对话框中选择要合并的图层，单击【确定】按钮。

如需继续选择合并对象可以框选绘图区对象或输入N并按Enter键；如果选择完毕，按Enter键即可。命令行提示：选择目标图层上的对象或[名称 (N)]。可以用鼠标在绘图区框选图形对象，也可以输入N并按Enter键。输入N并按Enter键弹出【合并图层】对话框，如图7-66所示。

图7-65 选择要合并的图层　　图7-66 选择合并到的图层

在【合并图层】对话框中选择要合并的图层，单击【确定】按钮。系统弹出【合并到图层】对话框，如图7-67所示。单击【是】按钮。这时打开【图层特性管理器】对话框，图层列表中【墙体】被删除了。

图7-67 【合并到图层】

7.3.8 ▶ 清理图层和线型

由于图层和线型的定义都要保存在图形数据库中，所有它们会增加图形的大小。因此，清除图形中不再使用的图层和线型就非常有用。当然，也可以删除多余的图层，但有时很难确定哪个图层中没有对象。而使用【清理】PURGE命令就可以删除对正不再使用的定义，包括图层和线型。

调用【清理】命令的方法如下：

○ 应用程序菜单按钮：在应用程序菜单按钮中选择【图形实用工具】，然后再选择【清理】选项，如图7-68所示。

○ 命令行：PURGE。

执行上述命令后都会打开如图7-69所示的【清理】对话框。在对话框的顶部，可以选择查看能清理的对象或不能清理的对象。不能清理的对象可以帮助用户分析对象不能被清理的原因。

图7-68 应用程序菜单按钮　　图7-69 【清理】对话框
中选择【清理】

要开始进行清理操作，选择【查看能清理的项目】选项。每种对象类型前的"+"号表示它包含可清理的对象。要清理个别项目，只需选择该选项然后单击【清理】按钮；也可以单击【全部清理】按钮对所有项目进行清理。清理的过程中将会弹出如图7-70所示的对话框，提示用户是否确定清理该项目。

图7-70 【清理-确认清理】对话框

7.4 图形特性设置

在用户确实需要的情况下，可以通过【特性】面板或工具栏为所选择的图形对象单独设置特性，绘制出既属于当前层，又具有不同于当前层特性的图形对象。

7.4.1 查看并修改图形特性

一般情况下，图形对象的显示特性都是【随图层】（ByLayer），表示图形对象的属性与其所在的图层特性相同；若选择【随块】（ByBlock）选项，则对象从它所在的块中继承颜色和线型。

1. 通过【特性】面板编辑对象属性

在【默认】选项卡的【特性】面板中选择要编辑的属性栏，如图7-71所示。该面板分为多个选项列表框，分别控制对象的不同特性。选择一个对象，然后在对应选项列表框中选择要修改为的特性，即可修改对象的特性。

图7-71 【特性】面板

默认设置下，对象颜色、线宽、线型3个特性为ByLayer（随图层），即与所在图层一致，这种情况下绘制的对象将使用当前图层的特性，通过3种特性的下拉列表框（见图7-72）可以修改当前绘图特性。

调整颜色　　调整线宽　　调整线型

图7-72 【特性】面板选项列表

2. 通过【特性】选项板编辑对象属性

【特性】选项板能查看和修改的图形特性只有颜色、线型和线宽，【特性】选项板则能查看并修改更多的对象特性。在AutoCAD中打开对象的【特性】选项板有以下几种常用方法。

○ 功能区：选择要查看特性的对象，然后单击【标准】面板中的【特性】按钮。
○ 菜单栏：选择要查看特性的对象，然后选择【修改】|【特性】命令；也可先执行菜单命令，再选择对象。
○ 命令行：选择要查看特性的对象，然后在命令行中输入PROPERTIES或PR或CH并按Enter键。
○ 快捷键：选择要查看特性的对象，然后按快捷键Ctrl+1。

如果只选择了单个图形，执行以上任意一种操作将打开该对象的【特性】选项板，如图7-73所示，对其中所显示的图形信息进行修改即可。

从选项板中可以看到，该选项板不但列出了颜色、线宽、线型、打印样式、透明度等图形常规属性，还增添了【三维效果】以及【几何图形】两大属性列表框，可以查看和修改其材质效果以及几何属性。

如果同时选择了多个对象，弹出的选项板则显示了这些对象的共同属性，在不同特性的项目上显示"＊多种＊"，如图7-74所示。在【特性】选项板中包括选项列表框和文本框等项目，选择相应的选项或输入参数，即可修改对象的特性。

图7-73 单个图形的 　图7-74 多个图形的【特性】
【特性】选项板 　　　　选项板

7.4.2 匹配图形属性

特性匹配的功能如同Office软件中的"格式刷"一样，可以把一个图形对象（源对象）的特性完全"继承"给另外一个（或一组）图形对象（目标对象），使这些图形对象的部分或全部特性和源对象相同。

在AutoCAD中执行【特性匹配】命令有以下两种常用方法：

○ 菜单栏：执行【修改】|【特性匹配】命令。
○ 功能区：单击【默认】选项卡内【特性】面板的【特性匹配】按钮，如图7-75所示。
○ 命令行：MATCHPROP或MA。

233

特性匹配命令执行过程当中，需要选择两类对象：源对象和目标对象。操作完成后，目标对象的部分或全部特性和源对象相同。命令行输入如下所示。

命令：MA↙	//调用【特性匹配】命令
MATCHPROP	
选择源对象：	//单击选择源对象
当前活动设置：颜色 图层 线型 线型比例 线宽 透明度 厚度 打印样式 标注 文字 图案填充 多段线 视口 表格材质 阴影显示 多重引线	
选择目标对象或 [设置(S)]：	//光标变成格式刷形状，选择目标对象，可以立即修改其属性
选择目标对象或 [设置(S)]：↙	//选择目标对象完毕后单击Enter键，结束命令

通常，源对象可供匹配的的特性很多，选择"设置"备选项，将弹出如图7-76所示的"特性设置"对话框。在该对话框中，可以设置哪些特性允许匹配，哪些特性不允许匹配。

图7-75 【特性】面板

图7-76 【特性设置】对话框

【案例 7-6】特性匹配图层
视频文件：DVD\视频\第7章\7-6.MP4

（1）打开"第7章/7-6 特性匹配图层.dwg"素材文件，如图7-77所示。

（2）选择轴线E，编辑其特性，将线型比例设置为200，如图7-78所示。

图7-77 素材文件　　　　图7-78 选择对象

（3）在命令行输入MA并按Enter键，将轴线E的特性应用到其他轴线上，如图7-79所示。命令行操作如下：

命令: MA↙	//调用【特性匹配】命令
MATCHPROP	
选择源对象：	//单击选择轴线E作为源对象
当前活动设置: 颜色 图层 线型 线型比例 线宽 透明度 厚度 打印样式 标注 文字 图案填充 多段线 视口	

表格 材质 阴影显示 多重引线
选择目标对象或 [设置(S)]:
选择目标对象或 [设置(S)]:
选择目标对象或 [设置(S)]:
选择目标对象或 [设置(S)]:
选择目标对象或 [设置(S)]:
选择目标对象或 [设置(S)]:
选择目标对象或 [设置(S)]:
选择目标对象或 [设置(S)]:
//依次单击其他8条轴线，完成特性匹配

图7-79 特性匹配的效果

第8章
图块与外部参照

　　在实际制图中，常常需要用到同样的图形，例如机械设计中的粗糙度符号，室内设计中的门、床、家居、电器等。如果每次都重新绘制，不但浪费了大量的时间，同时也降低了工作效率。因此，AutoCAD提供了图块的功能，用户可以将一些经常使用的图形对象定义为图块。当需要重新利用到这些图形时，只需要按合适的比例插入相应的图块到指定的位置即可。

　　在设计过程中，会反复调用图形文件、样式、图块、标注、线型等内容，为了提高AutoCAD系统的效率，AutoCAD提供了设计中心这一资源管理工具，对这些资源分门别类地进行管理。

8.1 图块

图块是由多个对象组成的集合并具有块名。通过建立图块，用户可以将多个对象作为一个整体来操作。

在AutoCAD中，使用图块可以提高绘图效率、节省存储空间，同时还便于修改和重新定义图块。图块的特点具体解释如下。

○ 提高绘图效率：使用AutoCAD进行绘图的过程中，经常需绘制一些重复出现的图形，如建筑工程图中的门和窗等，如果把这些图形做成图块并以文件的形式保存在电脑中，当需要调用时再将其调入到图形文件中，就可以避免大量的重复工作，从而提高工作效率。

○ 节省存储空间：AutoCAD要保存图形中的每一个相关信息，如对象的图层、线型和颜色等，都占用大量的空间，可以把这些相同的图形先定义成一个块，然后再插入所需的位置，如在绘制建筑工程图时，可将需修改的对象用图块定义，从而节省大量的存储空间。

○ 为图块添加属性：AutoCAD允许为图块创建具有文字信息的属性并可以在插入图块时指定是否显示这些属性。

8.1.1 ▶ 内部图块

内部图块是存储在图形文件内部的块，只能在存储文件中使用，而不能在其他图形文件中使用。调用【创建块】命令的方法如下。

○ 菜单栏：执行【绘图】|【块】|【创建】命令。
○ 命令行：在命令行中输入BLOCK/B。
○ 功能区：在【默认】选项卡中，单击【块】面板中的【创建块】按钮 ▢。

执行上述任一命令后，系统弹出【块定义】对话框，如图8-1所示。在对话框中设置好块名称，块对象、块基点这3个主要要素即可创建图块。

图8-1 【块定义】对话框

对话框中常用选项的功能介绍如下。

○ 【名称】文本框：用于输入或选择块的名称。
○ 【拾取点】按钮 ▣：单击该按钮，系统切换到绘图窗口中拾取基点。
○ 【选择对象】按钮 ✛：单击该按钮，系统切换到绘图窗口中拾取创建块的对象。
○ 【保留】单选按钮：创建块后保留源对象不变。
○ 【转换为块】单选按钮：创建块后将源对象转换为块。
○ 【删除】单选按钮：创建块后删除源对象。
○ 【允许分解】复选框：勾选该选项，允许块被分解。

创建图块之前需要有源图形对象，才能使用AutoCAD创建为块。可以定义一个或多个图形对象为图块。

【案例 8-1】创建电视内部图块
视频文件：DVD\视频\第8章\8-1.MP4

（1）单击【快速访问】工具栏中的【新建】按钮 ▢，新建空白文件。

（2）在【常用】选项卡单击【绘图】面板中的【矩形】按钮 ▢，绘制长800mm、宽600mm的矩形。

（3）在命令行中输入50，将矩形向内偏移50，如图8-2所示。

（4）在【常用】选项卡中，单击【修改】面板中的【拉伸】按钮 ▢，窗交选择外矩形的下侧边作为拉伸对象，向下拉伸100mm的距离，如图8-3所示。

图8-2 绘制矩形

图8-3 选择拉伸对象

（5）在矩形内绘制几个圆作为电视机按钮，拉伸结果如图8-4所示。

（6）在【常用】选项卡中，单击【块】面板中的【创建块】按钮，系统弹出【块定义】对话框，在【名称】文本框中输入电视，如图8-5所示。

图8-4 矩形拉伸后效果

图8-5 【块定义】对话框

（7）在【对象】选项区域单击【选择对象】按钮，在绘图区选择整个图形，按空格键返回对话框。

（8）在【基点】选项区域单击【拾取点】按钮，返回绘图区指定图形中心点作为块的基点，如图8-6所示。

图8-6 选择基点

（9）单击【确定】按钮，完成普通块的创建，此时图形成为一个整体，其夹点显示如图8-7所示。

图8-7 电视图块

【案例 8-2】统计平面图中的电脑数量
视频文件：DVD\视频\第8章\8-2.MP4

（1）打开"第8章/8-2统计平面图中的电脑数量.dwg"素材文件，如图8-8所示。

（2）查找块对象的名称。在需要统计的图块上双击鼠标，系统弹出【编辑块定义】对话框，在列表中显示有图块名称，如图8-9所示，为"普通办公电脑"。

图8-8 素材文件

图8-9 【编辑块定义】对话框

（3）在命令行中输入QSELECT并按Enter键，弹出【快速选择】对话框，选择应用到【整个图形】，在【对象类型】下拉列表中选择【块参照】选项，在【特性】列表框中选择【名称】选项，再在【值】下拉列表中选择"普通办公电脑"选项，指定【运算符】选项为【=等于】，如图8-10所示。

（4）设置完成后单击对话框中的【确定】按钮，在文本信息栏里就会显示找到对象的数量，如图8-11所示，即为15台普通办公电脑。

图8-10 【快速选择】对话框

命令：QSELECT
已选定 15 个项目。

图8-11 命令行中显示数量

8.1.2 ▶ 外部图块

内部块仅限于在创建块的图形文件中使用，当其他文件中也需要使用时，则需要创建外部块，也就是永久块。外部图块不依赖于当前图形，可以在任意图形文件中调用并插入。使用【写块】命令可以创建外部块。

如要调用【写块】命令，可直接在命令行中输入WB或WBLOCK。执行该命令后，系统弹出【写块】对话框，如图8-12所示。

图8-12 【写块】对话框

- 【写块】对话框常用选项介绍如下：
- 【块】：将已定义好的块保存，可以在下拉列表中选择已有的内部块，如果当前文件中没有定义的块，该单选按钮不可用。
- 【整个图形】：将当前工作区中的全部图形保存为外部块。
- 【对象】：选择图形对象定义为外部块。该项为默认选项，一般情况下选择此项即可。
- 【拾取点】按钮：单击该按钮，系统切换到绘图窗口中拾取基点
- 【选择对象】按钮：单击该按钮，系统切换到绘图窗口中拾取创建块的对象。
- 【保留】单选按钮：创建块后保留源对象不变。
- 【从图形中删除】：将选定对象另存为文件后，从当前图形中删除它们。
- 【目标】：用于设置块的保存路径和块名。单击该选项组【文件名和路径】文本框右边的按钮，可以在打开的对话框中选择保存路径。

【案例 8-3】创建电视外部图块
视频文件：DVD\视频\第8章\8-3.MP4

本例创建好的电视机图块，不仅存在于"第8章/8-3创建电视内部图块-OK.dwg"中，还存在于所指定的路径（桌面）上。

（1）单击【快速访问】工具栏中的【打开】按钮，打开"第8章/8-3创建电视外部图块.dwg"素材文件，如图8-13所示。

图8-13 素材图形

（2）在命令行中输入WBLOCK，打开【写块】对话框，在【源】选项区域选择【块】复选框，然后在其右侧的下拉列表框中选择【电视】图块，如图8-14所示。

（3）指定保存路径。在【目标】选项区域，单击【文件和路径】文本框右侧的按钮，在弹出的对话框中选择保存路径，将其保存于桌面上，如图8-15所示。

（4）单击【确定】按钮，完成外部块的创建。

图8-14 选择目标块

图8-15 指定保存路径

8.1.3 属性块

图块包含的信息可以分为两类：图形信息和非图形信息。块属性是图块的非图形信息，例如办公室工程中定义办公桌图块，每个办公桌的编号、使用者等属性。块属性必须和图块结合在一起使用，在图纸上显示为块实例的标签或说明，单独的属性是没有意义的。

1. 创建块属性

在AutoCAD中添加块属性的操作主要分为三步：

（1）定义块属性。

（2）在定义图块时附加属性。

（3）在插入图块时输入属性值。

定义块属性必须在定义块之前进行。定义块属性的命令启动方式有以下几种：

- 功能区：单击【插入】选项卡【属性】面板【定义属性】按钮，如图8-16所示。
- 菜单栏：单击【绘图】|【块】|【定义属性】命令，如图8-17所示。
- 命令行：ATTDEF或ATT。

图8-16 定义块属性面板按钮   图8-17 定义块属性菜单命令

执行上述任一命令后，系统弹出【属性定义】对话框，如图8-18所示。然后分别填写【标记】、【提示】与【默认值】，再设置好文字位置与对齐等属性，单击【确定】按钮，即可创建一块属性。

【属性定义】对话框中常用选项的含义如下：

- 【属性】：用于设置属性数据，包括"标记""提示""默认"三个文本框。
- 【插入点】：该选项组用于指定图块属性的位置。
- 【文字设置】：该选项组用于设置属性文字的对正、样式、高度和旋转。

2. 修改属性定义

直接双击块属性，系统弹出【增强属性编辑器】对话框。在【属性】选项卡的列表中选择要修改的文字属性，然后在下面的【值】文本框中输入块中定义的标记和值属性，如图8-19所示。

图8-18 【属性定义】对话框

图8-19 【增强属性编辑器】对话框

在【增强属性编辑器】对话框中，各选项卡的含义如下：

- 属性：显示了块中每个属性的标识、提示和值。在列表框中选择某一属性后，在【值】文本框中将显示出该属性对应的属性值，可以通过它来修改属性值。
- 文字选项：用于修改属性文字的格式，该选项卡如图8-20所示。
- 特性：用于修改属性文字的图层以及线宽、线型、颜色及打印样式等，该选项卡如图8-21所示。

图8-20 【文字选项】选项卡

图8-21 【特性】选项卡

下面通过一典型例子来说明属性块的作用与含义。

【案例 8-4】创建标高属性块
视频文件：DVD\视频\第8章\8-4.MP4

（1）打开"第8章/8-4 创建标高属性块.dwg"素材文件，如图8-22所示。

（2）在【默认】选项卡中，单击【块】面板上的【定义属性】按钮，系统弹出【属性定义】对话框，定义属性参数，如图8-23所示。

图8-22 素材图形

图8-23 【属性定义】对话框

（3）单击【确定】按钮，在水平线上的合适位置放置属性定义，如图8-24所示。

图8-24 插入属性定义

（4）在【默认】选项卡中，单击【块】面板上的【创建】按钮，系统弹出【块定义】对话框。在【名称】下拉列表框中输入"标高"；单击【拾取点】按钮，拾取三角形的下角点作为基点；单击【选择对象】按钮，选择符号图形和属性定义，如图8-25所示。

图8-25 【块定义】对话框

（5）单击【确定】按钮，系统弹出【编辑属性】对话框，更改属性值为0.000，如图8-26所示。

（6）单击【确定】按钮，标高符创建完成，如图8-27所示。

图8-26 【编辑属性】对话框

图8-27 标高属性块

8.1.4 动态图块

在AutoCAD中，可以为普通图块添加动作，将其转换为动态图块，动态图块可以直接通过移动动态夹点来调整图块大小、角度，避免了频繁地进行参数输入或命令调用（如缩放、旋转、镜像命令等），使图块的操作变得更加轻松。

创建动态块的步骤有两步：一是往图块中添加参数，二是为添加的参数添加动作。动态块的创建需要使用【块编辑器】。块编辑器是一个专门的编写区域，用于添加能够使块成为动态块的元素。

调用【块编辑器】命令的方法如下。

○ 菜单栏：执行【工具】|【块编辑器】命令。
○ 命令行：在命令行中输入BEDIT/BE。
○ 功能区：在【插入】选项卡中，单击【块】面板中的【块编辑器】按钮。

【案例 8-5】创建沙发动态图块

🎬 视频文件：DVD\视频\第8章\8-5.MP4

（1）单击【快速访问】工具栏中的【打开】按钮📂，打开"第8章/8-5创建动态图块.dwg"素材文件。

（2）在命令行中输入BEDIT，系统弹出【编辑块定义】对话框，选择对话框中的【沙发】块，如图8-28所示。

图 8-28　【编辑块定义】对话框

图 8-29　【块编辑器】面板

（3）单击【确定】按钮，打开【块编辑器】面板，此时绘图窗口变为浅灰色。

（4）为图块添加线性参数。在【块编写选项板】右侧单击【参数】选项卡，再单击【翻转】按钮，如图8-29所示，为块添加翻转参数，命令行提示如下。

命令：_BParameter 翻转
指定投影线的基点或 [名称(N)/标签(L)/说明(D)/选项板(P)]：//在如图 8-30所示位置指定基点
指定投影线的端点：
　　　　　　//在如图 8-31所示位置指定端点
指定标签位置：
　　　　　　//在如图 8-32所示位置指定标签位置

图 8-30　指定基点

图 8-31　指定投影线端点

图 8-32　指定标签位置

图 8-33　添加参数的效果

（5）添加翻转参数结果如图 8-33所示。

图 8-34　【动作】选项卡

图 8-35　选择动作参数

（6）为线性参数添加动作。在【编写选项板】右侧单击【动作】选项卡，再单击【翻转】按钮，如图8-34所示，根据提示为线性参数添加拉伸动作，命令行提示如下。

命令：_BActionTool 翻转
选择参数：
　　　　　　//如图 8-35所示，选择【翻转状态1】
指定动作的选择集
　　　　　　//如图 8-36所示，选择全部图形
选择对象：指定对角点：找到 388 个

图 8-36　选择对象

图8-37 保存块定义

翻转前

翻转后

图8-38 沙发动态块

（7）在【块编辑器】选项卡中，单击【保存块】按钮，如图 8-37所示。保存创建的动作块，单击【关闭块编辑器】按钮，关闭块编辑器，完成动态块的创建，并返回到绘图窗口。

（8）为图块添加翻转动作效果如图 8-38所示

8.1.5 ▶ 插入块

块定义完成后，就可以插入与块定义关联的块实例了。启动【插入块】命令的方式有以下几种：

- 功能区：单击【插入】选项卡【注释】面板【插入】按钮，如图8-39所示。
- 菜单栏：执行【插入】|【块】命令，如图8-40所示。
- 命令行：INSERT或I。

图8-39 插入块工具按钮

图8-40 插入块菜单命令

执行上述任一命令后，系统弹出【插入】对话框，如图8-41所示。在其中选择要插入的图块再返回绘图区指定基点即可。该对话框中常用选项的含义如下：

- 【名称】下拉列表框：用于选择块或图形名称。可以单击其后的【浏览】按钮，系统弹出【打开图形文件】对话框，选择保存的块和外部图形。
- 【插入点】选项区域：设置块的插入点位置。
- 【比例】选项区域：用于设置块的插入比例。
- 【旋转】选项区域：用于设置块的旋转角度。可直接在【角度】文本框中输入角度值，也可以通过选中【在屏幕上指定】复选框，在屏幕上指定旋转角度。
- 【分解】复选框：可以将插入的块分解成块的各基本对象。

【案例 8-6】插入螺钉图块
视频文件：DVD\视频\第8章\8-6.MP4

在如图8-42所示的通孔图形中，插入定义好的"螺钉"块。因为定义的螺钉图块公称直径为10mm，该通孔的直径仅为6mm，因此螺钉图块应缩小至原来的0.6倍。

（1）打开素材文件"第8章/8-6插入螺钉图块.dwg"，其中已绘制好了一通孔，如图8-42所示。

（2）调用I【插入】命令，系统弹出【插入】对话框。

（3）选择需要插入的内部块。打开【名称】下拉列表框，选择【螺钉】图块。

（4）确定缩放比例。勾选【统一比例】复选框，在【X】框中输入"0.6"，如图8-43所示。

（5）确定插入基点位置。勾选【在屏幕上指定】复选框，单击【确定】按钮退出对话框。插入块实例到所示的B点位置，如图8-44所示，结束操作。

图8-41 【插入】对话框

图8-42 素材图形

图8-43 设置插入参数

图8-44 完成图形

8.2 编辑块

图块在创建完成后还可随时对其进行编辑，如重命名图块、分解图块、删除图块和重定义图块等。

8.2.1 设置插入基点

在创建图块时，可以为图块设置插入基点，这样在插入时就可以直接捕捉基点插入。但是如果创建的块事先没有指定插入基点，插入时系统默认的插入点为该图的坐标原点，这样往往会给绘图带来不便，此时可以使用【基点】命令为图形文件制定新的插入原点。

调用【基点】命令的方法如下。

○ 菜单栏：执行【绘图】|【块】|【基点】命令。
○ 命令行：在命令行中输入BASE。
○ 功能区：在【默认】选项卡中，单击【块】面板中的【设置基点】按钮。

执行该命令后，可以根据命令行提示输入基点坐标或用鼠标直接在绘图窗口中指定。

8.2.2 重命名图块

创建图块后，对其进行重命名的方法有多种。如果是外部图块文件，可直接在保存目录中对该图块文件进行重命名；如果是内部图块，可使用重命名命令RENAME/REN来更改图块的名称。

调用【重命名图块】命令的方法如下。

○ 命令行：在命令行中输入RENAME/REN。
○ 菜单栏：执行【格式】|【重命名】命令。

【案例 8-7】重命名图块
视频文件：DVD\视频\第8章\8-7.MP4

如果已经定义好了图块，但最后觉得图块的名称不合适，便可以通过该方法来重新定义。

（1）单击【快速访问】工具栏中的【打开】按钮，打开"第8章/8-7重命名图块.dwg"文件。

（2）在命令行中输入REN【重命名图块】命令，系统弹出【重命名】对话框，如图 8-45所示。

（3）在对话框左侧的【命名对象】列表框中选择【块】选项，在右侧的【项目】列表框中选择【中式吊灯】块。

（4）在【旧名称】文本框中显示的是该块的旧名称，在【重命名为】按钮后面的文本框中输入新名称【吊灯】，如图 8-46所示。

（5）单击【重命名为】按钮确定操作，重命名图块完成，如图 8-47所示。

图 8-45 【重命名】对话框

图 8-46 选择需重命名对象

图 8-47 重命名完成效果

8.2.3 分解图块

由于插入的图块是一个整体，在需要对图块进行编辑时，必须先将其分解。调用【分解图块】的命令方法如下。

○ 菜单栏：执行【修改】|【分解】命令。
○ 工具栏：单击【修改】工具栏中【分解】按钮。

○ 命令行：在命令行中输入EXPLODE/X。
○ 功能区：在【默认】选项卡中，单击【修改】面板中的【分解】按钮。

分解图块的操作非常简单，执行分解命令后，选择要分解的图块，再按回车键即可。图块被分解后，它的各个组成元素将变为单独的对象，之后便可以单独对各个组成元素进行编辑。

【案例 8-8】分解图块
视频文件：DVD\视频\第8章\8-8.MP4

（1）单击【快速访问】工具栏中的【打开】按钮，打开"第8章/8-8分解图块.dwg"文件，如图8-48所示。

（2）框选图形，图块的夹点显示和属性板如图8-49所示。

（3）在命令行中输入X【分解】命令，按Enter键键确认分解，分解后框选图形效果如图 8-50所示。

图 8-48 素材图样　　图 8-49 图块分解前效果

图 8-50 图块分解后效果

8.2.4 ▶ 删除图块

如果图块是外部图块文件，可直接在计算机中删除；如果图块是内部图块，可使用以下删除方法删除。

○ 应用程序：单击【应用程序】按钮，在下拉菜单中选择【图形实用工具】中的【清理】命令。

○ 命令行：在命令行中输入PURGE/PU。

【案例 8-9】删除图块
视频文件：DVD\视频\第8章\8-9.MP4

（1）单击【快速访问】工具栏中的【打开】按钮，打开"第8章/8-9删除图块.dwg"文件。

（2）在命令行中输入PU【删除图块】命令，系统弹出【清理】对话框，如图 8-51所示。

（3）选择【查看能清理的项目】单选按钮，在【图形中未使用的项目】列表框中双击【块】选项，展开此项将显示当前图形文件中的所有内部块，如图 8-52所示。

（4）选择要删除的【DP006】图块，然后单击【清理】按钮，清理后效果如图 8-53所示。

图 8-51 【清理】　　图 8-52 选择　　图 8-53 清理后
对话框　　　　　【块】选项　　　　效果

8.3 外部参照

AutoCAD将外部参照作为一种图块类型定义，它也可以提高绘图效率。但外部参照与图块有一些重要的区别，将图形作为图块插入时，它存储在图形中，不随原始图形的改变而更新；将图形作为外部参照时，会将该参照图形链接到当前图形，对参照图形所做的任何修改都会显示在当前图形中。一个图形可作为外部参照同时附着插入到多个图形中，同样也可以将多个图形作为外部参照附着到单个图形中。

8.3.1 ▶ 了解外部参照

外部参照通常称为XREF，用户可以将整个图形作为参照图形附着到当前图形中，而不是插入它。这样可以通过在图形中参照其他用户的图形协调用户之间的工作，查看当前图形是否与其他图形相匹配。

当前图形记录了外部参照的位置和名称，以便使用时能很容易地参考，但外部参照并不是当前图形的一部分。和块一样，用户同样可以捕捉外部参照中的对象，从而使用它作为图形处理的参考。此外，还可以改变外部参照图层的可见性设置。

使用外部参照要注意以下几点：

○ 确保显示参照图形的最新版本。打开图形时，将自动重载每个参照图形，从而反映参照图形文件的最新状态。

○ 请勿在图形中使用参照图形中已存在的图层名、标注样式、文字样式和其他命名元素。

○ 当工程完成并准备归档时，将附着的参照图形和当前图形永久合并（绑定）到一起。

8.3.2 ▶ 附着外部参照

用户可以将其他文件的图形作为参照图形附着到当前图形中，这样可以通过在图形中参照其他用户的图形来协调各用户之间的工作，查看当前图形是否与其他图形相匹配。下面介绍4种【附着】外部参照的方法。

○ 菜单栏：执行【插入】|【DWG参照】命令。

○ 工具栏：单击【插入】工具栏中【附着】按钮 。

○ 命令行：在命令行中输入XATTACH/XA 。

○ 功能区：在【插入】选项卡中，单击【参照】面板中的【附着】按钮 。

执行附着命令，选择一个DWG文件，打开后弹出【附着外部参照】对话框，如图8-54所示。

图8-54　【附着外部参照】对话框

【附着外部参照】对话框各选项介绍如下。

○ 【参照类型】选项组：选择【附着型】单选按钮，表示显示嵌套参照中的嵌套内容；选择【覆盖型】单选按钮，表示不显示嵌套参照中的嵌套内容。

○ 【路径类型】选项组：【完整路径】，使用此选项附着外部参照时，外部参照的精确位置将保存到主图形中，此选项的精确度最高，但灵活性最小，如果移动工程文件，AutoCAD将无法融入任何使用完整路径附着的外部参照；【相对路径】，使用此选项附着外部参照时，将保存外部参照相对于主图形的位置，此选项的灵活性最大，如果移动工程文件夹，AutoCAD仍可以融入使用相对路径附着的外部参照，只要此外部参照相对主图形的位置未发生变化；【无路径】，在不使用路径附着外部参照时，AutoCAD首先在主图形中的文件夹中查找外部参照，当外部参照文件与主图形位于同一个文件夹中时，此选项非常有用。

【案例 8-10】【附着】外部参照
　视频文件：DVD\视频\第8章\8-10.MP4

外部参照图形非常适合用作参考插入。据统计，如果要参考某一现成的dwg图纸来进行绘制，绝大多数设计师都会采取打开该dwg文件，然后使用Ctrl+C、Ctrl+V组合键直接将图形复制到新创建的图纸上。这种方法使用方便、快捷，但缺点就是新建的图纸与原来的dwg文件没有关联性，如果参考的dwg文件有所更改，则新建的图纸不会有所提升。而如果采用外部参照的方式插入参考用的dwg文件，则可以实时更新。下面通过一个例子来进行介绍。

（1）单击【快速访问工具栏】中的【打开】按钮，打开"第8章/8-10【附着】外部参照.dwg"文件，如图 8-55所示。

（2）在【插入】选项卡中，单击【参照】面板中的【附着】按钮 ，系统弹出【选择参照文件】对话框。在【文件类型】下拉列表中选择"图形（*.dwg）"，并找到同文件内的"参照素材.dwg"文件，如图 8-56所示。

图 8-55　素材图样

图 8-56　【选择参照文件】对话框

（3）单击【打开】按钮，系统弹出【附着外部参照】对话框，所有选项保持默认，如图 8-57 所示。

（4）单击【确定】按钮，在绘图区域指定端点，并调整其位置，即可附着外部参照，如图 8-58 所示。

图 8-57 【附着外部参照】对话框

图 8-58 附着外部参照效果

（5）插入的参照图形为该零件的右视图，此时就可以结合现有图形与参照图绘制零件的其他视图，或者进行标注。

（6）读者可以先按Ctrl+S组合键进行保存，然后退出该文件；接着打开同文件夹内的"参照素材.dwg"文件，并删除其中的4个小孔，如图8-59所示，再按Ctrl+S组合键进行保存，然后退出。

图8-59 对参照文件进行修改

（7）此时再重新打开"10-9【附着】外部参照.dwg"文件，则会出现如图8-60所示的提示，单击"重载 参照素材"链接，则图形变为如图8-61所示。这样参照的图形得到了实时更新，可以保证设计的准确性。

图8-60 参照提示

图8-61 更新参照对象后的附着效果

8.3.3 ▶ 拆离外部参照

要从图形中完全删除外部参照，需要拆离而不是删除。例如，删除外部参照不会删除与其关联的图层定义。使用【拆离】命令，才能删除外部参照和所有关联信息。

拆离外部参照的一般步骤如下：

（1）打开【外部参照】选项板。

（2）在选项板中选择需要删除的外部参照，并在参照上右击。

（3）在弹出的快捷菜单中选择【拆离】，即可拆离选定的外部参考，如图 8-62所示。

8.3.4 ▶ 管理外部参照

在AutoCAD中，可以在【外部参照】选项板中

图 8-62 【外部参照】选项板

对外部参照进行编辑和管理。调用【外部参照】选项板的方法如下：

❍ 命令行：在命令行中输入XREF/XR。

- 功能区：在【插入】选项卡中，单击【注释】面板右下角箭头按钮 。
- 菜单栏：执行【插入】|【外部参照】命令。

【外部参照】选项板各选项功能如下。

- 按钮区域：此区域有【附着】、【刷新】、【帮助】3 个按钮，【附着】按钮可以用于添加不同格式的外部参照文件；【刷新】按钮用于刷新当前选项卡显示；【帮助】按钮可以打开系统的帮助页面，从而可以快速了解相关的知识。
- 【文件参照】列表框：此列表框中显示了当前图形中各个外部参照文件名称，单击其右上方的【列表图】或【树状图】按钮，可以设置文件列表框的显示形式。【列表图】表示以列表形式显示，如图 8-63 所示；【树状图】表示以树形显示，如图 8-64 所示。
- 【详细信息】选项区域：用于显示外部参照文件的各种信息。选择任意一个外部参照文件后，将在此处显示该外部参照文件的名称、加载状态、文件大小、参照类型、参照日期以及参照文件的存储路径等内容，如图 8-65 所示。

当附着多个外部参照后，在文件参照列表框中文件上右击，将弹出快捷菜单，在菜单上选择不同的命令可以对外部参照进行相关操作。

快捷菜单中各命令的含义如下。

- 【打开】：单击该按钮可在新建窗口中打开选定的外部参照进行编辑。在【外部参照管理器】对话框关闭后，显示新建窗口。
- 【附着】：单击该按钮可打开【选择参照文件】对话框，在该对话框中可以选择需要插入到当前图形中外部参照文件。
- 【卸载】：单击该按钮可从当前图形中移走不需要的外部参照文件，但移走后仍保留该文件的路径，当希望再次参照该文件时，单击对话框中的【重载】按钮即可。
- 【重载】：单击该按钮可在不退出当前图形的情况下，更新外部参照文件。
- 【拆离】：单击该按钮可从当前图形中移去不再需要的外部参照文件。

8.3.5 ▶ 剪裁外部参照

剪裁外部参照可以去除多余的参照部分，而无需更改原参照图形。【剪裁】外部参照的方法如下。

- 菜单栏：执行【修改】|【剪裁】|【外部参照】命令。
- 命令行：在命令行中输入 CLIP。
- 功能区：在【插入】选项卡中，单击【参照】面板中的【剪裁】按钮 。

图 8-63 【列表图】样式　　图 8-64 【树状图】样式　　图 8-65 参照文件详细信息

【案例 8-11】【剪裁】外部参照
视频文件：DVD\视频\第8章\8-11.MP4

（1）单击【快速访问工具栏】中的【打开】按钮 ，打开"第8章/8-11【剪裁】外部参照.dwg"素材文件，如图 8-66 所示。

（2）在【插入】选项板中，单击【参照】面板中的【剪裁】按钮 ，根据命令行的提示修剪参照，如图 8-67 所示，命令行操作如下：

```
命令: _xclip↙                         //调用【剪裁】命令
选择对象: 找到 1 个                     //选择外部参照
选择对象:
输入剪裁选项
[开(ON)/关(OFF)/剪裁深度(C)/删除(D)/生成多段线(P)/新建边界(N)] <新建边界>: ON↙
                                      //激活【开(ON)】选项
输入剪裁选项
```

[开(ON)/关(OFF)/剪裁深度(C)/删除(D)/生成多段线(P)/新建边界(N)] <新建边界>: n↙
　　　　　　　　　　　　　　　//激活【新建边界(N)】选项

外部模式 – 边界外的对象将被隐藏。
指定剪裁边界或选择反向选项:
[选择多段线(S)/多边形(P)/矩形(R)/反向剪裁(I)] <矩形>: p↙　　//激活【多边形(P)】选项
指定第一点:　　　　　　　　　　//拾取A、B、C、D点指定剪裁边界
指定下一点或 [放弃(U)]:
指定下一点或 [放弃(U)]:
指定下一点或 [放弃(U)]: ↙　　　　　　　　//按Enter完成修剪

图 8-66　素材图样　　　　　　　　　　　　图 8-67　剪裁后效果

第9章
打印出图和输出

　　当完成所有的设计和制图工作之后，就需要将图形文件通过绘图仪或打印输出为图样。本章主要讲述AutoCAD出图过程中涉及的一些问题，包括模型空间与图样空间的转换、打印样式、打印比例设置等。

9.1 模型空间与布局空间

模型空间和布局空间是AutoCAD的两个功能不同的工作空间，单击绘图区下面的标签页，可以在模型空间和布局空间切换，一个打开的文件中只有一个模型空间和两个默认的布局空间，用户也可创建更多的布局空间。

9.1.1 模型空间

当打开或新建一个图形文件时，系统将默认进入模型空间，如图9-1所示。模型空间是一个无限大的绘图区域，可以在其中创建二维或三维图形，以及进行必要的尺寸标注和文字说明。

模型空间对应的窗口称为模型窗口，在模型窗口中，十字光标在整个绘图区域都处于激活状态，并且可以创建多个不重复的平铺视口，以展示图形的不同视口，如在绘制机械三维图形时，可以创建多个视口，以从不同的角度观测图形。在一个视口中对图形做出修改后，其他视口也会随之更新，如图9-2所示。

图9-1 模型空间

图9-2 模型空间的视口

9.1.2 布局空间

布局空间又称为图纸空间，主要用于出图。模型建立后，需要将模型打印到纸面上形成图样。使用布局空间可以方便地设置打印设备、纸张、比例尺、图样布局，并预览实际出图的效果，如图9-3所示。

图9-3 布局空间

布局空间对应的窗口称为布局窗口，可以在同一个AutoCAD文档中创建多个不同的布局图，单击工作区左下角的各个布局按钮，可以从模型窗口切换到各个布局窗口，当需要将多个视图放在同一张图样上输出时，布局就可以很方便地控制图形的位置，输出比例等参数。

9.1.3 空间管理

右击绘图窗口下【模型】或【布局】选项卡，在弹出的快捷菜单中选择相应的命令，可以对布局进行删除、新建、重命名、移动、复制、页面设置等操作，如图9-4所示。

图9-4 【布局】快捷菜单

图9-5 空间切换

1. 空间的切换

在模型中绘制完图样后，若需要进行布局打

印，可单击绘图区左下角的布局空间选项卡，即【布局1】和【布局2】进入布局空间，对图样打印输出的布局效果进行设置。设置完毕后，单击【模型】选项卡即可返回到模型空间，如图9-5所示。

2. 创建新布局

布局是一种图纸空间环境，它模拟显示图纸页面，提供直观的打印设置，主要用来控制图形的输出，布局中所显示的图形与图纸页面上打印出来的图形完全一样。

调用【创建布局】的方法如下：

- 菜单栏：执行【工具】|【向导】|【创建布局】命令，如图9-6所示。
- 命令行：在命令行中输入LAYOUT。
- 功能区：在【布局】选项卡中，单击【布局】面板中的【新建】按钮，如图9-7所示。
- 快捷方式：右击绘图窗口下的【模型】或【布局】选项卡，在弹出的快捷菜单中，选择【创建布局】命令。

图9-6 菜单栏调用【创建布局】命令

图9-7 功能区【新建布局】面板

【创建布局】的操作过程与新建文件相差无几，同样可以通过功能区中的选项卡来完成。下面便通过一个具体案例来进行说明。

【案例 9-1】创建新布局
🎬 视频文件：DVD\视频\第9章\9-1.MP4

创建布局并重命名为合适的名称，可以起到快速浏览文件的作用，也能快速定位至需要打印的图纸，如立面图、平面图等。

（1）单击【快速访问】工具栏中的【打开】按钮📂，打开"第9章/9-1创建新布局.dwg"素材文件，如图9-8所示是【布局1】窗口显示界面。

图9-8 素材文件

（2）在【布局】选项卡中，单击【布局】面板中的【新建】按钮，新建名为【立面图布局】的布

局，命令行提示如下：

```
命令: _layout↙
输入布局选项 [复制(C)/删除(D)/新建(N)/样板(T)/重命名(R)/另存为(SA)/设置(S)/?] <设置>: _new
输入新布局名 <布局3>: 立面图布局
```

（3）完成布局的创建，单击【立面图布局】选项卡，切换至【立面图布局】空间，效果如图9-9所示。

图9-9 创建布局空间

3. 插入样板布局

在AutoCAD中，提供了多种样板布局供用户使用。其创建方法如下：

- 菜单栏：执行【插入】|【布局】|【来自样板的布局】命令，如图9-10所示。
- 功能区：在【布局】选项卡中，单击【布局】面板中的【从样板】按钮，如图9-11所示。
- 快捷方式：右击绘图窗口左下方的布局选项卡，在

弹出的菜单中选择【来自样板的布局】命令。

图9-11 从功能区调用【从样板】命令

图9-10 从菜单栏调用【来自样板的布局】命令

执行上述命令后，系将弹出【从文件选择样板】对话框，可以在其中选择需要的样板创建布局。

【案例 9-2】插入样板布局
视频文件: DVD\视频\第9章\9-2.MP4

如果需要将图纸发送至国外的客户，可以尽量采用AutoCAD中自带的英制或公制模板。

（1）单击【快速访问】工具栏中的【新建】按钮，新建空白文件。

（2）在【布局】选项卡中，单击【布局】面板中的【从样板】按钮，系统弹出【从文件选择样板】对话框，如图9-12所示。

图9-13 【插入布局】对话框

（4）完成样板布局的插入，切换至新创建的【D-Size Layout】布局空间，效果如图9-14所示。

图9-12 【从文件选择样板】对话框

（3）选择【Tutorial-iArch】样板，单击【打开】按钮，系统弹出【插入布局】对话框，如图9-13所示，选择布局名称后单击【确定】按钮。

图9-14 样板空间

4. 布局的组成

布局图中通常存在3个边界，如图9-15所示。最外层的是纸张边界，在【纸张设置】中通过纸张类型和打印方向确定。靠里面虚线线框是打印边界，其作用就好像Word文档中的页边距一样，只有位于打印边界内部的图形才会被打印出来。位于图形四周的实线线框为视口边界，边界内部的图形就是模型空间中的模型，视口边界的大小和位置是可调的。

图9-15 布局图的边界

9.2 打印样式

在图形绘制过程中，AutoCAD可以为单个的图形对象设置颜色、线型、线宽等属性，这些样式可以在屏幕上直接显示出来。在出图时，有时用户希望打印出来的图样和绘图时图形所显示的属性有所不同，例如在绘图时一般会使用各种颜色的线型，但打印时仅以黑白打印。

打印样式的作用就是在打印时修改图形外观。每种打印样式都有其样式特性，包括端点、连接、填充图案，以及抖动、灰度等打印效果。打印样式特性的定义都以打印样式表文件的形式保存在AutoCAD的支持文件搜索路径下。

9.2.1 打印样式的类型

AutoCAD中有两种类型的打印样式：【颜色相关样式（CTB）】和【命名样式（STB）】

○ 颜色相关打印样式以对象的颜色为基础，共有255种颜色相关打印样式。在颜色相关打印样式模式下，通过调整与对象颜色对应的打印样式可以控制所有具有同种颜色的对象的打印方式。颜色相关打印样式表文件的后缀名为".ctb"。

○ 命名打印样式可以独立于对象的颜色使用，可以给对象指定任意一种打印样式，不管对象的颜色是什么。命名打印样式表文件的后缀名为".stb"。

简而言之，".ctb"打印样式是根据颜色来确定线宽的，同一种颜色只能对应一种线宽；而".stb"打印样式则是根据对象的特性或名称来指定线宽的，同一种颜色打印出来可以有两种不同的线宽，因为它们的对象可能不一样。

9.2.2 打印样式的设置

使用打印样式可以多方面控制对象的打印方式，打印样式属于对象的一种特性，它用于修改打印图形的外观。用户可以设置打印样式来代替其他对象原有的颜色、线型和线宽等特性。在同一个AutoCAD图形文件中，不允许同时使用两种不同的打印样式类型，但允许使用同一类型的多个打印样式。例如，若当前文档使用命名打印样式时，图层特性管理器中的【打印样式】属性项是不可用的，因为该属性只能用于设置颜色打印样式。

设置【打印样式】的方法如下：
○ 菜单栏：执行【文件】|【打印样式管理器】命令。
○ 命令行：在命令行中输入STYLESMANAGER。

执行上述任一命令后，系统自动弹出如图9-16所示对话框。所有CTB和STB打印样式表文件都保存在这个对话框中。

双击【添加打印样式表向导】文件，可以根据对话框提示逐步创建新的打印样式表文件。将打印样式附加到相应的布局图，就可以按照打印样式的定义进行打印了。

图9-16 打印样式管理器

在系统盘的AutoCAD存贮目录下，可以打开如图9-16所示的【Plot Styles】文件夹，其中便存放着AutoCAD自带的10种打印样式（.ctb），各打印样式含义说明如下：
○ acad.ctb：默认的打印样式表，所有打印设置均为初始值。
○ fillPatterns.ctb：设置前 9 种颜色使用前 9 个填充图案，所有其他颜色使用对象的填充图案。
○ grayscale.ctb：将所有颜色转换为灰度。
○ monochrome.ctb：将所有颜色打印为黑色。
○ screening 100%.ctb：对所有颜色用 100% 墨水。
○ screening 75%.ctb：对所有颜色使用 75% 墨水。
○ screening 50%.ctb：对所有颜色使用 50% 墨水。
○ screening 25%.ctb：对所有颜色使用 25% 墨水。

【案例 9-3】添加颜色打印样式
视频文件：DVD\视频\第9章\9-3.MP4

使用颜色打印样式可以通过图形的颜色设置不同的打印宽度、颜色、线型等打印外观。

（1）单击【快速访问】工具栏中的【新建】按钮，新建空白文件。

（2）执行【文件】|【打印样式管理器】菜单命令，系统自动弹出【打印样式管理器】对话框，双击【添加打印样式表向导】图标，系统弹出【添加打印样式表】对话框，如图9-17所示，单击【下一步】按钮，系统转换成【添加打印样式表 -开始】对话框，如图9-18所示。

图9-17 【添加打印样式表】对话框

图9-18 【添加打印样式表-开始】对话框

（3）选择【创建新打印样式表】单选按钮，单击【下一步】按钮，系统打开【添加打印样式表-选择打印样式表】对话框，如图9-19所示，选择【颜色相关打印样式表】单选按钮，单击【下一步】按钮，系统转换成【添加打印样式表-文件名】对话框，如图9-20所示。新建一个名为【打印线宽】的颜色打印样式表文件，单击【下一步】按钮。

图9-19 【添加打印样式表-选择打印样式】

图9-20 【添加打印样式表—文件名】对话框

（4）在【添加打印样式表-完成】对话框中单击【打印样式表编辑器】按钮，如图9-21所示，打开【打印样式表编辑器】对话框。

（5）在【打印样式】列表框中选择【颜色1】，单击【表格视图】选项卡中【特性】选项组的【颜色】下拉列表框中选择黑色，【线宽】下拉列表框中选择线宽0.3mm，如图9-22所示。

图9-21 【添加打印样式表-完成】对话框

图9-22 【打印样式表编辑器】对话框

操作技巧

黑白打印机常用灰度区分不同的颜色，使得图样比较模糊。可以在【打印样式表编辑器】对话框的【颜色】下拉列表框中将所有颜色的打印样式设置为"黑色"，以得到清晰的出图效果。

（6）单击【保存并关闭】按钮，这样所有用【颜色1】的图形打印时都将以线宽0.3mm来出图，设置完成后，再选择【文件】|【打印样式管理器】，在打开的对话框中，【打印线宽】就出现在该对话框中，如图9-23所示。

图9-23 添加打印样式结果

【案例 9-4】添加命名打印样式

视频文件：DVD\视频\第9章\9-4.MP4

采用 ".stb" 打印样式类型，为不同的图层设置不同的命名打印样式。

（1）单击【快速访问】工具栏中的【新建】按钮，新建空白文件。

（2）执行【文件】|【打印样式管理器】菜单命令，单击系统弹出的对话框中的【添加打印样式表向导】图标，系统弹出【添加打印样式表】对话框，如图9-24所示。

（3）单击【下一步】按钮，打开【添加打印样式表-开始】对话框，选择【创建新打印样式表】单选按钮，如图9-25所示。

图9-24 【添加打印样式表】对话框

图9-25 【添加打印样式表-开始】对话框

（4）单击【下一步】按钮，打开【添加打印样式表-选择打印样式表】对话框，单击【命名打印样式表】单选按钮，如图9-26所示。

（5）单击【下一步】按钮，系统打开【添加打印样式表-文件名】对话框，如图9-27所示，新建一个名为【机械零件图】的命名打印样式表文件，单击【下一步】按钮。

图9-26 【添加打印样式表-选择打印样式】对话框

图9-27 【添加打印样式表-文件名】对话框

（6）在【添加打印样式表-完成】对话框中单击【打印样式表编辑器】按钮，如图9-28所示。

（7）在打开的【打印样式表编辑器-机械零件图.stb】对话框中，在【表格视图】选项卡中，单击【添加样式】按钮，添加一个名为【粗实线】的打印样式，设置【颜色】为黑色，【线宽】为0.3mm。用同样的方法添加一个命名打印样式为【细实线】，设置【颜色】为黑色，【线宽】为0.1mm，【淡显】为30，如图9-29所示。设置完成后，单击【保存并关闭】按钮退出对话框。

图9-28 【打印样式表编辑器】对话框

图9-29 【添加打印样式】对话框

（8）设置完成后，再执行【文件】【打印样式管理器】，【机械零件图】就出现在打开的对话框中，如图9-30所示。

图9-30 添加打印样式结果

9.3 布局图样

在正式出图之前，需要在布局窗口中创建好布局图，并对绘图设备、打印样式、纸张、比例尺和视口等进行设置。布局图显示的效果就是图样打印的实际效果。

9.3.1 创建布局

打开一个新的AutoCAD图形文件时，就已经存在了两个布局，即【布局1】和【布局2】。在布局图标签上右击，弹出快捷菜单。在弹出的快捷菜单中选择【新建布局】命令，通过该方法，可以新建更多的布局图。

【创建布局】命令的方法如下：

- 菜单栏：执行【插入】|【布局】|【新建布局】命令。
- 功能区：在【布局】选项卡中，单击【布局】面板中的【新建】按钮 ▣ 。
- 命令行：在命令行中输入LAYOUT。
- 快捷方式：在【布局】选项卡上单击鼠标右键，在弹出的快捷菜单中选择【新建布局】命令。
- 上述介绍的方法所创建的布局，都与图形自带的【布局1】与【布局2】相同，如果要创建新的布局格式，只能通过布局向导来创建。下面通过一个例子来进行介绍。

9.3.2 调整布局

创建好一个新的布局图后，接下来的工作就是对布局图中的图形位置和大小进行调整和布置。

1. 调整视口

视口的大小和位置是可以调整的，视口边界

实际上是在图样空间中自动创建的一个矩形图形对象，单击视口边界，4个角点上出现夹点，可以利用夹点拉伸的方法调整视口，如图 9-31所示。

图 9-31 利用夹点调整视口

如果出图时只需要一个视口，通常可以调整视口边界到充满整个打印边界。

2. 设置图形比例

设置比例尺是出图过程中最重要的一个步骤，该比例尺反映了图上距离和实际距离的换算关系。

AutoCAD制图和传统纸面制图在比例设置比例尺这一步骤上有很大的不同。传统制图的比例尺一开始就已经确定，并且绘制的是经过比例换算后的图形。而在AutoCAD建模过程中，在模型空间中始终按照1：1的实际尺寸绘图。只有在出图时，才按照比例尺将模型缩小到布局图上进行出图。

如果需要观看当前布局图的比例尺，首先应

在视口内部双击，使当前视口内的图形处于激活状态，然后单击工作区间右下角【图纸/模型】切换开关，将视口切换到模式空间状态。然后打开【视口】工具栏。在该工具栏右边文本框中显示的数值，就是图样空间相对于模型空间的比例尺，同时也是出图时的最终比例。

3. 在图样空间中增加图形对象

有时需要在出图时添加一些不属于模型本身的内容，例如制图说明、图例符号、图框、标题栏、会签栏等，此时可以在布局空间状态下添加这些对象，这些对象只会添加到布局图中，而不会添加到模型空间中。

【案例 9-5】调整布局
视频文件: DVD\视频\第9章\9-5.MP4

有时绘制好了图形，但切换至布局空间时，显示的效果并不理想，这时就需要对布局进行调整，使视图符合打印的要求。

（1）单击【快速访问】工具栏中的【打开】按钮，打开"第9章/9-5调整布局.dwg"，如图9-32所示。

（2）在【布局】选项卡中，单击【布局】面板中的【新建】按钮，新建名为【标准层平面图】布局，命令行提示如下：

> 输入布局选项 [复制(C)/删除(D)/新建(N)/样板(T)/重命名(R)/另存为(SA)/设置(S)/?] <设置>: _new↙
> 输入新布局名 <布局3>:标准层平面图↙

（3）创建完毕后，切换至【标准层平面图】布局空间，效果如图9-33所示。

图9-32 素材文件

图9-33 切换空间

（4）单击图样空间中的视口边界，四个角点上出现夹点，调整视口边界到充满整个打印边界，如图9-34所示。

（5）单击工作区右下角【图纸/模型】切换开关图纸，将视口切换到模型空间状态。

（6）在命令行输入ZOOM，调用【缩放】命令，使所有的图形对象充满整个视口，并调整图形到合适位置，如图9-35所示。

（7）完成布局的调整，此时工作区右边显示的就是当前图形的比例尺。

图9-34 调整布局

图9-35 缩放图形

9.4 视口

视口是在布局空间中构造布局图时涉及的一个概念，布局空间相当于一张空白的纸，在其上布置图形时，先要在纸上开一扇窗，让存在于里面的图形能够显示出来，视口的作用就相当于这扇窗。可以将视口视为布局空间的图形对象，并对其进行移动和调整，这样就可以在一个布局内进行不同视图的放置、绘制、编辑和打印。视口可以相互重叠或分离。

9.4.1 删除视口

打开布局空间时，系统就已经自动创建了一个视口，所以能够看到分布在其中的图形。

在布局中，选择视口的边界，如图9-36所示，按Delete键可删除视口，删除后，显示于该视口的图像将不可见，如图9-37所示。

图9-36 选中视口

图9-37 删除视口

9.4.2 新建视口

系统默认的视口往往不能满足布局的要求，尤其是在进行多视口布局时，这时需要手动创建新视口，并对其进行调整和编辑。

【新建视口】的方法如下：

○ 功能区：在【输出】选项卡中，单击【布局视口】面板中的按钮，可创建相应的视口。

○ 菜单栏：执行【视图】|【视口】命令。

○ 命令行：VPORTS。

1. 创建标准视口

执行上述命令下的【新建视口】子命令后，将打开【视口】对话框，如图 9-38所示，在【新建视口】选项卡的【标准视口】列表中可以选择要创建的视口类型，在右边的预览窗口中可以进行预览。可以创建单个视口，也可以创建多个视口，如图 9-39所示，还可以选择多个视口的摆放位置。

图9-38 【视口】对话框

图 9-39 创建多个视口

调用多个视口的方法如下：

○ 功能区：在【布局】选项卡中，单击【布局视口】中的的按钮，如图9-40所示。

○ 菜单栏：执行【视图】|【视口】命令，如图9-41所示。

○ 命令行：VPORTS。

图9-42　多边形视口

图9-40　功能区调用【视口】
命令

图9-41　菜单栏调用【视
口】命令

2. 创建特殊形状的视口

执行上述命令中的【多边形视口】命令，可以
创建多边形的视口，如图9-42所示。甚至还可以在
布局图样中手动绘制特殊的封闭对象边界，如多边
形、圆、样条曲线或椭圆等，然后使用【对象】命
令，将其转换为视口，如图9-43所示。

图9-43　转换为视口

【案例 9-6】创建正五边形视口
视频文件：DVD\视频\第9章\9-6.MP4

（1）单击【快速访问】工具栏中的【打开】按钮
📂，打开"第9章/9-6创建正五边形视口.dwg"素材
文件，如图9-44所示。

（2）切换至【布局1】空间，选取默认的矩形浮动
视口，按Delete键删除，此时图像将不可见，如图
9-45所示。

【正多边形】按钮⬠，绘制内接于圆、半径为90mm
的正五边形，如图9-46所示。

（4）在【布局】选项卡中，单击【布局视口】面板
中的【对象】按钮，选择正五边形，将正五边形
转换为视口，效果如图9-47所示。

图9-44　素材文件

图9-46　绘制正五边形　　图9-47　转换视口

（5）单击工作区右下角的【模型/图纸空间】切换开
关**图纸**，切换为模型空间，对图形进行缩放，最终结
果如图9-48所示。

图9-45　删除视口

（3）在【默认】选项卡中，单击【绘图】面板中的

图9-48　最终效果图

9.4.3 ▶ 调整视口

视口创建后，为了使其满足需要，还需要对视口的大小和位置进行调整，相对于布局空间，视口和一般的图形对象没什么区别，每个视口均被绘制在当前层上，且采用当前层的颜色和线型。因此可使用通常的图形编辑方法来编辑视口。例如，可以通过拉伸和移动夹点来调整视口的边界，如图9-49所示。

图9-49 利用夹点调整视口

9.5 页面设置

页面设置是出图准备过程中的最后一个步骤，打印的图形在进行布局之前，先要对布局的页面进行设置，以确定出图的纸张大小等参数。页面设置包括打印设备、纸张、打印区域、打印方向等参数的设置。页面设置可以命名保存，可以将同一个命名页面设置应用到多个布局图中，也可以从其他图形中输入命名页面设置并将其应用到当前图形的布局中，就避免了在每次打印前都反复进行打印设置的麻烦。

页面设置在【页面设置管理器】对话框中进行，调用【新建页面设置】的方法如下：

- 菜单栏：执行【文件】|【页面设置管理器】命令，如图9-50所示。
- 命令行：在命令行中输入PAGESETUP。
- 功能区：在【输出】选项卡中，单击【布局】面板或【打印】面板中的【页面设置管理器】按钮 ，如图9-51所示。
- 快捷方式：右击绘图窗口下的【模型】或【布局】选项卡，在弹出的快捷菜单中，选择【页面设置管理器】命令。

执行该命令后，将打开【页面设置管理器】对话框，如图9-52所示，对话框中显示了已存在的所有页面设置的列表。通过右击页面设置，或单击右边的工具按钮，可以对页面设置进行新建、修改、删除、重命名和当前页面设置等操作。

单击对话框中的【新建】按钮，新建一个页面，或选中某页面设置后单击【修改】按钮，都将打开如图9-53所示的【页面设置】对话框。在该对话框中，可以进行打印设备、图样、打印区域、比例等选项的设置。

图9-50 菜单栏调用【页面设置管理器】命令

图9-51 功能区调用【页面设置管理器】命令

图9-52 【页面设置管理器】对话框

图9-53 【页面设置】对话框

9.5.1 ▶ 指定打印设备

【打印机/绘图仪】选项组用于设置出图的绘图仪或打印机。如果打印设备已经与计算机或网络系统正确连接，并且驱动程序也已经正常安装，那么在【名称】下拉列表框中就会显示该打印设备的名称，可以选择需要的打印设备。

AutoCAD将打印介质和打印设备的相关信息存储在后缀名为*.pc3的打印配置文件中，这些信息包括绘图仪配置设置指定端口信息、光栅图形和矢量图形的质量、图样尺寸以及取决于绘图仪类型的自定义特性。这样使得打印配置可以用于其他AutoCAD文档，能够实现共享，避免了反复设置。

单击功能区【输出】选项卡【打印】组面板中【打印】按钮，系统弹出【打印-模型】对话框，如图9-54所示。在对话框【打印机／绘图仪】功能框的【名称】下拉列表中选择要设置的名称选项，单击右边的【特性】按钮 特性(R)... ，系统弹出【绘图仪配置编辑器】对话框，如图9-55所示。

图9-54 【打印-模型】对话框

图9-55 【绘图仪配置编辑器】对话框

切换到【设备和文档设置】选项卡，选择各个节点，然后进行更改即可，各节点修改的方法见本节的"选项说明"。在这里，如果更改了设置，所做更改将出现在设置名旁边的尖括号（< >）中。修改过其值的节点图标上还会显示一个复选标记。

对话框中共有【介质】、【图形】、【自定义特性】和【用户定义图纸尺寸与校准】4个主节点，除【自定义特性】节点外，其余节点均有子菜单。下面对各个节点进行介绍。

1. 【介质】节点

该节点可指定纸张来源、大小、类型和目标，在点选此选项后，在【尺寸】选项列表中指定。有效的设置取决于配置的绘图仪支持的功能。对于 Windows 系统打印机，必须使用"自定义特性"节点配置介质设置。

2. 【图形】节点

为打印矢量图形、光栅图形和 TrueType 文字指定设置。根据绘图仪的性能，可修改颜色深度、分辨率和抖动。可为矢量图形选择彩色输出或单色输出。在内存有限的绘图仪上打印光栅图像时，可以通过修改打印输出质量来提高性能。如果使用支持不同内存安装总量的非系统绘图仪，则可以提供此信息以提高性能。

3. 【自定义特性】节点

点选【自定义特性】选项，单击【自定义特性】按钮，系统弹出【PDF选项】对话框，如图9-56所示。在此对话框中可以修改绘图仪配置的特定设备特性。每一种绘图仪的设置各不相同。如果绘图仪制造商没有为设备驱动程序提供"自定义特性"对话框，则"自定义特性"选项不可用。对于某些驱动程序，例如 ePLOT，这是显示的唯一树状图选项。对于 Windows 系统打印机，多数设备特有的设置在此对话框中完成。

图9-56 【PDF选项】对话框

4. 【用户定义图纸尺寸与校准】主节点

用户定义图纸尺寸与校准节点。将 PMP 文件附着到 PC3 文件，校准打印机并添加、删除、修订或过滤自定义图纸尺寸，具体步骤介绍如下：

（1）在【绘图仪配置编辑器】对话框中点选【自定义图纸尺寸】选项，单击【添加】按钮，系统弹出【自定义图纸尺寸-开始】对话框，如图9-57所示。

图9-57 【自定义图纸尺寸-开始】对话框

（2）在对话框中选择【创建新图纸】单选项，或者选择现有的图纸进行自定义，单击【下一步】按钮，系统跳转到【自定义图纸尺寸-介质边界】对话框，如图9-58所示。在文本框中输入介质边界的宽度和高度值，这里可以设置非标准A0、A1、A2等规格的图框，有些图形需要加长打印便可在此设置。并确定单位名称为毫米。

图9-58 【自定义图纸尺寸-介质边界】对话框

（3）再单击【下一步】按钮，系统跳转到【自定义图纸尺寸-可打印区域】对话框，如图9-59所示。在对话框中可以设置图纸边界与打印边界线的距离，即设置非打印区域。大多数驱动程序与图纸边界的指定距离来计算可打印区域。

图9-59 【自定义图纸尺寸-可打印区域】对话框

（4）单击【下一步】按钮，系统跳转到【自定义图纸尺寸-图纸尺寸名】对话框，如图 9-60所示。在【名称】文本框中输入图纸尺寸名称。

图9-60 【自定义图纸尺寸-图纸尺寸名】对话框

（5）单击对话框【下一步】按钮，系统跳转到【自定义图纸尺寸-文件名】对话框，如图9-61所示。在【PMP文件名】文本框中输入文件名称。PMP文件可以跟随PC3文件。输入完成单击【下一步】按钮，再单击【完成】按钮。至此完成整个自定义图纸尺寸的设置。

图9-61 【自定义图纸尺寸-文件名】对话框

在配置编辑器中可修改标准图纸尺寸。通过节点可以访问"绘图仪校准"和"自定义图纸尺寸"向导，方法与自定义图纸尺寸方法类似。如果正在使用的绘图仪已校准过，则绘图仪型号参数 (PMP) 文件包含校准信息。如果 PMP 文件还未附着到正在编辑的 PC3 文件中，那么必须创建关联才能够使用 PMP 文件。如果创建当前 PC3 文件时在"添加绘图仪"向导中校准了绘图仪，则 PMP 文件已附着。使用"用户定义的图纸尺寸和校准"下面的"PMP 文件名"选项将 PMP 文件附着到或拆离正在编辑的 PC3 文件。

除此之外，dwg图纸还可以通过命令将选定对象输出为不同格式的图像，例如使用JPGOUT命令导出JPEG图像文件、使用BMPOUT命令导出BMP位图图像文件、使用TIFOUT命令导出TIF图像文件、使用WMFOUT命令导出Windows图元文件…但是导出的这些格式的图像分辨率很低，如果图形比较大，就无法满足印刷的要求，如图9-62所示。

图9-62 分辨率很低的JPG图片

不过，学习了指定打印设备的方法后，就可以通过修改图纸尺寸的方式，来输出高分辨率的JPG图片。下面通过一个例子来介绍具体的操作方法。

【案例 9-7】输出高分辨率的 JPG 图片

视频文件：DVD\视频\第9章\9-7.MP4

（1）打开"第9章/9-7输出高分辨率JPG的图片.dwg"素材文件，其中绘制好了某公共绿地平面图，如图9-63所示。

（2）按Ctrl+P组合键，弹出【打印-模型】对话框。然后在【名称】下拉列表框中选择所需的打印机，本例要输出JPG图片，便选择【PublishToWeb JPG.pc3】打印机为例，如图9-64所示。

图9-63　素材文件

图9-64　指定打印机

（3）单击【PublishToWeb JPG.pc3】右边的【特性】按钮 特性(R)... ，系统弹出【绘图仪配置编辑器】对话框，选择【用户定义图纸尺寸与校准】节点下的【自定义图纸尺寸】，然后单击右下方的【添加】按钮，如图9-65所示。

（4）系统弹出【自定义图纸尺寸-开始】对话框，选择【创建新图纸】单选项，然后单击【下一步】按钮，如图9-66所示。

图9-66　【自定义图纸尺寸-开始】对话框

（5）调整分辨率。系统跳转到【自定义图纸尺寸-介质边界】对话框，这里会提示当前图形的分辨率，可以酌情进行调整，本例修改分辨率如图9-67所示。

图9-67　调整分辨率

操作技巧

设置分辨率时，要注意图形的长宽比与原图一致。如果所输入的分辨率与原图长、宽不成比例，则会失真。

（6）单击【下一步】按钮，系统跳转到【自定义图纸尺寸-图纸尺寸名】对话框，在【名称】文本框中输入图纸尺寸名称，如图9-68所示。

图9-68【自定义图纸尺寸-图纸尺寸名】对话框

图9-65　【绘图仪配置编辑器】对话框

（7）单击【下一步】按钮，再单击【完成】按钮，完成高清分辨率的设置。返回【绘图仪配置编辑器】对话框后单击【确定】按钮，再返回【打印-模型】对话框，在【图纸尺寸】下拉列表中选择刚才创建好的【高清分辨率】，如图9-69所示。

图9-69 选择图纸尺寸（即分辨率）

（8）单击确定按钮，即可输出高清分辨率的JPG图片，局部截图效果如图9-70所示（也可打开素材中的效果文件进行观察）。

图9-70 局部效果

【案例 9-8】输出供 PS 用的 EPS 文件
视频文件：DVD\视频\第9章\9-8.MP4

通过添加打印设备，就可以让AutoCAD输出EPS文件，然后再通过PS、CorelDRAW进行二次设计，即可得到极具表现效果的设计图（彩平图），如图9-71和图9-72所示，这在室内设计中极为常见。

图9-71 原始的DWG平面图　图9-72 经过PS修缮后的彩平图

（1）打开"第9章/9-8输出供PS用的EPS文件.dwg"，其中绘制好了一简单室内平面图，如图9-72所示。

（2）单击功能区【输出】选项卡【打印】组面板中【绘图仪管理器】按钮，系统打开【Plotters】文件夹窗口，如图9-73所示。

图9-73 【Plotters】文件夹窗口

（3）双击文件夹窗口中【添加绘图仪向导】快捷方式，打开【添加绘图仪-简介】对话框，如图9-74所示。介绍称本向导可配置现有的Windows绘图仪或新的非Windows系统绘图仪。配置信息将保存在PC3文件中。PC3文件将添加为绘图仪图标，该图标可从Autodesk绘图仪管理器中选择。在【Plotters】文件夹窗口中以".pc3"为后缀名文件都是绘图仪文件。

（4）单击【添加绘图仪-简介】对话框中【下一步】按钮，系统跳转到【添加绘图仪-开始】对话框，如图9-75所示。

图9-74 【添加绘图仪-简介】对话框

图9-75 【添加绘图仪-开始】对话框

（5）选择默认的选项【我的电脑】，单击【下一步】按钮，系统跳转到【添加绘图仪-绘图仪型号】对话框，如图9-76所示。选择默认的生产商及型号，单击【下一步】按钮，系统跳转到【添加绘图仪-输入PCP或PC2】对话框，如图9-77所示。

图9-76 【添加绘图仪-绘图仪型号】对话框图

图9-77 【添加绘图仪-输入PCP或PC2】对话框

（6）再单击对话框【下一步】按钮，系统跳转到【添加绘图仪-端口】对话框，选择【打印到文件】

选项，如图9-78所示。因为是用虚拟打印机输出，打印时弹出保存文件的对话框，所以选择打印到文件。

图9-78 【添加绘图仪-端口】对话框

（7）单击【添加绘图仪-端口】对话框中【下一步】按钮，系统跳转到【添加绘图仪-绘图仪名称】对话框，如图9-79所示。在【绘图仪名称】文本框中输入名称"EPS"。

图9-79 【添加绘图仪-端口】对话框

（8）单击【添加绘图仪-绘图仪名称】对话框中【下一步】按钮，系统跳转到【添加绘图仪-完成】对话框，单击【完成】按钮，完成EPS绘图仪的添加，如图9-80所示。

图9-80 【添加绘图仪-完成】对话框

（9）单击功能区【输出】选项卡【打印】组面板中【打印】按钮，系统弹出【打印-模型】对话框，在对话框【打印机／绘图仪】下拉列表中可以选择【EPS.pc3】选项，即上述创建的绘图仪。单击【确定】按钮，即可创建EPS文件。

图9-81 【添加绘图仪-完成】对话框

（10）以后通过此绘图仪输出的文件是便是EPS类型的文件，用户可以使用AI（Adobe Illustrator）、CDR（CorelDraw）、PS（PhotoShop）等图像处理软件打开，置入的EPS文件是智能矢量图像，可自由缩放。能打印出高品质的图形图像，最高能表示32位图形图像。

9.5.2 ▶ 设定图纸尺寸

在【图纸尺寸】下拉列表框中选择打印出图时的纸张类型，控制出图比例。

工程制图的图纸有一定的规范尺寸，一般采用英制A系列图纸尺寸，包括A0、A1、A2等标准型号，以及A0+、A1+等加长图纸型号。图纸加长的规定是：可以将边延长1/4或1/4的整数倍，最多可以延长至原尺寸的两倍，短边不可延长。各型号图纸的尺寸见表9-1。

表 9-1 标准图纸尺寸

图纸型号	长宽尺寸
A0	1189mm×841mm
A1	841mm×594mm
A2	594mm×420mm
A3	420mm×297mm
A4	297mm×210mm

新建图纸尺寸的步骤为首先在打印机配置文件中新建一个或若干个自定义尺寸，然后保存为新的打印机配置pc3文件。这样，以后需要使用自定义尺寸时，只需要在【打印机/绘图仪】对话框中选择该配置文件即可。

9.5.3 ▶ 设置打印区域

在使用模型空间打印时，一般在【打印】对话框中设置打印范围，如图9-82所示。

图9-82 设置打印范围

【打印范围】下拉列表用于确定设置图形中需要打印的区域，其各选项含义如下：

○ 【布局】：打印当前布局图中的所有内容。该选项是默认选项，选择该项可以精确地确定打印范围、打印尺寸和比例。

○ 【窗口】：用窗选的方法确定打印区域。单击该按钮后，【页面设置】对话框暂时消失，系统返回绘图区，可以用鼠标在模型窗口中的工作区间拉出一个矩形窗口，该窗口内的区域就是打印范围。使用该选项确定打印范围简单方便，但是不能精确比例尺和出图尺寸。

○ 【范围】：打印模型空间中包含所有图形对象的范围。

○ 【显示】：打印模型窗口当前视图状态下显示的所有图形对象，可以通过ZOOM命令调整视图状态，从而调整打印范围。

在使用布局空间打印图形时，单击【打印】面板中的【预览】按钮 ，预览当前的打印效果。图签有时会出现部分不能完全打印的状况，如图9-83所示，这是因为图签大小超越了图纸可打印区域的缘故。可以通过【绘图配置编辑器】对话框中的【修改标准图纸尺寸（可打印区域）】选择重新设置图纸的可打印区域来解决，如图9-84所示的虚线表示了图纸的可打印区域。

图9-83 打印预览

图 9-84　可打印区域

单击【打印】面板中的【绘图仪管理器】按钮。系统弹出【Plotters】对话框，如图 9-85所示，双击所设置的打印设备，系统弹出【绘图配置编辑器】，在对话框中单击选择【修改标准图纸尺寸（可打印区域）】选项，重新设置图纸的可打印区域，如图 9-86所示。也可以在【打印】对话框中选择打印设备后，再单击右边的【特性】按钮，可以打开【绘图仪配置编辑器】对话框。

图 9-85　【Plotters】对话框

图 9-86　绘图仪配置编辑器

在【修改标准图纸尺寸】栏中选择当前使用的图纸类型（即在【页面设置】对话框中的【图纸尺寸】列表中选择的图纸类型），如图 9-87所示光标所在的位置（不同打印机有不同的显示）。

单击【修改】按钮弹出【自定义图纸尺寸】对话框，如图 9-88所示，分别设置上、下、左、右页边距（使打印范围略大于图框即可），两次单击【下一步】按钮，再单击【完成】按钮，返回【绘图仪配置编辑器】对话框，单击【确定】按钮关闭对话框。

图 9-87　选择图纸类型

图 9-88　【自定义图纸尺寸】对话框

修改图纸可打印区域之后，此时布局效果如图 9-89所示（虚线内表示可打印区域）。

在命令行中输入LAYER，调用【图层特性管理器】命令，系统弹出【图层特性管理器】对话框，将视口边框所在图层设置为不可打印，如图 9-90所示，这样视口边框将不会被打印。

图 9-89　布局效果

图 9-90　设置视口边框图层属性

再次预览打印效果如图 9-91所示，图形可以正确打印。

图 9-91 修改页边距后的打印效果

9.5.4 设置打印偏移

【打印偏移】选项组用于指定打印区域偏离图样左下角的X方向和Y方向偏移值，一般情况下，都要求出图充满整个图样，所以设置X和Y偏移值均为0，如图 9-92所示。

通常情况下打印的图形和纸张的大小一致，不需要修改设置。选中【居中打印】复选框，则图形居中打印。这个【居中】是指在所选纸张大小A1、A2等尺寸的基础上居中，也就是4个方向上各留空白，而不只是卷筒纸的横向居中。

9.5.5 设置打印比例

1. 打印比例

【打印比例】选项组用于设置出图比例尺。在【比例】下拉列表框中可以精确设置需要出图的比例尺。如果选择【自定义】选项，则可以在下方的文本框中设置与图形单位等价的英寸数来创建自定义比例尺。

如果对出图比例尺和打印尺寸没有要求，可以直接选中【布满图样】复选框，这样AutoCAD会将打印区域自动缩放到充满整个图样。

【缩放线框】复选框用于设置线宽值是否按打印比例缩放。通常要求直接按照线宽值打印，而不按打印比例缩放。

在AutoCAD中，有两种方法控制打印出图比例。
- 在打印设置或页面设置的【打印比例】区域设置比

例，如图 9-93所示。
- 在图纸空间中使用视口控制比例，然后按照1：1打印。

图 9-92 【打印偏移】设置选项

图 9-93 【打印比例】设置选项

2. 图形方向

工程制图多需要使用大幅的卷筒纸打印，在使用卷筒纸打印时，打印方向包括两个方面的问题：第一，图纸阅读时所说的图纸方向，是横宽还是竖长；第二，图形与卷筒纸的方向关系，是顺着出纸方向还是垂直于出纸方向。

在AutoCAD中分别使用图纸尺寸和图形方向来控制最后出图的方向。在【图形方向】区域可以看到小示意图，其中白纸表示设置图纸尺寸时选择的图纸尺寸是横宽还是竖长，字母A表示图形在纸张上的方向。

9.5.6 指定打印样式表

【打印样式表】下拉列表框用于选择已存在的打印样式，从而非常方便地用设置好的打印样式替代图形对象原有属性，并体现到出图格式中。

9.5.7 设置打印方向

在【图形方向】选项组中选择纵向或横向打印，选中【反向打印】复选框，可以允许在图样中上下颠倒地打印图形。

9.6 打印

在完成上述的所有设置工作后，就可以开始打印出图了。

调用【打印】命令的方法如下：
- 功能区：在【输出】选项卡中，单击【打印】面板

中的【打印】按钮。
- 菜单栏：执行【文件】|【打印】命令。

○ 命令行：PLOT。

○ 快捷操作：Ctrl+P。

○ 在AutoCAD中打印分为两种形式：模型打印和布局打印。

9.6.1 ▶ 模型打印

在模型空间中，执行【打印】命令后，系统弹出【打印】对话框，如图9-94所示，该对话框与【页面设置】对话框相似，可以进行出图前的最后设置。

图9-94 模型空间【打印】对话框

下面通过具体的实例来讲解模型空间打印的具体步骤。

【案例9-9】打印地面平面图
视频文件：DVD\视频\第9章\9-9.MP4

本例介绍直接从模型空间进行打印的方法。本例先设置打印参数，然后再进行打印，是基于统一规范的考虑。读者可以用此方法调整自己常用的打印设置，也可以直接从步骤（7）开始进行快速打印。

（1）单击【快速访问】工具栏中的【打开】按钮，打开"第9章/9-9打印地面平面图.dwg"素材文件，如图9-95所示。

（2）单击【应用程序】按钮，在弹出的下拉菜单中选择【打印】|【管理绘图仪】命令，系统弹出【Plotter】对话框，如图9-96所示。

图9-95 素材文件

图9-96 【Plottery】文件夹

（3）双击对话框中的【DWF6 ePlot】图标，系统弹出【绘图仪配置编辑器 - DWF6 ePlot.pc3】对话框。在对话框中单击【设备和文档设置】选项卡。单击选择对话框中的【修改标准图纸尺寸（可打印区域）】，如图9-97所示。

（4）在【修改标准图纸尺寸】选择框中选择尺寸为【ISOA2（594.00×420.00）】，如图9-98所示。

图9-97 选择【修改标准图   图9-98 选择图纸尺寸
纸尺寸（可打印区域）】

（5）单击【修改】按钮 修改(M)... ，系统弹出【自定义图纸尺寸 - 可打印区域】对话框，设置参数，如图9-99所示。

图9-99 设置图纸打印区域

（6）单击【下一步】按钮，系统弹出【自定义尺寸－完成】对话框，如图9-100所示，在对话框中单击【完成】按钮，返回【绘图仪配置编辑器－DWF6 ePlot.pc3】对话框，单击【确定】按钮，完成参数设置。

图9-100 完成参数设置

（7）再单击【应用程序】按钮，在其下拉菜单中选择【打印】|【页面设置】命令，系统弹出【页面设置管理器】对话框，如图9-101所示。

（8）当前布局为【模型】，单击【修改】按钮，系统弹出【页面设置－模型】对话框，设置参数，如图9-102所示。【打印范围】选择【窗口】，框选整个素材文件图形。

图9-101 【页面设置管理器】对话框

图9-102 选择图纸尺寸

（9）单击【预览】按钮，效果如图9-103所示。

图9-103 预览效果

（10）如果效果满意，单击鼠标右键，在弹出的快捷菜单中选择【打印】选项，系统弹出【浏览打印文件对话框】，如图9-104所示，设置保存路径，单击【保存】按钮，保存文件，完成模型打印的操作。

图9-104 保存打印文件

9.6.2 布局打印

在布局空间中，执行【打印】命令后，系统弹出【打印】对话框，如图9-105所示。可以在【页面设置】选项组中的【名称】下拉列表框中直接选中已经定义好的页面设置，这样就不必再反复设置对话框中的其他设置选项了。

图9-105 布局空间【打印】对话框

布局打印又分为单比例打印和多比例打印。单比例打印就是当一张图纸上多个图形的比例相同时，就可以直接在模型空间内插入图框出图了。而多比例打印可以对不同的图形指定不同的比例来进行打印输出。

下面通过两个实例来讲解单比例和多比例打印的过程，单比例打印过程同多比例打印只是打印的比例相同，并且单比例打印视口可多可少。

【案例 9-10】单比例打印
🎬 视频文件：DVD\视频\第9章\9-10.MP4

单比例打印通常用于打印简单的图形，机械图纸多为此种方法打印。通过本实例的操作，熟悉布局空间的创建、多视口的创建、视口的调整、打印比例的设置、图形的打印等。

（1）单击【快速访问】工具栏中的【打开】按钮📂，打开配套光盘提供的"第9章/9-10单比例打印.dwg"素材文件，如图9-106所示。

以【DWG To PDF.pc3】打印机为例。该打印机可以打印出PDF格式的图形。

（3）设置图纸尺寸。在【图纸尺寸】下拉列表框中选择【ISO full bleed A3（420.00 x 297.00 毫米）】选项，如图9-107所示。

图9-107 指定打印机

图9-106 素材文件

（2）按Ctrl+P组合键，弹出【打印】对话框。然后在【名称】下拉列表框中选择所需的打印机，本例

（4）设置打印区域。在【打印范围】下拉列表框中选择【窗口】选项，系统自动返回至绘图区，然后在其中框选出要打印的区域即可，如图9-108所示。

图9-108 设置打印区域

（5）设置打印偏移。返回【打印】对话框之后，勾选【打印偏移】选项区域中的【居中打印】选项，如图9-109所示。

（6）设置打印比例。取消勾选【打印比例】选项区域中的【布满图纸】选项，然后在【比例】下拉列表中选择1:1选项，如图9-110所示。

图9-109 设置打印偏移

图9-110 设置打印比例

（7）设置图形方向。本例图框为横向放置，因此在【图形方向】选项区域中选择打印方向为【横向】，如图9-111所示。

图9-111 设置图形方向

（8）打印预览。所有参数设置完成后，单击【打印】对话框左下角的【预览】按钮进行打印预览，效果如图9-112所示。

图9-112 打印预览

（9）打印图形。图形显示无误后，便可以在预览窗口中单击鼠标右键，在弹出的快捷菜单中选择【打印】选项，即可输出打印。

【案例 9-11】多比例打印

视频文件：DVD\视频\第9章\9-11.MP4

通过本实例的操作，熟悉布局空间的创建、多视口的创建、视口的调整、打印比例的设置、图形的打印等。

（1）单击【快速访问】工具栏中的【打开】按钮 📂，打开配套光盘提供的"第9章/9-11多比例打印.dwg"素材文件，如图9-113所示。

图 9-114 切换布局

图9-113 素材文件

（2）切换模型空间空间至【布局1】，如图 9-114所示。

（3）选中【布局1】中的视口，按Delete键删除，如图 9-115所示。

图 9-115 删除视口

（4）在【布局】选项卡中，单击【布局视口】面板中的【矩形】按钮，在【布局1】中创建两个视口，如图 9-116 所示。

（5）双击进入视口，对图形进行缩放，调整至合适效果，如图 9-117 所示。

图 9-116 创建视口

图 9-117 缩放图形

（6）调用I【插入】命令，插入A3图框，并调整图框和视口大小和位置，结果如图 9-118 和图 9-119 所示。

图 9-118 【插入】对话框

图 9-119 插入A3图框

（7）单击【应用程序】按钮，在弹出的下拉菜单中选择【打印】|【管理绘图仪】命令，系统弹出【Plotter】文件夹，如图 9-120 所示。

（8）双击对话框中的【DWF6 ePlot】图标，系统弹出【绘图仪配置编辑器 - DWF6 ePlot.pc3】对话框。在对话框中单击【设备和文档设置】选项卡，单击选择对话框中的【修改标准图纸尺寸（可打印区域）】，如图 9-121 所示。

图 9-120 【Plottery】文件夹

图 9-121 【绘图仪配置编辑器 - DWF6 ePlot.pc3】对话框

（9）在【修改标准图纸尺寸】选择框中选择尺寸为【ISOA3（420.00×297.00）】，如图 9-122 所示。

（10）单击【修改】按钮，系统弹出【自定义图纸尺寸 - 可打印区域】对话框，设置参数，如图 9-123 所示。

图 9-122 选择图纸尺寸

图 9-123 设置图纸打印区域

（11）单击【下一步】按钮，系统弹出【自定义图纸尺寸 - 完成】对话框，如图 9-124 所示，在对话框中单击【完成】按钮，返回【绘图仪配置编辑器 - DWF6 ePlot.pc3】对话框，单击【确定】按钮，完成参数设置。

（12）单击【应用程序】按钮，在其下拉菜单中选择【打印】|【页面设置】命令，系统弹出【页面设置管理器】对话框，如图 9-125 所示。

图 9-124 完成参数设置

图 9-125 【页面设置管理器】对话框

（13）当前布局为【布局1】，单击【修改】按钮，系统弹出【打印—布局1】对话框，设置参数，如图 9-126 所示。

（14）在命令行中输入LA【图层特性管理器】命令，新建【视口】图层，并设置为不打印，如图 9-127 所示，再将视口边框转变成该图层。

图 9-126 设置页面设置

图 9-127 新建【视口】图层

（15）单击【快速访问】工具栏中的【打印】按钮，系统弹出【打印 - 布局1】对话框，单击【浏览】按钮，效果如图 9-128 所示。

（16）如果效果满意，单击鼠标右键，在弹出的快捷菜单中选择【打印】选项，系统弹出【浏览打印文件对话框】，如图 9-129 所示，设置保存路径，单击【保存】按钮，打印图形，完成多视口打印的操作。

图 9-128 预览效果

图 9-129 【浏览打印文件】对话框

9.7　文件的输出

AutoCAD拥有强大、方便的绘图能力，有时候利用其绘图后，需要将绘图的结果用于其他程序，在这种情况下，需要将AutoCAD图形输出为通用格式的图像文件，如JPG、PDF等。

9.7.1　输出为dxf文件

dxf是Autodesk公司开发的用于AutoCAD与其它软件之间进行CAD数据交换的CAD数据文件格式。

DXF即Drawing Exchange File(图形交换文件)，这是一种ASCII文本文件，它包含对应的dwg文件的全部信息，不是ASCII码形式，可读性差，但用它形成图形速度快，不同类型的计算机（如PC及其兼容机、SUN工作站不同的CPU用各自的总线）哪怕是用同一版本的文件，其dwg文件也是不可交换的。为了克服这一缺点，AutoCAD提供了dxf类型文件，其内部为ASCII码，这样不同类型的计算机可通过交换dxf文件来达到交换图形的目的，由于dxf文件可读性好，用户可方便地对它进行修改、编程，达到从外部图形进行编辑、修改的目的。

【案例 9-12】输出 dxf 文件在其他建模软件中打开
📽 视频文件：DVD\视频\第9章\9-12.MP4

将AutoCAD图形输出为.dxf文件后，就可以导入至其他的建模软件中打开，如UG、Creo、草图大师等。dxf文件适用于AutoCAD的二维草图输出。

（1）打开要输出dxf的素材文件"第9章/9-12输出dxf文件.dwg"，如图9-130所示。

图9-130　素材文件

（2）单击【快速访问】工具栏【另存为】按钮，或按快捷键Ctrl+Shift+S，打开【图形另存为】对话框，选择输出路径，输入新的文件名为9-12，在【文件类型】下拉列表中选择【AutoCAD2000/LT2000图形（*.dxf）】选项，如图9-131所示。

图9-131　【图形另存为】对话框

（3）在建模软件中导入生成9-12.dxf文件，具体方法请见各软件有关资料，最终效果如图9-132所示。

图9-132　在其他软件（UG）中导入的dxf文件

9.7.2　输出为stl文件

stl文件是一种平板印刷文件，可以将实体数据以三角形网格面形式保存，一般用来转换AutoCAD的三维模型。近年来发展迅速的3D打印技术就需要使用到该种文件格式。除了3D打印之外，stl数据还用于通过沉淀塑料、金属或复合材质的薄图层的连续性来创建对象。生成的部分和模型通常用于以下方面：

○ 可视化设计概念，识别设计问题。
○ 创建产品实体模型、建筑模型和地形模型，测试外形、拟合和功能。
○ 为真空成型法创建主文件。
○

【案例 9-13】输出 stl 文件并用于 3D 打印

视频文件：DVD\视频\第9章\9-13.MP4

除了专业的三维建模，AutoCAD 2016所提供的三维建模命令也可以帮助用户创建出自己想要的模型，并通过输出stl文件来进行3D打印。

（1）打开素材文件"第9章/9-13输出stl文件并用于3D打印.dwg"，其中已经创建好了一个三维模型，如图9-133所示。

（2）单击【应用程序】按钮，在弹出的快捷菜单中选择【输出】选项，在右侧的输出菜单中选择【其他格式】命令，如图9-134所示。

（3）系统自动打开【输出数据】对话框，在文件类型下拉列表中选择【平板印刷（*.stl）】选项，单击【保存】按钮，如图9-135所示。

（4）单击【保存】按钮后系统返回绘图界面，命令行提示选择实体或无间隙网络，手动将整个模型选中，然后按Enter键完成选择，即可在指定路径生成stl文件，如图9-136所示。

（5）该stl文件即可支持3D打印，具体方法请参阅3D打印的有关资料。

图9-133 素材模型

图9-134 输出其他格式

图9-135 【输出数据】对话框

图9-136 输出 .stl文件

9.7.3 ▶ 输出为PDF文件

PDF（Portable Document Format，便携式文档格式），是由Adobe Systems用于与应用程序、操作系统、硬件无关的方式进行文件交换所发展出的文件格式。PDF文件以PostScript语言图像模型为基础，无论在哪种打印机上都可保证精确的颜色和准确的打印效果，即PDF会忠实地再现原稿的每一个字符、颜色以及图像。

PDF这种文件格式与操作系统平台无关，也就是说，PDF文件不管是在Windows、Unix还是在苹果公司的Mac OS操作系统中都是通用的。这一特点使它成为在Internet上进行电子文档发行和数字化信息传播的理想文档格式。越来越多的电子图书、产品说明、公司文告、网络资料、电子邮件开始使用PDF格式文件。

【案例 9-14】输出 PDF 文件供客户快速查阅

视频文件：DVD\视频\第9章\9-14.MP4

对于AutoCAD用户来说，掌握PDF文件的输出尤为重要。因为有些客户并非设计专业，在他们的计算机中不会装有AutoCAD或者简易的DWF Viewer，这样进行设计图交流时就会很麻烦：直接通过截图的方式交流，截图的分辨率又太低；打印成高分辨率的jpeg图形又不容易添加批注等信息。这时就可以将dwg图形输出为PDF文件，既能高清地还原AutoCAD图纸信息，又能添加批注，更重要的是PDF普及度高，任何平台、任何系统都能有效打开。

（1）打开素材文件"第9章/9-14输出PDF文件供客户快速查阅.dwg"，其中已经绘制好了一张完整图纸，如图9-137所示。

图9-137 素材模型

（2）单击【应用程序】按钮，在弹出的快捷菜单中选择【输出】选项，在右侧的输出菜单中选择【PDF】，如图9-138所示。

图9-138　输出PDF

（3）系统自动打开【另存为PDF】对话框，在对话框中指定输出路径、文件名，然后在【PDF预设】

下拉列表框中选择【AutoCAD PDF（High Quality Print）】，即"高品质打印"，读者也可以自行选择要输出PDF的品质，如图9-139所示。

图9-139　【另存为PDF】对话框

（4）在对话框的【输出】下拉列表中选择【窗口】，系统返回绘图界面，然后点选素材图形的对角点即可，如图9-140所示。

图9-140　定义输出窗口

（5）在对话框的【页面设置】下拉列表中选择【替代】，再单击下方的【页面设置替代】按钮，打开【页面设置替代】对话框，在其中定义好打印样式和图纸尺寸，如图9-141所示。

图9-141　定义页面设置

（6）单击【确定】按钮返回【另存为PDF】对话框，再单击【保存】按钮，即可输出PDF，效果如图9-142所示。

图9-142　输出的PDF效果

9.7.4 ▶ 图纸的批量输出与打印

图纸的【批量输出】或【批量打印】，历来是读者关注较多的问题。很多时候都只能通过安装AutoCAD的插件来完成，但这些插件并不稳定，使用效果也差强人意。

其实在AutoCAD中，可以通过【发布】功能来实现批量打印或输出的效果，最终的输出格式可以是电子版文档，如PDF、DWF，也可以是纸质文件。下面通过一个具体案例来进行说明。

【案例 9-15】批量输出 PDF 文件
视频文件：DVD\视频\第9章\9-15.MP4

（1）打开素材文件"第9章/9-15批量输出PDF文件.dwg"，其中已经绘制好了4张图纸，如图9-143所示。

图9-143 素材文件

（2）在状态栏中可以看到已经创建好了对应的4个布局，如图9-144所示，每一个布局对应一张图纸，并控制该图纸的打印。

图9-144 素材创建好的布局

操作技巧

如需打印新的图纸，读者可以自行新建布局，然后分别将各布局中的视口对准至要打印的部分。

（3）单击【应用程序】按钮，在弹出的快捷菜单中选择【发布】选项，打开【发布】对话框，在【发布为】下拉列表中选择【PDF】选项，在【发布选项】中定义发布位置，如图9-145所示。

图9-145 【发布】对话框

（4）在【图纸名】列表栏中可以查看到要发布为DWF的文件，右键单击其中的任一文件，在弹出的快捷菜单中选择【重命名图纸】选项，如图9-146所示，为图形输入合适的名称，最终效果如图9-147所示。

图9-146 重命名图纸

图9-147 重命名效果

（5）设置无误后，单击【发布】对话框中的【发布】按钮，打开【指定PDF文件】对话框，在【文件名】文本框中输入发布后PDF文件的文件名，单击【选择】即可发布，如图9-148所示。

（6）如果是第一次进行PDF发布，会打开【发布-保存图纸列表】对话框，如图9-149所示，单击【否】即可。

图9-148 【指定POF文件】对话框

图9-149 【发布-保存图纸列表】对话框

图9-151 完成打印和发布作业的提示

（7）AutoCAD弹出对话框如图9-150所示，开始处理PDF文件的输出；输出完成后在状态栏右下角出现如图9-151所示的提示，PDF文件即输出完成。

（8）打开输出后的PDF文件，可下载DWF Viewer软件，或单击附件提供的autodeskdwf-v7.msi文件进行安装。DWF Viewer文件打开后界面如图9-152所示。

图9-150 【打印-正在处理后台作业】对话框

图9-152 DWF Viewer软件界面

第3篇 综合实例篇

第10章
机械设计与绘图

机械制图是用图样确切表示机械的结构形状、尺寸大小、工作原理和技术要求的学科。图样由图形、符号、文字和数字组成，是表达设计意图和制造要求及交流经验的技术文件，常被称为工程界的语言。本章讲解AutoCAD在机械制图中的应用方法与技巧。

10.1 机械设计概述

机械设计（Machine design）是根据使用要求对机械的工作原理、结构、运动方式、力和能量的传递方式、各个零件的材料和形状尺寸、润滑方法等进行构思，分析和计算并将其转化为具体的描述以作为制造依据的工作过程。而其中"具体的描述"便是本章所讲的机械制图。

10.1.1 机械制图的标准

图样被称为工程界的语言，作为一种语言必须要对它进行统一、规范。对于机械图样的图形画法、尺寸标注等，国家都做了明确的标准规定。在绘制机械图样的过程中，应了解和遵循这些绘图标准和规范。

- ○ 《技术制图 比例》GB/T 14690–1993。
- ○ 《技术制图 字体》GB/T 14691–1993。
- ○ 《机械工程 CAD制图规则》GB/T 14665–2012。
- ○ 《机械制图 图样画法 视图》GB/T 4458.1–2002。

- ○ 《技术制图 简化表示法 第1部分：图样画法》GB/T 16675.1–2002

1. 图形比例标准

比例是指机械制图中图形与实物相应要素的尺寸之比。例如，比例为1∶1表示实物与图样相应的尺寸相等，比例大于1则实物的大小比图样的大小要小，称为放大比例；比例小于1则实物的大小比图样的大小要大，称为缩小比例。

表10-1为国家标准GB/T 14690–1993《技术制图 比例》规定的制图比例种类和系列。

表 10-1　比例的种类和系列

比例种类	比 例	
	优先选取的比例	允许选取的比例
原比例	1∶1	1∶1
放大比例	5∶1　　2∶1 $5 \times 10n \colon 1$　$2 \times 10n \colon 1$　$1 \times 10n \colon 1$	4∶1　2.5∶1 $4 \times 10n \colon 1$　$2.5 \times 10n \colon 1$
缩小比例	1∶2　　1∶5　　1∶10 $1 \colon 2 \times 10n$　$1 \colon 5 \times 10n$　$1 \colon 1 \times 10n$	1∶1.5　1∶2.5　　1∶3 1∶4　　$1 \colon 1.5 \times 10n$　$1 \colon 2.5 \times 10n$ $1 \colon 3 \times 10n$　$1 \colon 4 \times 10n$

机械制图中常用的3种比例为"2∶1"、"1∶1"和"1∶2"。比例的标注符号应以"∶"表示，标注方法如1∶1、1∶100等。比例一般应标注在标题栏的比例栏内，局部视图或者剖视图也需要在视图名称的下方或者右侧标注比例，如图10-1所示。

$$\frac{1}{1\colon 10} \qquad \frac{B}{1\colon 2} \qquad \frac{A-A}{5\colon 1}$$

图10-1 比例的另行标注

2. 字体标准

文字是机械制图中必不可少的要素，因此国家标准对字体也作了相应的规定，详见GB/T 14691–1993《技术制图 字体》。对机械图样中书写的汉字、字母、数字的字体及号（字高）规定如下。

- ○ 图样中书写的字体必须做到：字体端正、笔画清楚、排列整齐、间隔均匀。汉字应写成长仿宋体，并应采用国家正式公布推行的简化字。
- ○ 字体高度（单位为mm），分为20、14、10、7、5、3.5、2.5七种，字体的宽度约等于字体高度的2/3。
- ○ 斜体字字头向右倾斜，与水平线约成75°角。
- ○ 用作指数、分数、极限偏差、注脚等的数字及字母，一般采用小一号字体。

3. 图线标准

在GB/T 14665–2012《机械工程 CAD制图规则》中，对机械图形中使用的各种图层的名称、线型、线宽及在图形中的格式都做了相关规定，整理见表10-2。

表 10-2　图线的形式和作用

图线名称	图线	线宽	用于绘制的图形
粗实线 （轮廓线）	————	b	可见轮廓线
细实线	————	约b/3	剖面线、尺寸线、尺寸界线、引出线、弯折线、牙底线、齿根线、辅助线、过渡线等
细点画线	— · — · —	约b/3	中心线、轴线、齿轮节线等
虚线	- - - - -	约b/3	不可见轮廓线、不可见过渡线
波浪线	～～～	约b/3	断裂处的边界线、剖视和视图的分界线
粗点画线	▬ ▪ ▬ ▪ ▬	b	有特殊要求的线或者表面的表示线
双点画线	— ·· — ·· —	约b/3	相邻辅助零件的轮廓线、极限位置的轮廓线、假（˘＿˘）想投影轮廓线

操作技巧

线宽栏中的"b"代表基本线宽，可以自行设定。推荐值b=2.0、1.4、1.0、0.7、0.5或0.35（mm）。同一图纸中，应采用相同的b值。

4. 尺寸标注标准

在GB/T 4458.4-2003《机械制图 尺寸注法》中，对尺寸标注的基本规则、尺寸线、尺寸界线、标注尺寸的符号、简化标注以及尺寸的公差与配合标注等，都有详细的规定。这些规定大致总结如下。

◆ 尺寸线和尺寸界线

○ 尺寸线和尺寸界线均以细实线画出。

○ 线性尺寸的尺寸线应平行于表示其长度或距离的线段。

○ 图形的轮廓线、中心线或它们的延长线，可以用作尺寸界线，但是不能用作尺寸线，如图10-2所示。

○ 尺寸界线一般应与尺寸线垂直。当尺寸界线过于贴近轮廓线时，允许将其倾斜画出，在光滑过渡处，需用细实线将其轮廓线延长，从其交点引出尺寸界线。

图10-2 尺寸线和尺寸界线

◆ 尺寸线终端的规定

尺寸线终端有箭头或者细斜线、点等多种形

式。机械制图中使用的是箭头，如图10-3所示。箭头适用于各类图形的标注，箭头尖端与尺寸界线接触，不得超出或者离开。

图10-3 机械标注的尺寸线终端形式

◆ 尺寸数字的规定

线型尺寸的数字一般标注在尺寸线的上方或者尺寸线中断处。同一图样内尺寸数字的字号大小应一致，位置不够可引出标注。当尺寸线呈竖直方向时，尺寸数字在尺寸的左侧，字头朝左，其余方向时，字头需朝上，如图10-4所示。尺寸数字不可被任何线通过。当尺寸数字不可避免被另一条图线通过时，必须把图线断开，如图10-5所示的中心线，为了避免干扰4-Ø7的尺寸，便在左侧断开。

图10-4 尺寸数字的标注

图10-5 尺寸数字被图线通过时的标注

尺寸数字前的符号用来区分不同类型的尺寸，参见前缀符号的含义见表10-3。

表 10-3　尺寸标注常见前缀符号的含义

Ø	R	S	t	□	±	×	<	-
直径	半径	球面	零件厚度	正方形	正负偏差	参数分隔符	斜度	连字符

◆ 直径及半径尺寸的标注

直径尺寸的数字前应加前缀"Ø"，半径尺寸的数字前加前缀"R"，其尺寸线应通过圆弧的圆心。当圆弧的半径过大时，可以使用如图10-6所示两种圆弧标注方法。

图10-6　圆弧半径过大的标注方法

◆ 弦长及弧长尺寸的标注

○ 弦长和弧长的尺寸界线应平行于该弦或者弧的垂直平分线，当弧度较大时，可沿径向引出尺寸界线。

○ 弦长的尺寸线为直线，弧长的尺寸线为圆弧，在弧长的尺寸线上方须用细实线画出"⌒"弧度符号，如图10-7所示。

◆ 球面尺寸的标注

标注球面的直径和半径时，应在符号"Ø"和"R"前再加前缀"S"，如图10-8所示。

图10-7　弧长和弦长的标注　　图10-8　球面标注方法

◆ 正方形结构尺寸的标注

对于正截面为正方形的结构，可在正方形边长尺寸之前加前缀"□"或以"边长×边长"的形式进行标注，如图10-9所示。

◆ 角度尺寸标注

○ 角度尺寸的尺寸界线应沿径向引出，尺寸线为圆弧，圆心是该角的顶点，尺寸线的终端为箭头。

○ 角度尺寸值一律写成水平方向，一般注写在尺寸线的中断处，角度尺寸标注如图10-10所示。

其他结构的标注请参考国家相关标准。

图10-9　正方形的标注方法　　图10-10　角度尺寸的标注

10.1.2 ▶ 机械制图的表达方法

机械制图的目的是表达零件的尺寸结构，因此通常通过三视图外加剖视图、断面图、放大图等辅助视图的方法进行表达。本节介绍这类视图的表达方法。

1. 视图及投影方法

机械工程图样是用一组视图，并采用适当的投影方法表示机械零件的内外结构形状。视图是按正投影法即机件向投影面投影得到的图形，视图的绘制必须符合投影规律。

机件向投影面投影时，观察者、机件与投影面三者间有两种相对位置：机件位于投影面和观察者之间时称为第一角投影法；投影面位于机件与观察者之间时称为第三角投影法。我国国家标准规定采用第一角投影法。

◆ 基本视图

三视图是机械图样中最基本的图形，它是将物体放在三投影面体系中，分别向3个投影面作投射所得到的图形，即主视图、俯视图、左视图，如图10-11所示。

将三投影面体系展开在一个平面内，三视图之间满足三等关系，即"主俯视图长对正、主左视图高平齐、俯左视图宽相等"，如图10-12所示，三等关系这个重要的特性是绘图和读图的依据。

图10-11 三视图形成原理示意图　　图10-12 三视图之间的投影规律

当机件的结构十分复杂时，使用三视图来表达机件就十分困难。国标规定，在原有的三个投影面上增加三个投影面，使得整个六个投影面形成一个正六面体，它们分别是右视图、主视图、左视图、后视图、仰视图、俯视图，如图10-13所示。

图10-13 六个投影面及展开示意图

- 主视图：由前向后投影的是主视图。
- 俯视图：由上向下投影的是俯视图。
- 左视图：由左向右投影的是左视图。
- 右视图：由右向左投影的是右视图。
- 仰视图：由下向上投影的是仰视图。
- 后视图：由后向前投影的是后视图。

各视图展开后都要遵循"长对正、高平齐、宽相等"的投影原则。

◆ 向视图

有时为了便于合理地布置基本视图，可以采用向视图。

向视图是可自由配置的视图，它的标注方法为：在向视图的上方注写"X"（X为大写的英文字母，如"A""B""C"等），并在相应视图的附近用箭头指明投影方向，并注写相同的字母，如图10-14所示。

图10-14 向视图示意图

◆ 局部视图

当采用一定数量的基本视图后，机件上仍有部分结构形状尚未表达清楚，而又没有必要再画出完整的其他的基本视图时，可采用局部视图来表达。

局部视图是将机件的某一部分向基本投影面投影得到的视图。局部视图是不完整的基本视图，利用局部视图可以减少基本视图的数量，使表达简洁，重点突出。

局部视图一般用于下面两种情况：

- 用于表达机件的局部形状。如图10-15所示，画局部视图时，一般可按向视图（指定某个方向对机件进行投影）的配置形式配置。当局部视图按基本视图的配置形式配置时，可省略标注。
- 用于节省绘图时间和图幅，对称的零件视图可只画一半或四分之一，并在对称中心线画出两条与其垂直的平行细直线，如图10-16所示。

图10-15 向视图配置的局部视图

图10-16 对称零件的局部视图

画局部视图时应注意以下几点：

- 在相应的视图上用带字母的箭头指明所表示的投影

部位和投影方向，并在局部视图上方用相同的字母标明"X"。

○ 局部视图尽量画在有关视图的附近，并直接保持投影联系。也可以画在图纸内的其他地方。当表示投影方向的箭头标在不同的视图上时，同一部位的局部视图的图形方向可能不同。

○ 局部视图的范围用波浪线表示。所表示的图形结构完整且外轮廓线又封闭时，则波浪线可省略。

◆ **斜视图**

将机件向不平行于任何基本投影面的投影面进行投影，所得到的视图称为斜视图。斜视图适合于表达机件上的斜表面的实形。如图10-17所示是一个弯板形机件，它的倾斜部分在俯视图和左视图上的投影都不是实形。此时就可以另外加一个平行于该倾斜部分的投影面，在该投影面上则可以画出倾斜部分的实形投影，如"A"向所示。

斜视图的标注方法与局部视图相似，并且应尽可能配置在与基本视图直接保持投影联系的位置，也可以平移到图纸内的适当地方。为了画图方便，也可以旋转。此时应在该斜视图上方画出旋转符号，表示该斜视图名称的大写拉丁字母靠近旋转符号的箭头端，如图10-17所示。也允许将旋转角度标注在字母之后。旋转符号为带有箭头的半圆，半圆的线宽等于字体笔画的宽度，半圆的半径等于字体高度，箭头表示旋转方向。

图10-17 斜视图

画斜视图时增设的投影面只垂直于一个基本投影面，因此，机件上原来平行于基本投影面的一些结构，在斜视图中最好以波浪线为界而省略不画，以避免出现失真的投影。

2. 剖视图

在机械绘图中，三视图可基本表达机件外形，对于简单的内部结构可用虚线表示。但当零件的内部结构较复杂时，视图的虚线也将增多，要清晰地表达机件内部形状和结构，必须采用剖视图的画法。

◆ **剖视图的概念**

用剖切平面剖开机件，将处在观察者和剖切平面之间的部分移去，而将其与部分向投影面投射所得

的图形称为剖视图，简称剖视，如图10-18所示。

图10-18 剖视图

剖视图将机件剖开，使得内部原来不可见的孔、槽变为可见，虚线变成了可见线。由此解决了内部虚线过多的问题。

◆ **剖视图的画法**

剖视图的画法应遵循以下原则。

○ 画剖视图时，要选择适当的剖切位置，使剖切平面尽量通过较多的内部结构(孔、槽等)的轴线或对称平面，并平行于选定的投影面。

○ 内外轮廓要完整。机件剖开后，处在剖切平面之后的所有可见轮廓线都应完整画出，不得遗漏。

○ 要画剖面符号。在剖视图中凡是被剖切的部分应画上剖面符号。金属材料的剖面符号应画成与水平方向成45°角的互相平行、间隔均匀的细实线，同一机件各个视图的剖面符号应相同。但如果图形主要轮廓与水平方向成45°角或接近45°角时，该图剖面线应画成与水平方向成30°角或60°角，其倾斜方向仍应与其他视图的剖面线一致。

◆ **剖视图的分类**

为了用较少的图形完整清晰地表达机械结构，就必须使每个图形能较多地表达机件的形状。在同一个视图中将普通视图与剖视图结合使用，能够最大限度地表达更多的结构。按剖切范围的大小，剖视图可分为全剖视图、半剖视图、局部剖视图。按剖切平面的种类和数量，剖视图可分为阶梯剖视图、旋转剖视图、斜剖视图和复合剖视图。

a. 全剖视图的绘制

用剖切平面将机件全部剖开后进行投影所得到的剖视图称为全剖视图，如图10-19所示。全剖视图一般用于表达外部形状比较简单，而内部结构比较复杂的机件。

图10-19 全剖视图

b. 半剖视图的绘制

当物体具有对称平面时，向垂直对称平面的投影面上所得的图形，可以以对称中心线为界，一半画成剖视图，另一半画成普通视图，这种剖视图称为半剖视图，如图10-20所示。

半剖视图既充分地表达了机件的内部结构，又保留了机件的外部形状，具有内外兼顾的特点。但半剖视图只适于表达对称的或基本对称的机件。当机件的俯视图前后对称时，也可以使用半剖视图表示。

c. 局部剖视图的绘制

用剖切平面局部剖开机件所得的剖视图称为局部剖视图，如图10-21所示。局部剖视图一般使用波浪线或双折线分界来表示剖切的范围。

图10-20 半剖视图

图10-21 局部剖视图

局部剖视图是一种比较灵活的表达方法，剖切范围根据实际需要决定。但使用时要考虑到看图方便，剖切不要过于零碎。它常用于下列两种情况。

❏ 机件只有局部内部结构要表达，而又不便或不宜采用全部剖视图时。

❏ 不对称机件需要同时表达其内、外形状时，宜采用局部剖视图。

3. 断面图

假想用剖切平面将机件在某处切断，只画出切断面形状的投影并画上规定的剖面符号的图形称为断面图。断面一般用于表达机件的某部分的断面形状，如轴、孔、槽等结构。

为了得到断面结构的实体图形，剖切平面一般应垂直于机件的轴线或该处的轮廓线。断面图分为移出断面图和重合断面图。

◆ 移出断面图

移出断面图的轮廓线用粗实线绘制，画在视图的外面，尽量放置在剖切位置的延长线上，一般情况下只需画出断面的形状，但是，当剖切平面通过回转曲面形成的孔或凹槽时，此孔或凹槽按剖视图画，或当断面为不闭合图形时，要将图形画成闭合的图形。

完整的剖面标记由3部分组成。粗短线表示剖切位置，箭头表示投影方向，拉丁字母表示断面图名称。当移出断面图放置在剖切位置的延长线上时，可省略字母；当图形对称(向左或向右投影得到的图形完全相同)时，可省略箭头；当移出断面图配置在剖切位置的延长线上，且图形对称时，可不加任何标记，如图10-22所示。

◆ 重合断面图

剖切后将断面图形重叠在视图上，这样得到的剖面图称为重合断面图。

重合断面图的轮廓线要用细实线绘制，而且当断面图的轮廓线和视图的轮廓线重合时，视图的轮廓线应连续画出，不应间断。当重合断面图形不对称时，要标注投影方向和断面位置标记，如图10-23所示。

图10-22 移出断面图

图10-23　重合断面图

图10-24　局部放大图

4. 放大图

当物体某些细小结构在视图上表示不清楚或不便标注尺寸时，可以用大于原图形的绘图比例在图纸上其他位置绘制该部分图形，这种图形称为局部放大图，如图10-24所示。

局部放大图可以画成视图、剖视图或断面图，它与被放大部分的表达形式无关。画图时，在原图上用细实线圆圈出被放大部分，尽量将局部放大图配置在被放大样部分附近，在放大图上方注明放大图的比例。若图中有多处要作局部放大时，还要用罗马数字作为放大图的编号。

10.2 机械设计图的内容

前文说过，机械设计是一项复杂的工作，设计的内容和形式也有很多种，但无论是其中的哪一种，机械设计体现在图纸上的结果都只有两个，即零件图和装配图。

10.2.1　零件图

零件图是制造和检验零件的主要依据，是设计部门提交给生产部门的重要技术文件，也是进行技术交流的重要资料。零件图不仅仅是把零件的内、外结构形状和大小表达清楚，还需要对零件的材料、加工、检验、测量提出必要的技术要求。

1. 零件图的类型

零件是部件中的组成部分。一个零件的机构与其在部件中的作用密不可分。零件按其在部件中所起的作用，以及结构是否标准化，大致可以分为以下3类。

◆ **标准件**

常用的有螺纹连接件，如螺栓、螺钉、螺母，还有滚动轴承等。这一类零件的结构已经标准化，国家制图标准已指定了标准件的规定画法和标注方法。

◆ **传动件**

常用的有齿轮、蜗轮、蜗杆、带轮、丝杠等，这类零件的主要结构已经标准化，并且有规定画法。

◆ **一般零件**

除了上述两类零件以外的零件都可以归纳到一般零件中，如轴、盘盖、支架、壳体、箱体等。它们的结构形状、尺寸大小和技术要求由相关部件的设计要求和制造工艺要求而定。

2. 零件图绘制过程

零件图的绘制过程包括绘制草绘和绘制工作图。草图一般由设计师手工绘制，多用于测绘现有机械或零部件；工作图一般用AutoCAD等设计软件绘制，用于实际的生产。下面介绍机械制图中，零件图绘制基本步骤，本章中的零件图实例也按此步骤进行绘制。

◆ **建立绘图环境**

在绘制AutoCAD零件图形时，首先要建立绘图环境，建立绘图环境又包括以下3个方面：

❑ 设定工作区域大小一般是根据主视图的大小来进行设置。

❑ 在机械制图中，根据图形需要，不同含义的图形元素应放在不同的图层中，所以在绘制图形之前就必须设定图层。

❑ 使用绘图辅助工具，这里是指打开极轴追踪、对象捕捉等多个绘图辅助工具按钮。

专家提醒

为了提高绘图效率，可以根据图纸幅面大小的不同，分别建立若干个样板图，以作为绘图的模板。

◆ 布局主视图

建立好绘图环境之后，就需要对主视图进行布局，布局主视图的一般方法是：先画出主视图的布局线，形成图样的大致轮廓，然后再以布局线为基准图元绘制图样的细节。布局轮廓时一般要画出的线条有以下几种。

○ 图形元素的定位线，如重要孔的轴线、图形对称线、一些端面线等。

○ 零件的上、下轮廓线及左、右轮廓线。

◆ 绘制主视图局部细节

在建立了几何轮廓后，就可考虑利用已有的线条来绘制图样的细节。作图时，先把整个图形划分为几个部分，然后逐一绘制完成。在绘图过程中一般使用OFFSET（偏移）和TRIM（剪切）命令来完成图样细节。

◆ 布局其他视图

主视图绘制完成后，接下来要画左视图及俯视图，绘制过程与主视图类似，首先形成这两个视图的主要布局线，然后画出图形细节。

◆ 修饰图样

图形绘制完成后，常常要对一些图元的外观及属性进行调整，主要包括以下内容：

○ 修改线条长度。

○ 修改对象所在图层。

○ 修改线型。

◆ 标注零件尺寸

图形绘制完成后，要对零件进行标注。标注零件的过程一般是先切换到标注层，然后对零件进行标注。若有技术要求等文字说明，应当写在规定处。

◆ 校核和审核

一张合格的能直接用于加工生产的图纸不论是尺寸还是加工工艺都要经过反复修正审核的，换言之，一般只有经过审核批准的图纸才能用于加工生产。

10.2.2 ▶ 装配图

在机械制图中，装配图是用来表达部件或机器的工作原理、零件之间的安装关系与相互位置的图样，包含装配、检验、安装时所需要的尺寸数据和技术要求，是指定装配工艺流程、进行装配、检验、安装以及维修的技术依据，是生产中的重要技术文件。在产品或部件的设计过程中，一般是先设计画出装配图，然后再根据装配图进行零件设计，画出零件图。

在装配过程中要根据装配图把零件装配成部件或者机器，设计者往往通过装配图了解部件的性能、工作原理和使用方法。装配图是设计者的设计思想的反映，是指导装配、维修、使用机器以及进行技术交流的重要技术资料，使用者也经常用装配图来了解产品或部件的工作原理及构造。

1. 装配图表达的方法

零件的各种表达方法同样适用于装配图，在装配图中也可以使用各种视图、剖视图、断面图等表达方法来表示，但是零件图和装配图表达的侧重点不同，零件图需把各部分形状完全表达清楚，而装配图主要表达部件的装配关系、工作原理、零件间的装配关系及主要零件的结构形状等。因此，根据装配的特点和表达要求，国家标准对装配图提出了一些规定画法和特殊的表达方法。

◆ 装配图规定的画法

○ 两相邻零件的接触面和配合面只画一条轮廓线，不接触面和非配合面应画两条轮廓线，如图10-25所示，此外如果距离太近，可以不按比例放大并画出。

○ 两相邻零件剖面线方向相反，或方向相同、间隔不等，同一零件在各视图上剖面线方向和间隔必须保持一致，以示区别，如图10-26所示。

图 10-25 相邻两线的画法

图 10-26 剖面线的画法

○ 在图样中，如果剖面的厚度小于2mm，断面可以涂黑，对于玻璃等不宜涂黑的材料可不画剖面符号。

○ 当剖切位置通过螺钉、螺母、垫圈等连接件以及轴、手柄、连杆、球、键等实心零件的轴线时，绘图时均按不剖处理，如果需要表明零件的键槽、销孔等结构,可用局部剖视表示,如图 10-27 所示。

图 10-27 螺钉、螺母的剖视表示法

图 10-28 拆卸及沿结合面剖切画法

◆ **装配图的特殊画法**

○ 沿结合面剖切和拆卸画法:在装配图的某一视图中,为表达一些重要零件的内、外部形状,可假想拆去一个或者几个零件后绘制该视图,有时为了更清楚地表达重要的内部结构,可采用沿零件结合面剖切绘制视图,如图 10-28 所示。

○ 假想画法:①当需要表达与本零件有装配关系但又不属于本部件的其他相邻零部件时,可用假想画法,将其他相邻零部件使用双点划线画出;②在装配图中,需要表达某零部件的运动范围和极限位置,可用假想画法,用双点画线画出该零件的极限位置轮廓。假想画法如图 10-29 所示。

○ 夸大画法:在绘图过程中,遇到薄片零件、细丝零件、微小间隙等的绘制,对于这些零件或间隙,无法按照实际的尺寸绘制,或者绘制出,但是不能明显地表达零件或间隙的结构,可采用夸大画法。

○ 单件画法:在绘制装配图过程中,当某个重要的零件形状没有表达清楚会对装配的理解产生重要影响时,可以采用单件画法,单独绘制该零件的某一视图。

○ 简化画法:在绘图过程中,下列情况可采用简化画法:①装配图中,零件的工艺结构,如倒角、倒圆、退刀槽等允许省略不画;②装配图中螺母的螺栓头允许采用简化画法,如遇到螺纹紧固件等相同的零件组时,在不影响理解的前提下,允

许只画出一处,其余可用细点画线表示其中心位置;③在绘制装配剖视图时,表示滚动轴承时,一般一半采用规定画法,一半采用简化画法;④在装配图中,当剖切平面通过的组件为标准化产品(如油杯、油标、管接头等),可按不剖绘制。简化画法如图 10-30 所示。

○ 展开画法:主要用来表达某些重叠的装配关系或零件动力的传动顺序,如在多级传动减速机中,为了表达齿轮的传动顺序和装配关系,假想将空间轴系按其传动顺序展开在一个平面上,然后绘制出剖视图。

图 10-29 假想画法

图 10-30 简化画法

2. 装配结构的合理性

为了保证机器或部件的装配质量,满足性能要求,并给加工制造和装拆带来方便,在设计过程中必须考虑装配结构的合理性。下面介绍几种常见的装配结构的合理性。

○ 两零件接触时,在同一方向上只有一对接触面,如图 10-31 所示。

○ 圆锥面接触应有足够的长度,且锥体顶部与底部须留有间隙,如图 10-32 所示。

图 10-31 接触面的合理性

合理　　　　　不合理

图 10-32　圆锥面接触的合理性

○ 当孔与轴配合时，若轴肩与孔端面需要接触，则加工成倒角或在轴肩处切槽，如图 10-33 所示。

○ 必须考虑到装拆的方便和装拆结构的合理性，如图 10-34 所示。

(a)合理　　　(b)合理　　　(c)不合理

倒角　　　根部切槽

图 10-33　轴孔配合的合理性

图 10-34　装拆结构的合理性

3. 装配图的尺寸标注和技术要求

由于装配图主要是用来表达零、部件的装配关系的，所以在装配图中不需要注出每个零件的全部尺寸，而只需注出一些必要的尺寸。这些尺寸按其作用不同，可分为以下 5 类。

○ 规格（性能）尺寸：说明机器或部件规格和性能的尺寸。规格尺寸设计时已经确定，是机器设计的依据。

○ 外形尺寸：表达机器或部件的外形轮廓，即总长、总宽、总高，为安装、运输、包装时所占空间提供参考。

○ 装配尺寸：表示机器内部零件装配关系，装配尺寸分为三种：①配合尺寸：用来表示两个零件之间的配合性质的尺寸；②零件键的连接尺寸，如连接用的螺栓、螺钉、销等的定位尺寸；③零件间重要的相对位置尺寸：用来表示装配和拆画零件时，需要保证的零件间相对位置的尺寸。

○ 安装尺寸：表达机器或部件安装在地基上或与其他机器或部件相连接时所需要的尺寸。

○ 其他重要尺寸：指在设计中经过计算确定或选定的尺寸，不包含在上述四种尺寸之中，在拆画零件时，不能改变。

在装配图中，不能用图形来表达的信息可以采用文字在技术要求中进行必要的说明。装配图中的技术要求，一般可以从以下几个方面来考虑：

○ 装配要求：指装配后必须保证的精度以及装配时的要求等。

○ 检验要求：指装配过程中及装配后必须保证其精度的各种检验方法。

○ 使用要求：指对装配体的基本性能、维护、保养、使用时的要求。

技术要求一般编写在明细表的上方或图纸下部的空白处，如果内容很多，也可另外编写成技术文件作为图纸的附件。

4. 装配图的零、部件序号和明细表

在绘制好装配图后，为了方便阅读图样，做好生产准备工作和图样管理，对装配图中每种零部件都必须标注序号，并填写明细栏。

◆ 零、部件序号

在机械制图中，零、部件序号有一定的规定，序号的标注形式有多种，序号的排列也要遵循一定的原则。

○ 装配图中所有零件、部件都必须编写序号，且相同零部件只有一个序号，同一装配图中，尺寸规格完全相同的零部件，应编写相同的序号。

○ 零、部件的序号应与明细栏中的序号一致，且在同一个装配图中标注序号的形式一致。

○ 指引线不能相交，通过剖面区域时不能与剖面线平行，必要时允许曲折一次。

○ 对于一组紧固件或装配关系清楚的组件，可用公共指引线，序号注在视图外，且按水平或垂直方向排列整齐，并按顺时针或逆时针顺序排列，如图 10-35 所示。

○ 序号的标注形式主要有三种，如图 10-36 所示：①编号时，指引线从所指零件可见轮廓内引出，在末端画一个小圆或画一短横线，在短线上或小圆内编写零件的序号，字体高度比尺寸数字大一号或两号；②直接在指引线附近编写序号，序号字体高度比尺寸字体大两号；③当指引线从很薄的零件或涂黑的断面引出时，可画箭头指向该零件的可见轮廓。

图 10-35　指引线的标注

图 10-36　指引线的形式

◆ 明细表

明细表是机器或部件中全部零件的详细目录，内容包括零件的序号、代号、名称、材料、数量以及备注等项目。内容和格式国标没有统一规定，但是在填写时应遵循以下原则：

- 明细表画在标题栏的上方，零件序号由下往上填写，地方不够时，可沿标题栏左面继续排。
- 对于标准件，要填写相应的国标代号。
- 对于常用件的重要参数应填在备注栏内，如齿轮的齿数、模数等。
- 备注栏内还可以填写热处理和表面处理等内容。

10.3 创建机械绘图样板

事先设置好绘图环境，可以使用户在绘制机械图时更加方便、灵活、快捷。设置绘图环境，包括绘图区域界限及单位的设置、图层的设置、文字和标注样式的设置等。用户可以先创建一个空白文件，然后设置好相关参数后将其保存为模板文件，以后如需再绘制机械图纸则可直接调用。本章所有实例均基于该模板。

1. 绘图区的设置

（1）启动 AutoCAD 2018 软件，选择【文件】|【保存】命令，将该文件保存为 "第 10 章\机械制图样板.dwg" 文件。

（2）选择【格式】|【单位】命令，打开【图形单位】对话框，将长度单位类型设定为【小数】，精度为【0.00】，角度单位类型设定为【十进制度数】，精度精确到【0】，如图 10-37 所示。

图 10-37　设置图形单位

2. 规划图层

机械制图中的主要图线元素有轮廓线、标注线、中心线、剖面线、细实线、虚线等等，因此在绘制机械图纸之前，最好先创建如图 10-38 所示的图层。

图 10-38　创建机械制图用图层

3. 设置文字样式

（1）机械制图中的文字有图名文字、尺寸文字、技术要求说明文字等，也可以直接创建一种通用的文字样式，然后应用时修改具体大小即可。根据机械制图标准，机械图文字样式的规划见表 10-4。

表 10-4　文字样式

文字样式名	打印到图纸上的文字高度	图形文字高度（文字样式高度）	宽度因子	字体 | 大字体
机械设计文字样式	3.5mm	3.5mm		gbeitc.shx，gbcbig.shx
图名	5mm	5mm	0.7	gbeitc.shx，gbcbig.shx
技术要求	5mm	5mm		仿宋

（2）选择【格式】|【文字样式】命令，打开【文字样式】对话框，单击【新建】按钮打开【新建文字样式】对话框，样式名定义为"机械设计文字样式"，如图10-39所示。

（3）在【字体】下拉框中选择字体"gbeitc.shx"，勾选【使用大字体】选择项，在【大字体】下拉框中选择字体"gbcbig.shx"，在【高度】文本框中输入3.5，【宽度因子】文本框中输入0.7，单击【应用】按钮，从而完成该文字样式的设置，如图10-40所示。

（4）按相同方法根据表 10-4创建"图名"和"技术要求"文字样式。

图10-39 新建"机械设计文字样式"

图10-40 设置"机械设计文字样式"

4. 设置标注样式

（1）选择【格式】|【标注样式】命令，打开【标注样式管理器】对话框，单击【新建】按钮，打开【创建新标注样式】对话框，新建样式名定义为"机械图标注样式"，如图10-41所示。

（2）单击【新建】按钮，系统弹出【创建新标注样式】对话框，在【新样式名】文本框中输入"机械图标注样式"，如图10-42所示。

图10-41 【标注样式管理器】对话框

图10-42 【创建新标注样式】对话框

（3）单击【继续】按钮，弹出【修改标注样式：机械标注】对话框，切换到【线】选项卡，设置【基线间距】为8，设置【超出尺寸线】为2.5，设置【起点偏移量】为2，如图10-43所示。

（4）切换到【符号和箭头】选项卡，设置【引线】为【无】，设置【箭头大小】为2.5，设置【圆心标记】为2.5，设置【弧长符号】为【标注文字的上方】，设置【半径折弯角度】为90，如图10-44所示。

图10-43 【线】选项卡

图10-44 【符号和箭头】选项卡

（5）切换到【文字】选项卡，单击【文字样式】中的 ... 按钮，设置文字为gbenor.shx，设置【文字高度】为2.5，设置【文字对齐】为【ISO标准】，如图10-45所示。

（6）切换到【主单位】选项卡，设置【线性标注】中的【精度】为0.00，设置【角度标注】中的精度为0.0，【消零】都设为【后续】，如图10-46所示。然后单击【确定】按钮，选择【置为当前】后，单击【关闭】按钮，创建完成。

图10-45　【文字】选项卡

图10-46　【主单位】选项卡

5. 保存为样板文件

选择【文件】|【另存为】命令，打开【图形另存为】对话框，保存为"第10章\机械制图样板.dwt"文件。

10.4 绘制低速轴零件图

本节便通过对机械经典零件——轴的绘制来为读者介绍零件图的具体绘制方法。

1. 绘制图形

先按常规方法绘制出低速轴的轮廓图形。

（1）打开素材文件"第10章\10.4 绘制低速轴零件图.dwg"，素材中已经绘制好了一张1:1大小的A4图纸框，如图10-47所示。

（2）将【中心线】图层设置为当前图层，执行XL【构造线】命令，在合适的地方绘制水平的中心线，以及一条垂直的定位中心线，如图10-48所示。

图10-47　素材图形

图10-48　绘制中心线

（3）使用快捷键O激活【偏移】命令，对垂直中心线进行多重偏移，如图10-49所示。

图10-49　偏移垂直中心线

（4）同样使用O【偏移】命令，对水平中心线进行多重偏移，如图10-50所示。

图10-50　偏移水平中心线

（5）切换到【轮廓线】图层，执行L【直线】命令，绘制轴体的半边轮廓，再执行TR【修剪】、E【删除】命令，修剪多余的辅助线，结果如图10-51所示。

图10-51　绘制轴体

（6）单击【修改】面板中的▱按钮，激活CHA【倒角】命令，对轮廓线进行倒角，倒角尺寸为C2，然后使用L【直线】命令，配合捕捉与追踪功能，绘制倒角的连接线，结果如图10-52所示。

图10-52 倒角并绘制连接线

（7）使用快捷键MI激活【镜像】命令，对轮廓线进行镜像复制，结果如图10-53所示。

图10-53 镜像图形

（8）绘制键槽。使用快捷键O激活【偏移】命令，创建如图10-54所示的垂直辅助线。

图10-54 偏移图形

（9）将【轮廓线】设置为当前图层，使用C【圆】命令，以刚偏移的垂直辅助线的交点为圆心，绘制直径为12和8的圆，如图10-55所示。

图10-55 绘制圆

（10）使用L【直线】命令，配合【捕捉切点】功能，绘制键槽轮廓，如图10-56所示。

图10-56 绘制键槽轮廓

（11）使用TR【修剪】命令，对键槽轮廓进行修剪，并删除多余的辅助线，结果如图10-57所示。

图10-57 删除多余图形

（12）绘制断面图。将【中心线】设置为当前层，使

用快捷键XL激活【构造线】命令，绘制如图10-58所示的水平和垂直构造线，作为移出断面图的定位辅助线。

（13）将【轮廓线】设置为当前图层，使用C【圆】命令，以构造线的交点为圆心，分别绘制直径为30mm和40mm的圆，结果如图10-59所示。

图10-58 绘制构造线

图10-59 绘制直径为30mm和40mm的圆

（14）单击【修改】面板中的【偏移】按钮，对Ø30mm圆的水平和垂直中心线进行偏移，结果如图10-60所示。

图10-60 偏移中心线得到键槽辅助线

（15）将【轮廓线】设置为当前图层，使用L【直线】命令，绘制键深，结果如图10-61所示。

（16）综合使用E【删除】和TR【修剪】命令，去掉不需要的构造线和轮廓线，整理Ø30mm断面图，如图10-62所示。

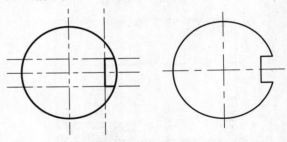

图10-61 绘制Ø30mm圆键槽轮廓　图10-62 修剪Ø30mm圆键槽

（17）按相同方法绘制∅40mm圆的键槽轮廓，如图10-63所示。

（18）将【剖面线】设置为当前图层，单击【绘图】面板中的【图案填充】 按钮，为此剖面图填充【ANSI31】图案，填充比例为1，角度为0，填充结果如图10-64所示。

图10-63 绘制∅40圆的键槽轮廓

图10-64 修剪键槽

（19）绘制好的轮廓图形如图10-65所示。

图10-65 低速轴的轮廓图形

2. 标注尺寸

图形绘制完毕，就要对其进行标注，包括尺寸、形位公差、表面粗糙度，还要填写有关的技术要求。

（1）标注轴向尺寸。切换到【标注线】图层，执行DLI【线性】标注命令，标注轴的各段长度，如图10-66所示。

图10-66 标注轴的轴向尺寸

标注轴的轴向尺寸时，应根据设计及工艺要求确定尺寸基准，通常有轴孔配合端面基准面及轴端基准面。应使尺寸标注反映加工工艺要求，同时满足装配尺寸链的精度要求，不允许出现封闭的尺寸链。如图10-66所示，基准面1是齿轮与轴的定位面，为主要基准，轴段长度36mm、183.5mm都以基准面1作为基准尺寸；基准面2为辅助基准面，最右端的轴段长度17mm为轴承安装要求所确定；基准面3同基准面2，轴段长度60mm为联轴器安装要求所确定；而未特别标明长度的轴段，其加工误差不影响装配精度，因而取为闭环，加工误差可积累至该轴段上，以保证主要尺寸的加工误差。

（2）标注径向尺寸。同样执行DLI【线性】标注命令，标注轴的各段直径长度，尺寸文字前注意添加"∅"，如图10-67所示。

图10-67 标注轴的径向尺寸

（3）标注键槽尺寸。同样使用DLI【线性】标注来标注键槽的移出断面图，如图10-68所示。

图10-68 标注键槽的移出断面图

3. 添加尺寸公差

经过前面章节的分析，可知低速轴的精度尺寸主要集中在各径向尺寸上，与其他零部件的配合有关。

（1）添加轴段1的精度。轴段1上需安装HL3型弹性柱销联轴器，因此尺寸精度可按对应的配合公差选取，由于轴径较小，因此可选用r6精度，然后查得∅30mm对应的r6公差为+0.028～+0.041mm，即双击∅30mm标注，然后在文字后输入该公差文字，如图10-69所示。

图10-69 输入轴段1的尺寸公差

（2）创建尺寸公差。接着按住鼠标左键，向后拖移，选中"+0.041^+0.028"文字，然后单击【文字编辑器】选项卡中【格式】面板中的【堆叠】按钮，即可创建尺寸公差，如图10-70所示。

图10-70 创建轴段1的尺寸公差

（3）添加轴段2的精度。轴段2上需要安装端盖，以及一些防尘的密封件（如毡圈），总的来说精度要求不高，因此可以不添加精度。

（4）添加轴段3的精度。轴段3上需安装6207的深沟球轴承，因此该段的径向尺寸公差可按该轴承的推荐安装参数进行取值，即k6，然后查得Ø35mm对应的k6公差为+0.002~+0.018mm，再按相同标注方法标注即可，如图10-71所示。

图10-71 标注轴段3的尺寸公差

（5）添加轴段4的精度。轴段4上需安装大齿轮，而轴、齿轮的推荐配合为H7/r6，因此该段的径向尺寸公差即r6，然后查得Ø40mm对应的r6公差为+0.050~+0.034mm，再按相同标注方法标注即可，如图10-72所示。

图10-72 标注轴段4的尺寸公差

（6）添加轴段5的精度。轴段5为闭环，无尺寸，无需添加精度。

（7）添加轴段6的精度。轴段6的精度同轴段3，按轴段3进行添加，如图10-73所示。

图10-73 标注轴段6的尺寸公差

（8）添加键槽公差。取轴上的键槽的宽度公差为h9，长度均向下取值-0.2，如图10-74所示。

图10-74 标注键槽的尺寸公差

专家提醒

由于在装配减速器时，一般是先将键敲入轴上的键槽，然后再将齿轮安装在轴上，因此轴上的键槽需要稍紧密，所以取负公差；而齿轮轮毂上键槽与键之间，需要轴向移动的距离，要超过键本身的长度，因此间隙应大一点，易于装配。

（9）标注尺寸精度后的图形如图10-75所示。

图10-75 标注尺寸精度后的图形

专家提醒

不添加精度的尺寸均按GB/T 1804-2000、GB/T 1184-1996处理，需在技术要求中说明。

4. 标注形位公差

（1）创建基准符号。切换至【细实线】图层，在图形的空白区域绘制一基准符号，如图10-76所示。

图10-76 绘制基准符号

（2）放置基准符号。分别以各重要的轴段为基准，即在Ø35mm轴段、Ø40mm轴段、Ø30mm轴段上放置基准符号，如图10-77所示。

图10-77 放置基准符号

（3）添加轴上的形位公差。轴上的形位公差主要为轴承段、齿轮段的圆跳动，具体标注如图10-78所示。

图10-78 标注轴上的圆跳动公差

（4）添加键槽上的形位公差。键槽上主要为相对于轴线的对称度，具体标注如图10-79所示。

图10-79 标注键槽上的对称度公差

1. 标注表面粗糙度

（1）切换至【细实线】图层，在图形的空白区域绘制一表面粗糙度符号，如图10-80所示。

（2）单击【默认】选项卡中【块】面板中的【定义属性】![按钮]按钮，打开"属性定义"对话框，按图10-81进行设置。

图10-80 绘制表面粗糙度符号

图10-81 【属性定义】对话框

（3）单击【确定】按钮，光标变为标记文字的放置形式，在表面粗糙度符号的合适位置放置即可，如图10-82所示。

（4）单击单击【默认】选项卡中【块】面板中的【创建】![创建]创建按钮，打开【块定义】对话框，选择表面粗糙度符号的最下方的端点为基点，然后选择整个粗糙度符号（包含上步骤放置的标记文字）作为对象，在【名称】文本框中输入"粗糙度"，如图10-83所示。

图10-82 放置标记文字

图10-83 【块定义】对话框

（5）单击【确定】按钮，打开【编辑属性】对话框，在其中可以灵活输入所需的表面粗糙度数值，如图10-84所示。

图10-84 【编辑属性】对话框

（6）在【编辑属性】对话框中单击【确定】按钮，然后单击【默认】选项卡中【块】面板中的【插入】按钮，打开【插入】对话框，在【名称】下拉列表中选择"粗糙度"，如图10-85所示。

图10-85 【插入】对话框

（7）在【插入】对话框中单击【确定】按钮，光标便变为表面粗糙度符号的放置形式，在图形的合适位置放置即可，放置之后系统自动打开【编辑属性】对话框，如图10-86所示。

图10-86 放置粗糙度

（8）在对应的文本框中输入所需的数值"Ra 3.2"，然后单击【确定】按钮，即可标注表面粗糙度，如图10-87所示。

图10-87 创建成功的表面粗糙度标注

（9）按相同的方法，标注轴上的表面粗糙度。轴上需特定标注的表面粗糙度主要是Ø35轴段、Ø40轴段、Ø30轴段等需要配合的部分，如图10-88所示。

图10-88 标注轴上的表面粗糙度

（10）标注断面图上的表面粗糙度。键槽部分表面粗糙度可按相应键的安装要求进行标注，本例中的标注如图10-89所示。

图10-89 标注断面图上的表面粗糙度

（11）标注其余表面粗糙度，然后对图形中的一些细节进行修缮，再将图形移动至A4图框中的合适位置，如图10-90所示。

图10-90 添加标注后的图形

2. 填写技术要求

（1）单击【默认】选项卡中【注释】面板上的【多行文字】按钮，在图形的左下方空白部分插入多行文字，输入技术要求如图10-91所示。

技术要求
1.未注倒角为C2。
2.未注圆角半径为R1。
3.调质处理45-50HRC。
4.未注尺寸公差按GB/T 1804-2000-m。
5.未注几何公差按GB/T 1184-1996-K。

图10-91 填写技术要求

（2）低速轴零件图绘制完成，最终的图形效果如图10-92所示。

图10-92 低速轴零件图

10.5 绘制单级减速器装配图

首先设计轴系部件。通过绘图设计轴的结构尺寸，确定轴承的位置，传动零件、轴和轴承是减速器的主要零件，其他零件的结构和尺寸随这些零件而定。绘制装配图时，要先画主要零件，后画次要零件；由箱内零件画起，逐步向外画；先由中心线绘制大致轮廓线，结构细节可先不画；以一个视图为主，过程中兼顾其他视图。

10.5.1　绘图分析

可按表10-5中的数值估算减速器的视图范围，视图布置可参考图10-93。

表 10-5　视图范围估算表

	A	B	C
一级圆柱齿轮减速器	3a	2a	2a
二级圆柱齿轮减速器	4a	2a	2a
圆锥-圆柱齿轮减速器	4a	2a	2a
一级蜗杆减速器	2a	3a	2a

专家提醒

a为传动中心距，对于二级传动来说，a为低速级的中心距。

图10-93　视图布置参考图

10.5.2　绘制俯视图

对于本例的单级减速器来说，其主要零件就是齿轮传动副，因此在绘制装配图的时候，宜先绘制表达传动副的俯视图，再根据投影关系绘制主视图与左视图。在绘制时可以直接使用第9章中绘制过的素材，以复制、粘贴的方式绘制该装配图。

（1）打开素材文件"第10章\10.5 绘制单级减速器装配图.dwg"，素材中已经绘制好了一张1:1大小的A0图纸框，如图10-94所示。

（2）导入箱座俯视图。打开素材文件"第10章\箱座.dwg"，使用Ctrl+C【复制】、Ctrl+V【粘贴】命令，将箱座的俯视图粘贴至装配图中的适当位置，如图10-95所示。

图10-94　素材文件

图10-95　导入箱座俯视图

（3）并使用E【删除】、TR【修剪】等编辑命令，将箱座俯视图的尺寸标注全部删除，只保留轮廓图形与中心线，如图10-96所示。

图10-96　删除俯视图

（4）放置轴承端盖。打开素材文件"第10章\轴承端盖.dwg"，使用Ctrl+C【复制】、Ctrl+V【粘贴】命令，将该轴承端盖的俯视图粘贴至绘图区，然后移动至对应的轴承安装孔处，执行TR【修剪】命令删减被遮挡的线条，如图10-97所示。

图10-97 插入轴承端盖

（5）放置6205轴承。打开素材文件"第10章\轴承.dwg"，按相同方法将其中的6205轴承图形粘贴至绘图区，然后移动到俯视图上对应的轴承安装孔处，如图10-98所示。

图10-98 插入6205轴承

（6）导入齿轮轴。打开素材文件"第10章\齿轮轴.dwg"，同样使用Ctrl+C【复制】、Ctrl+V【粘贴】命令，将齿轮轴零件粘贴进来，按中心线进行对齐，并靠紧轴肩，接着使用TR【修剪】、E【删除】命令删除多余图形，如图10-99所示。

图10-99 插入齿轮轴

（7）导入大齿轮。齿轮轴导入之后，就可以根据啮合方法导入大齿轮。打开素材文件"第10章\大齿轮.dwg"，按相同方法将其中的剖视图插入至绘图区中，再根据齿轮的啮合特征对齐，结果如图10-100所示。

图10-100 插入大齿轮

（8）导入低速轴。同理将"第10章\10.4绘制低速轴零件图-OK.dwg"素材文件导入至绘图区，然后执行M【移动】命令，按大齿轮上的键槽位置进行对齐，修剪被遮挡的线条，结果如图10-101所示。

图10-101 插入低速轴

（9）插入低速轴齿轮侧端盖与轴承。按相同方法插入低速轴一侧的轴承端盖和轴承，素材见"第10章\轴承端盖.dwg""第10章\轴承.dwg"。插入后的效果如图10-102所示。

图10-102 插入轴承与端盖

（10）插入低速轴输出侧端盖与轴承。该侧由于定位轴段较长，因此仅靠端盖无法压紧轴承，所以要在轴上添加一隔套进行固定，轴套图形见素材文件"第10章\隔套.dwg"，插入后结果如图10-103所示。

图10-103 插入对侧的轴承与端盖

10.5.3 绘制主视图

俯视图先绘制到该步，然后再利用现有的俯视图，通过投影的方法来绘制主视图的大致图形。

1. 绘制端盖部分

（1）绘制轴与轴承端盖。切换到【虚线】图层，执行L【直线】命令，从俯视图中向主视图绘制投影线，如图10-104所示。

（2）切换到【轮廓线】图层，执行C【圆】命令，按投影关系，在主视图中绘制端盖与轴的轮廓，如图10-105所示。

图10-104 绘制主视图投影线　　图10-105 在主视图绘制端盖与轴

（3）绘制端盖螺钉。选用的螺钉为GB/T 5783-2000的外六角螺钉，查相关手册即可得螺钉的外形形状，然后切换到【中心线】图层，绘制出螺钉的布置圆，再切换回【轮廓线】图层，执行相关命令绘制螺钉即可，如图10-106所示。

图10-106 绘制端盖螺钉

2. 绘制凸台部分

（1）确定轴承安装孔两侧的螺栓位置。单击【修改】面板中的【偏移】按钮，执行O【偏移】命令，将主视图中左侧的垂直中心线向左偏移43mm，向右偏移60mm；右侧的中心线向右偏移53mm，作为凸台连接螺栓的位置，如图10-107所示。

图10-107 确定螺栓位置

专家提醒

轴承安装孔两侧的螺栓距离不宜过大，也不宜过小，一般取凸缘式轴承盖的外圆直径。距离过大，不设凸台轴承刚度差；距离过小，螺栓孔可能会与轴承端盖的螺栓孔干涉，还可能与油槽干涉，为保证扳手空间，将会不必要的加大凸台高度。

（2）绘制箱盖凸台。同样执行O【偏移】命令，将主视图的水平中心线向上偏移38mm，此即凸台的高度；然后偏移左侧的螺钉中心线，向左偏移16mm，再将右侧的螺钉中心线向右偏移16mm，此即凸台的边线；最后切换到【轮廓线】图层，执行L【直线】命令将其连接即可，如图10-108所示。

图10-108 绘制箱盖凸台

（3）绘制箱座凸台。用相同的方法，绘制下方的箱座凸台，如图10-109所示。

图10-109 绘制箱座凸台

（4）绘制凸台的连接凸缘。为了保证箱盖与箱座的连接刚度，要在凸台上增加一凸缘，且凸缘应较箱体的壁厚略厚，约为1.5倍壁厚。因此执行O【偏移】命令，将水平中心线向上、下偏移12mm，然后绘制该凸缘，如图10-110所示。

图10-110 绘制凸台凸缘

（5）绘制连接螺栓。为了节省空间，在此只需绘制出其中一个连接螺栓（M10x90）的剖视图，其余用中心线表示即可，如图10-111所示。

图10-111 绘制连接螺栓

3. 绘制观察孔与吊环

（1）绘制主视图中的箱盖轮廓。切换到【轮廓线】图层，执行L【直线】、C【圆】等绘图命令，绘制主视图中的箱盖轮廓如图10-112所示。

图10-112 绘制主视图中的箱盖轮廓

（2）绘制观察孔。执行L【直线】、F【倒圆角】等绘图命令，绘制主视图中的观察孔，如图10-113所示。

图10-113 绘制主视图中的观察孔

（3）绘制箱盖吊环。执行L【直线】、C【圆】等绘图命令，绘制箱盖上的吊钩，效果如图10-114所示。

图10-114 绘制箱盖吊环

4. 绘制箱座部分

（1）打开"第10章\箱座.dwg"素材文件，使用Ctrl+C【复制】、Ctrl+V【粘贴】命令，将箱座的主视图粘贴至装配图中的适当位置，再使用M【移动】、TR【修剪】命令进行修改，得到如图10-115所示的主视图。

图10-115 绘制箱座轮廓

（2）插入油标。打开素材文件"第10章\油标.dwg"，复制油标图形并放置在箱座的油标孔处，如图10-116所示。

（3）插入油塞。用相同的方法，复制油塞图形并放置在箱座的放油孔处，如图10-117所示。

（4）绘制箱座右侧的连接螺栓。箱座右侧的连接螺栓为M8x35，型号为GB/T 5782-2000的外六角螺栓，按之前所介绍的方法绘制，如图10-118所示。

图10-116　插入油标孔

图10-117　插入油塞

图10-118　绘制连接螺栓

（5）补全主视图。调用相应命令绘制主视图中的其他图形，如起盖螺钉、圆柱销等，再补上剖面线，最终的主视图图形如图10-119所示。

图10-119　补全主视图

10.5.4　绘制左视图

主视图绘制完成后，就可以利用投影关系来绘制左视图。

1. 绘制左视图外形轮廓

（1）将【中心线】图层设置为当前图层，执行L【直线】命令，在图纸的左视图位置绘制的中心线，中心线长度任意。

（2）切换到【虚线】图层，执行L【直线】命令，从主视图中向左视图绘制投影线，如图10-120所示。

图10-120　绘制左视图的投影线

（3）执行O【偏移】命令，将左视图的垂直中心线向左右对称偏移40.5mm、60.5mm、80mm、82mm、84.5mm，如图10-121所示。

（4）修剪左视图。切换到【轮廓线】图层，执行L【直线】命令，绘制左视图的轮廓，再执行TR【修剪】命令，修剪多余的辅助线，结果如图10-122所示。

图10-121　偏移中心线　　　　图10-122　修剪图形

（5）绘制凸台与吊钩。切换到【轮廓线】图层，执行L【直线】、C【圆】等绘图命令，绘制左视图中的凸台与吊钩轮廓，然后执行TR【修剪】命令，删除多余的线段，如图10-123所示。

（6）绘制定位销、起盖螺钉中心线。执行O【偏移】命令，将左视图的垂直中心线向左、右对称偏移60mm，作为箱盖与箱座连接螺栓的中心线位置，同样也是箱座地脚螺栓的中心线位置，如图10-124所示。

图10-123　绘制凸台与吊钩　　　图10-124　绘制中心线

（7）绘制定位销与起盖螺钉。执行L【直线】、C【圆】等绘图命令，在左视图中绘制定位销（6x35，GB/T 117-2000）与起盖螺钉（M6x15，GB/T 5783-2000），如图10-125所示。

（8）绘制端盖。执行L【直线】命令，绘制轴承端盖在左视图中的可见部分，如图10-126所示。

图10-125 绘制定位销与起
盖螺钉

图10-126 绘制端盖

（9）绘制左视图中的轴。执行L【直线】命令，绘制高速轴与低速轴在左视图中的可见部分，伸出长度参考俯视图，如图10-127所示。

图10-127 绘制左视图中的轴

（10）补全左视图。按投影关系，绘制左视图上方的观察孔以及封顶、螺钉等，最终效果如图10-128所示。

图10-128 补全左视图

2. 补全俯视图

（1）补全俯视图。主视图、左视图的图形都已经绘制完毕，这时就可以根据投影关系，完整地补全俯视图，最终效果如图10-129所示。

图10-129 补全俯视图

（2）至此装配图的三视图全部绘制完成，效果如图10-130所示。

图10-130 装配图的最终三视图效果

10.5.5 标注装配图

图形创建完毕后，就要对其进行标注。装配图中的标注包括标明序列号、填写明细表，以及标注一些必要的尺寸，如重要的配合尺寸、总长、总高、总宽等外形尺寸，以及安装尺寸等。

1. 标注尺寸

主要包括外形尺寸、安装尺寸以及配合尺寸，分别标注如下。

◆ 标注外形尺寸

由于减速器的上、下箱体均为铸造件，而且减速器对于外形也无过多要求，因此减速器的外形尺寸只需注明大致的总体尺寸即可。

（1）标注外形尺寸。切换到【标注线】图层，执行DLI【线性】等标注命令，按之前介绍的方法标注减速器的外形尺寸，主要集中在主视图与左视图上，如图10-131所示。

图10-131 标注外形尺寸

◆ 标注安装尺寸

安装尺寸即减速器在安装时所能涉及到的尺寸，包括减速器上地脚螺栓的尺寸、轴的中心高度、以及吊环的尺寸等等。这部分尺寸有一定的精度要求，需参考装配精度进行标注。

（2）标注主视图上的安装尺寸。主视图上可以标注地脚螺栓的尺寸，执行DLI【线性】标注命令，选择地脚螺栓剖视图处的端点,标注该孔的尺寸,如图10-132所示。

图10-132 标注主视图上的安装尺寸

（3）标注左视图的安装尺寸。左视图上可以标注轴的中心高度,此即所连接联轴器与带轮的工作高度,标注如图10-133所示。

（4）标注俯视图的安装尺寸。俯视图中可以标注高、低速轴的末端尺寸,即与联轴器、带轮等的连接尺寸,标注如图10-134所示。

图10-133 标注轴的中心高度

图10-134 标注轴的连接尺寸

2. 标注配合尺寸

配合尺寸即零件在装配时需保证的配合精度,对于减速器来说,即是轴与齿轮、轴承,轴承与箱体之间的配合尺寸。

（1）标注轴与齿轮的配合尺寸。执行DLI【线性】标注命令,在俯视图中选择低速轴与大齿轮的配合段,

标注尺寸,并输入配合精度,如图10-135所示。

图10-135 标注轴、齿轮的配合尺寸

（2）标注轴与轴承的配合尺寸。高、低速轴与轴承的配合尺寸均为H7/k6,标注效果如图10-136所示。

图10-136 标注轴与轴承的配合尺寸

（3）标注轴承与轴承安装孔的配合尺寸。为了安装方便,轴承一般与轴承安装孔取间隙配合,因此可取配合公差为H7/f6,标注效果如图10-137所示。

图10-137 标注轴承与轴承安装孔的配合尺寸

（4）尺寸标注完毕。

3. 添加序列号

装配图中的所有零件和组件都必须编写序号。装配图中一个相同的零件或组件只编写一个序号,同一装配图中相同的零件编写相同的序号,而且一般只注明一次。另外,零件序号还应与明细表中的序号一致。

（1）设置引线样式。单击【注释】面板中的【多重引线样式】按钮, 打开【多重引线样式管理器】对话框,如图10-138所示。

（2）单击其中的【修改】按钮,打开"修改多重引线样式:Standard"对话框,设置其中的【引线格式】选项卡,如图10-139所示。

图10-138 "多重引线样式管理器"对话框

图10-139 修改"引线格式"选项卡

（3）切换至【引线结构】选项卡，设置其中的参数，如图10-140所示。

（4）切换至【内容】选项卡，设置其中的参数，如图10-141所示。

图10-140 设置"引线结构"选项卡

图10-141 设置"内容"选项卡

（5）标注第一个序号。将【细实线】图层设置为当前图层，单击【注释】面板中的【引线】按钮，然后在俯视图的箱座处单击，引出引线，然后输入数字"1"，即表明该零件为序号为1的零件，如图10-142所示。

图10-142 标注第一个序号

（6）按此方法，对装配图中的所有零部件进行引线标注，最终效果如图10-143所示。

图10-143 标注其余的序号

4. 填写明细表

（1）单击【绘图】面板中的【矩形】按钮，按本书第一章所介绍的装配图标题栏进行绘制，也可以打开素材文件"第10章\装配图明细表.dwg"直接进行复制，如图10-144所示。

4	-04	缸筒	1	45			
3	-03	连接法兰	2	45			
2	-02	缸头	1	QT400			
1	-01	活塞杆	1	45			
序号	代 号	名 称	数量	材 料	单件	总计	备 注
					重 量		

图10-144 复制素材中的标题栏

（2）将该标题栏缩放至合适A0图纸的大小，然后按上述步骤添加的序列号顺序填写对应明细表中的信息。如序列号1对应的零件为"箱座"，便在序号1的明细表中填写信息，如图10-145所示。

| 1 | JSQ-4-01 | 箱座 | 1 | HT200 | | | |

图10-145 按添加的序列号填写对应的明细表

（3）按相同方法，填写明细表上的所有信息，如图10-146所示。

20		通气器	1	耐油橡胶	装配自制
19	JSQ-4-10	M12油口塞	1	45	
18	JSQ-4-09	大齿轮	1	45	m=2; z=96
17	GB/T 276	深沟球轴承 6207	2	成品	
16	GB/T 1096	键 C12x32	1	45	外购
15	JSQ-4-08	轴承端盖 (6207厚)	1	HT150	
14		毡油密封圈 (小)	1	半粗半毛毡	外购
13	JSQ-4-07	高速齿轮轴	1	45	m=2; z=24
12	GB/T 1096	键 C8x30	1	45	
11	JSQ-4-06	轴承端盖 (6205通)	1	HT150	
10	GB/T 5783	外六角螺钉 M6x25	16	8.8级	
9	GB/T 276	深沟球轴承 6205	2	成品	
8	JSQ-4-05	轴承端盖 (6205厚)	1	HT150	
7	JSQ-4-04	毡油密封圈 φ45xφ33	1	半粗半毛毡	外购
6		低速轴	1	45	
5	JSQ-4-03	低速轴	1	45	
4	GB/T 1096	键 C8x50	1	45	
3	JSQ-4-02	轴承端盖 (6207通)	1	HT150	
2		调整垫片	2组	08F	装配自制
1	JSQ-4-01	箱座	1	HT200	
序号	代　号	名　称	数量	材　料	备　注

34	GB/T 5782	起盖螺钉	1	10.9级	外购
33	JSQ-4-14	箱盖	1	HT200	
32		视孔盖	1	软钢板料	装配自制
31	GB/T 5783	外六角螺钉 M6x10	4	8.8级	外购
30	JSQ-4-13	挡油板	4	45	
29	JSQ-4-12	挡油板	2	45	
28	GB 93	弹性垫圈 10	6	65Mn	外购
27	GB/T 6170	六角螺母 M10	6	10级	外购
26	GB/T 5782	外六角螺钉 M10x90	6	8.8级	外购
25	GB/T 117	圆锥销 8x35	2	45	外购
24	GB 93	弹性垫圈 8	2	65Mn	外购
23	GB/T 6170	六角螺母 M8	2	10级	外购
22	GB/T 5782	外六角螺钉 M8x35	2	8.8级	外购
21	JSQ-4-11	油标	1	组合件	
序号	代　号	名　称	数量	材　料	备　注

标题栏：JSQ-4　麓山文化　单级圆柱齿轮减速器　课程设计-4

图10-146　填写明细表

在对照序列号填写明细表的时候，可以选择【视图】选项卡，然后在【视口配置】下拉选项中选择【两个：水平】选项，模型视图便从屏幕中间一分为二，且两个视图都可以独立运作。这时将一个视图移动至模型的序列号上，另一个视图移动至明细表处进行填写，如图10-147所示，这种填写方式就显得十分便捷了。

12	GB/T 1096	键 C8x30	1	45
11	JSQ-4-06	轴承端盖 (6205通)	1	HT150
10	GB/T 5783	外六角螺钉 M6x25	16	8.8级

图10-147　多视图对照填写明细表

5. 添加技术要求

减速器的装配图中，除了常规的技术要求外，还要有技术特性，即写明减速器的主要参数，如输入功率、传动比等，类似于齿轮零件图中的技术参数表。

（1）填写技术特性。绘制一简易表格，然后在其中输入文字如图10-148所示，尺寸大小任意。

（2）单击【默认】选项卡【注释】面板上的【多行文字】按钮，在图标题栏上方的空白部分插入多行文字，输入技术要求，如图10-149所示。

技术特性

输入功率	输入轴转速	传动比
kw	r/min	
2.09	376	4

图10-148　输入技术特性

技术要求

1.装配前，滚动轴承用汽油清洗，其它零件用煤油清洗，箱体内不允许有任何杂物存在，箱体内壁涂耐磨油漆；

2.齿轮副的侧隙用铅丝检验，侧隙值应不小于0.14mm；

3.滚动轴承的轴向调整间隙均为0.05～0.1mm；

4.齿轮装配后，用涂色法检验齿面接触斑点，沿齿高不小于45%，沿齿长不小于60%；

5.减速器剖面分面涂密封胶或水玻璃，不允许使用任何填料；

6.减速器内装L-AN15(GB443-89)，油量应达到规定高度；

7.减速器外表面涂绿色油漆。

图10-149　输入技术要求

（3）减速器的装配图绘制完成，最终的效果如图10-150所示。

图10-150　减速器装配图

第11章
建筑设计与绘图

　　本章主要讲解建筑设计的概念及建筑制图的内容和流程，并通过具体的实例来对各种建筑图形进行实战演练。通过本章的学习，读者能够了解建筑设计的相关理论知识，并掌握建筑制图的流程和实际操作。建筑设计的进程通常可以分为4个阶段，即准备阶段、方案阶段、施工图阶段和实施阶段。

　　本章将综合运用之前所学到的知识来绘制建筑施工图，主要介绍绘制建筑平面图、立面图以及剖面图的过程和方法。

11.1 建筑设计概述

　　建筑设计（Architectural Design）是指建筑物在建造之前，设计者按照建设任务，把施工过程和使用过程中所存在的或可能发生的问题，事先作好通盘的设想，拟定好解决这些问题的办法、方案，用图纸和文件表达出来，如图11-1所示。建筑设计可作为备料、施工组织工作和各工种在制作、建造工作中互相配合协作的共同依据，便于整个工程得以在预定的投资限额范围内，按照周密考虑的预定方案，统一步调，顺利进行，并使建成的建筑物充分满足使用者和社会所期望的各种要求。

1-1剖面图 1:100

图11-1 建筑设计图与现实效果

11.1.1 建筑制图的有关标准

　　制定建筑制图标准的目的是统一房屋建筑制图规则，保证制图质量、提高制图效率、做到图面清晰、简单明了，符合设置、施工、存档的要求，满足工程建设的需要。建筑制图标准除了是房屋建筑制图的基本规定外，还适用于总图、建筑、结构、给排水、暖通空调、电气等各制图专业。与建筑制图有关的国家标准如下：

○ 《房屋建筑制图统一标准》GB/T 50001-2010。
○ 《总图制图标准》GB/T 50103-2010。
○ 《建筑制图标准》GB/T 50104-2010。
○ 《建筑结构制图标准》GB/T 50105-2010。
○ 《建筑给水排水制图标准》GB/T 50106-2010。
○ 《采暖通风与空气调节制图标准》GB/T 50114-2010。

　　本节为读者抽取一些制图标准中经常用到的知识来讲解。

1. 图形比例标准

○ 建筑图样的比例，应为图形与实物相对应的线性尺寸之比，比例的大小是指其比值的大小，如1:50大于1:100。
○ 建筑制图的比例宜写在图名的右侧，如图11-2所示。比例的字高宜比图名小一号，但字的基准线应取平。

一层平面图　　　　　1:100

图11-2 建筑制图的比例标注

○ 建筑制图所用的比例，应根据图形的种类和被描述对象的复杂程度而定，具体可参考表11-1。

表 11-1　建筑制图的比例的种类与系列

图纸类型	常用比例	可用比例
平、立、剖面图	1:100、1:200、1:300	1:3、1:4、1:6、1:15、1:25、1:30、1:40、1:60、1:80、1:250、1:400、1:600
总平面图	1:500、1:1000、1:2000	
大样图	1:1、1:5、1:10、1:20、1:50	

2. 字体标准

图纸上所需书写的文字、数字或符号等，均应笔画清晰、字体端正、排列整齐；标点符号应清楚正确。

○ 文字的字高应从如下系列中选用：3.5、5、7、10、14、20（单位：mm）。如需书写更大的字，其高度应按$\sqrt{2}$的比值递增。

○ 图样及说明中的汉字宜采用长仿宋体，宽度与高度的关系应符合表11-2的规定。大标题、图册封面、地形图等的汉字，也可书写成其他字体，但应易于辨认。

表 11-2　建筑制图的字宽与字高（单位：mm）

字高	3.5	5	7	10	14	20
字宽	2.5	3.5	5	7	10	14

○ 分数、百分数和比例数的注写，应采用阿拉伯数字和数学符号，例如：四分之三、百分之二十五、一比二十应分别写成"3/4""25%""1:20"。

○ 当注写的数字小于1时，必须写出个位的"0"，小数点应采用圆点，齐基准线书写，例如0.01。

3. 图线标准

建筑制图应根据图形的复杂程度与比例大小，先选定基本线宽b，再按4:2:1的比例确定其余线宽，最后根据表11-3确定合适的图线。

表 11-3　图线的形式和作用

图线名称	图线	线宽	用于绘制的图形
粗实线	——	b	主要可见轮廓线
细实线	———	0.5b	剖面线、尺寸线、可见轮廓线
虚线	- - - -	0.5b	不可见轮廓线、图例线
单点画线	—·—·—	0.25b	中心线、轴线
波浪线	～～	0.25b	断开界线
双点画线	—··—··—	0.25b	假(ˇ__ˇ)假想轮廓线

4. 尺寸标注

在图样上除了画出建筑物及其各部分的形状之外，还必须准确、详细及清晰地标注尺寸，以确定大小，作为施工的依据。

国标规定，工程图样上的标注尺寸，除了标高和总平面图以米(m)为单位外，其余的尺寸一般以毫米(mm)为单位，图上的尺寸数字都不再注写单位。假如使用其他的单位，必须有相应的注明。图样上的尺寸，应以所标注的尺寸数字为准，不得从图上直接量取。图11-3所示为对图形进行尺寸标注的结果。

图11-3　建筑制图的尺寸标注

11.1.2 ▶ 建筑制图的符号

在进行各种建筑和室内装饰设计时，为了更明清楚明确地表明图中的相关信息，将以不同的符号来表示。

1. 定位轴线

定位轴线是用来确定建筑物主要结构及构件位置的尺寸基准线。在施工时凡承重墙、柱、大梁或屋架等主要承重构件都应画出轴线以确定其位置。对于非承重的隔断墙及其他次要承重构件等，一般不画轴线，只需注明它们与附近轴线的相关尺寸以确定其位置。

○ 定位轴线应用细点画线绘制。定位轴线一般应编号，编号应注写在轴线端部的圆内。圆应用细实线绘制，直径为8～10mm。定位轴线端部圆的圆心，应在定位轴线延长线上或延长线的折线上。

○ 平面图上定位轴线的编号，宜标注在图样的下方与左侧。横向编号应用阿拉伯数字，从左至右顺序编写，竖向编号应用大写拉丁字母，从下至上顺序编写，如图11-4所示。

图11-4　定位轴线及编号

- 拉丁字母的I、O、Z不得用做轴线编号。如字母数量不够使用，可增用双字母或单字母加数字注脚，如AA、BA…YA或A1、B1…Y1。

- 组合较复杂的平面图中定位轴线也可采用分区编号，如图11-5所示，编号的注写形式应为"分区号-该分区编号"，分区号采用阿拉伯数字或大写拉丁字母表示。

图11-5　分区定位轴线及编号

- 附加定位轴线的编号，应以分数形式表示。两根轴线间的附加轴线，应以分母表示前一轴线的编号，分子表示附加轴线的编号，编号宜用阿拉伯数字顺序编写，如图11-6所示。1号轴线或A号轴线之前的附加轴线的分母应以01或0A表示，如图11-7所示。

$\frac{1}{2}$　表示2号轴线之后附加的第一根轴线

$\frac{3}{C}$　表示C号轴线之后附加的第三根轴线

图11-6　在轴线之后附加的轴线

$\frac{1}{01}$　表示1号轴线之前附加的第一根轴线

$\frac{3}{0A}$　表示A号轴线之前附加的第三根轴线

图11-7　在1号或A号轴线之前附加的轴线

- 通用详图中的定位轴线，应只画圆，不注写轴线编号。

- 圆形平面图中定位轴线的编号，其径向轴线宜用阿拉伯数字表示，从左下角开始，按逆时针顺序编写；其圆周轴线宜用大写拉丁字母表示，从外向内顺序编写，如图11-8所示。折线形平面图中的定位轴线如图11-9所示。

图11-8　圆形平面图定位轴线及编号

图11-9　折线形平面图定位轴线及编号

2. 剖面剖切符号

在对剖面图进行识读的时候，为了方便，需要用剖切符号把所画剖面图的剖切位置和剖视方向在投影图即平面图上表示出来。同时，还要为每一个剖面图标注编号，以免产生混乱。

在绘制剖面剖切符号的时候需要注意以下几点。

- 剖切位置线即剖切平面的积聚投影，用来表示剖切平面的剖切位置。但是规定要用两段长为6～8mm的粗实线来表示，且不宜与图面上的图线互相接触，如图11-10中的1—1所示。

- 剖切后的剖视方向用垂直于剖切位置线的短粗实线（长度为4～6mm）表示，比如画在剖切位置线的左面即表示向左边的投影，如图11-10所示。

- 剖切符号的编号要用阿拉伯数字来表示，按顺序由左至右、由下至上连续编排，并标注在剖视方向线的端部。如果剖切位置线必须转折，比如阶梯剖面，而在转折处又易与其他图线混淆，则应在转角的外侧加注与该符号相同的编号，如图11-10中的2—2所示。

3. 断面剖切符号

断面的剖切符号仅用剖切位置线来表示，应以粗实线绘制，长度宜为6～10mm。

断面剖切符号的编号宜采用阿拉伯数字，按照顺序连续编排，并注写在剖切位置线的一侧；编号所在的一侧应为该断面的剖视方向，如图11-11所示。

图11-10 剖面剖切符号　　图11-11 断面剖切符号

设计点拨

剖面图或断面图，如与被剖切图样不在同一张图内，可在剖切位置线的另一侧注明其所在图纸的编号，也可以在图上集中说明。

4. 引出线

为了使文字说明、材料标注、索引符号标注等不影响图样的清晰，应采用引出线的形式来绘制。

◆ 引出线

引出线应以细实线绘制，宜采用水平方向的直线，或与水平方向成30°、45°、60°、90°角的直线，或经上述角度再折为水平线。文字说明宜注写在水平线的上方，如图11-12a所示；也可注写在水平线的端部，如图11-12b所示。索引详图的引出线，应与水平直径相接，如图11-12c所示。

图11-12 引出线

◆ 共同引出线

同时引出的几个相同部分的引出线，宜相互平行，也可画成集中于一点的放射线，如图11-13所示。

图11-13 共同引出线

◆ 多层引出线

多层构造或多个部位共用引出线，应通过被引出的各层或各部位，并用圆点示意对应位置。文字说明宜注写在水平线上方，或注写在水平线的端部，说明的顺序应由上至下，并与被说明的层次对应一致；若层次为横向排序，则由上至下的说明顺序应与由左至右的层次对应一致，如图11-14所示。

　　25*35mm木方龙骨
　　夹板打底
　　石膏板刷白

图11-14 多层引出线

5. 索引符号与详图符号

索引符号根据用途的不同可以分为立面索引符号、剖切索引符号、详图索引符号等。以下是国标中对索引符号的使用规定。

○ 由于房屋建筑室内装饰装修制图在使用索引符号时，有的圆内注字较多，故本条规定索引符号中圆的直径为8～10mm。

○ 由于在立面图索引符号中需表示出具体的方向，故索引符号需要附三角形箭头表示。

○ 当立面、剖面图的图纸量较少时，对应的索引符号可以仅标注图样编号，不注明索引图所在页次。

○ 立面索引符号采用三角形箭头转动，数字、字母保持垂直方向不变的形式，是遵循了《建筑制图标准》GB/T 50104—2010中内视索引符号的规定。

○ 剖切符号采用三角形箭头与数字、字母同方向转动的形式，是遵循了《房屋建筑制图统一标准》GB/T 50001—2010中剖视的剖切符号的规定。

○ 表示建筑立面在平面上的位置及立面图所在的图纸编号，应在平面图上使用立面索引符号，如图11-15所示。

图11-15 立面索引符号

○ 表示剖切面在界面上的位置或图样所在图纸编号，

应在被索引的界面或图样上使用剖切索引符号，如图11-16所示。

图11-16 剖切索引符号

○ 表示局部放大图样在原图上的位置及本图样所在的页码，应在被索引图样上使用详图索引符号，如图11-17所示。

a) 本页索引符号　　　　b) 整页索引符号

c) 不同页索引符号　　　　d) 标准图索引符号

图11-17 详图索引符号

6. 标高符号

标高用来表示建筑物各部位高度的一种尺寸形式。标高符号用细实线画出，短横线是需注高度的界线，长横线之上或之下注出标高数字（如图11-19（a）所示）。总平面图上的标高符号，宜用涂黑的三角形表示（如图11-19（d）），标高数字可注明在黑三角形的右上方，也可注写在黑三角

形的上方或右侧。不论哪种形式的标高符号，均为等腰直角三角形，高3mm。图11-19b、c）所示用以标注其他部位的标高，短横线为需要标注高度的界限，标高数字注写在长横线的上方或下方。

(a)　　　(b)　　　(c)　　　(d)

图11-19 标高符号

标高数字以m为单位，注写到小数点以后第三位（在总平面图中可注写到小数点后第二位）。零点标高应注写成"±0.000"，正数标高不注"+"，负数标高应注"−"，例如3.000、−0.600。图11-20所示为标高注写的几种格式。

图11-20 标高数字注写格式

标高有"绝对标高"和"相对标高"两种：
○ 绝对标高：国内把青岛附近黄海的平均海平面定为绝对标高的零点，其他各地标高都以它作为基准。如在总平面图中的室外整平标高即为绝对标高。
○ 相对标高：在建筑物的施工图上要注明许多标高，可用相对标高来标注，以便直接得出各部分的高差。除总平面图外，一般都采用相对标高，即把底层室内主要的地坪标高定为相对标高的零点，标注为"±0.000"，而在建筑工程图的总说明中说明相对标高和绝对标高的关系，再根据当地附近的水准点（绝对标高）测定拟建工程的底层地面标高。

11.1.3 建筑制图的图例

建筑物或构筑物需要按比例绘制在图纸上，对于一些建筑物的细部节点，无法按照真实形状表示，只能用示意性的符号画出。国家标准规定的正规示意性符号，都称为图例。凡是国家标准的图例，均应统一遵守，按照标准画法表示在图形中，

如果有个别新型材料还未纳入国家标准，设计人员要在图纸的空白处画出并写明符号代表的意义，方便对照阅读。

图11-21 相邻涂黑图例的画法

1. 一般规定

本标准只规定常用建筑材料的图例画法，对其尺度比例不作具体规定。使用时，应根据图样大小而定，并应注意下列事项：

○ 图例线应间隔均匀，疏密适度，做到图例正确，表示清楚。

○ 不同品种的同类材料使用同一图例时（如某些特定部位的石膏板必须注明是防水石膏板），应在图上附加必要的说明。

○ 两个相邻的涂黑图例(如混凝土构件、金属件)间，应留有空隙，其宽度不得小于0.7mm，如图11-21所示。

下列情况可不加图例，但应加文字说明：

○ 一张图纸内的图样只用一种图例时。

○ 图形较小无法画出建筑材料图例时。

当选用本标准中未包括的建筑材料时，可自编图例。但不得与本标准所列的图例重复。绘制时，应在适当位置画出该材料图例，并加以说明。

2. 常用建筑材料图例

常用建筑材料应按表11-4所示图例画法绘制。

表11-4 常用建筑材料图例

名 称	图 例	备 注
自然土壤		包括各种自然土壤
夯实土壤		
砂、灰土		靠近轮廓线绘较密的点
砂砾石、碎砖三合土		
石材		
毛石		
普通砖		包括实心砖、多孔砖、砌块等砌体。断面较窄不易绘出图例线时，可涂红
耐火砖		包括耐酸砖等砌体
空心砖		指非承重砖砌体
饰面砖		包括铺地砖、马赛克、陶瓷锦砖、人造大理石等
焦渣、矿渣		包括与水泥、石灰等混合而成的材料
混凝土		(1)本图例指能承重的混凝土及钢筋混凝土 (2)包括各种强度等级、骨料、添加剂的混凝土
钢筋混凝土		(3)在剖面图上画出钢筋时，不画图例线 (4)断面图形小，不易画出图例线时，可涂黑
多孔材料		包括水泥珍珠岩、沥青珍珠岩、泡沫混凝土、非承重加气混凝土、软木、蛭石制品等
纤维材料		包括矿棉、岩棉、玻璃棉、麻丝、木丝板、纤维板等

名　　称	图　例	备　　注
泡沫塑料材料		包括聚苯乙烯、聚乙烯、聚氨酯等多孔聚合物类材料
木材		(1)上图为横断面，上左图为垫木、木砖或木龙骨 (2)下图为纵断面
胶合板		应注明为×层胶合板
石膏板		包括圆孔、方孔石膏板，防水石膏板等
金属		(1)包括各种金属 (2)图形小时，可涂黑
网状材料		(1)包括金属、塑料网状材料 (2)应注明具体材料名称
液体		应注明具体液体名称
玻璃		包括平板玻璃、磨砂玻璃、夹丝玻璃、钢化玻璃、中空玻璃、加层玻璃、镀膜玻璃等
橡胶		
塑料		包括各种软、硬塑料及有机玻璃等
防水材料		构造层次多或比例大时，采用上面图例
粉刷		本图例采用较稀的点

11.2 建筑设计图的内容

建筑设计图通常称之为建筑施工图（简称建施图），主要用来表示建筑物的规划位置、外部造型、内部各房间的布置、内外装修、构造及施工要求等。

建筑施工图包括建施图首页（施工图首页）、总平面图、各层平面图、立面图、剖面图及详图等6大类图纸。

建筑图纸应按专业顺序编排，一般应为图纸目录、总图、建筑图、结构图、给水排水图、暖通空调图、电气图等。

11.2.1 ▶ 建施图首页

建施图首页内含工程名称、实际说明、图样目录、经济技术指标、门窗统计表以及本套建筑施工图所选用标准图集名称列表等。

图样目录一般包括整套图样的目录，应有建筑施工图目录、结构施工图目录、给水排水施工图目录、采暖通风施工图目录和建筑电气施工图目录。

11.2.2 ▶ 建筑总平面图

将新建工程周围一定范围内的新建、拟建、原有和拆除的建筑物、构筑物连同其周围的地形、地物状况，用水平投影的方法和相应的图例所画出的图样，即为总平面图，如图11-22所示。

建筑总平面图主要表示新建房屋的位置、朝向、与原有建筑物的关系，以及周围道路、绿化和给水、排水、供电条件等方面的情况，作为新建房屋施工定位、土方施工、设备管网平面布置，安排在施工时进入现场的材料和构件、配件堆放场地、构件预制的场地以及运输道路的依据。

如图11-23所示为某住宅小区总平面图效果。

图11-22 建筑总平面图

图11-23 建筑总平面图效果

11.2.3 建筑平面图

建筑平面图，简称平面图，是假想用一水平的剖切面沿门窗洞位置将房屋剖切后，对剖切面以下部分所作的水平投影图，如图11-24所示。它反映出房屋的平面形状、大小和布置；墙、柱位置、尺寸和材料；门窗的类型和位置等如图11-25所示。

如图11-25所示为某建筑标准层平面图效果。

图11-24 建筑平面图示意

图11-25 建筑平面图

依据剖切位置的不同，建筑平面图又可分为如下几类：

1. 底层平面图

底层平面图又称首层平面图或一层平面图。底层平面图是将剖切平面的剖切位置放在建筑物的一层地面与从一楼通向二楼的休息平台（及一楼到二楼的第一个梯段）之间，尽量通过该层所有的门窗洞，剖切之后进行投影而得到的，如图11-26所示。

2. 标准层平面图

对于多层建筑，如果建筑内部平面布置每层都有差异，则应该每层都绘制一个平面图，以本身的楼层数命名。但在实际的建筑设计过程中，多层建筑往往存在相同或相近平面布置形式的楼层，因此在绘制建筑平面图时，可将相同或相近的楼层共用一幅平面图表示，将其称为标准层平面图。

3. 顶层平面图

顶层平面图是位于建筑物最上面一层的平面图，具有与其他层相同的功用，它也可以用相应的楼层数来命名。

4. 屋顶平面图

屋顶平面图是指从屋顶上方向下所作的俯视图，主要用来描述屋顶的平面布置，如图11-27所示。

图11-26 底层平面图

图11-27　屋顶平面图

5. 地下室平面图

地下室平面图是指对于有地下室的建筑物，在地下室的平面布置情况。

建筑平面图绘制的具体内容基本相同，主要包括如下几个方面。

○ 建筑物平面的形状及总长、总宽等尺寸。

○ 建筑平面房间组合和各房间的开间、进深等尺寸。

○ 墙、柱、门窗的尺寸、位置、材料及开启方向。

○ 走廊、楼梯、电梯等交通联系部分的位置、尺寸和方向。

○ 阳台、雨篷、台阶、散水和雨水管等附属设施的位置、尺寸和材料等。

○ 未剖切到的门窗洞口等（一般用虚线表示）。

○ 楼层、楼梯的标高，定位轴线的尺寸和细部尺寸等。

○ 屋面的形状、坡面形式、屋面做法、排水坡度、雨水口位置、电梯间、水箱间等的构造和尺寸等。

○ 建筑说明、具体做法、详图索引、图名、绘图比例等详细信息。

绘制建筑平面图的一般步骤如下：

（1）设置绘图环境。根据所绘建筑长宽尺寸，相应调整绘图区域、精度、角度单位和建立相应的图层。根据建筑平面图表示内容的不同，一般需要建立如下图层：轴线、墙体、柱子、门窗、楼梯、阳台、标注和其他等8个图层。

（2）绘制定位轴线。在【轴线】图层上用点画线将轴线绘制出来，形成轴网。

（3）绘制各种建筑构配件。包括墙体、柱子、门窗、阳台、楼梯等。

（4）绘制建筑细部内容和布置室内家具。

（5）绘制室外周边环境（底层平面图）。

（6）标注尺寸、标高符号、索引符号和相关文字注释。

（7）添加图框、图名和比例等内容，调整图幅比例和各部分位置。

（8）打印输出。

11.2.4　建筑立面图

在与建筑立面平行的铅直投影面上所做的正投影图称为建筑立面图，简称立面图。建筑立面图主要用来表达建筑物的外部造型、门窗位置及形式、墙面装饰、阳台、雨篷等部分的材料和做法。

如图11-28所示为某住宅楼正立面图。

图11-28　建筑立面图

建筑立面图的主要内容通常包括以下几个部分：

○ 建筑物某侧立面的立面形式、外貌及大小。

○ 外墙面上装修做法、材料、装饰图线、色调等。

○ 门窗及各种墙面线脚、台阶、雨篷、阳台等构配件的位置、立面形状及大小。

○ 标高及必须标注的局部尺寸。

○ 详图索引符号，立面图两端定位轴线及编号。

○ 图名和比例。

根据国家标准制图规范，对建筑立面图的绘制有如下几方面的要求：

○ 在定位轴线方面，建筑立面图中，一般只绘制两端的轴线及编号，以便和平面图对照，确定立面图的投影方向。

○ 尺寸标注方面，建筑立面图中高度方向的尺寸主要使用标高的形式标注，主要包括建筑物室内外地坪、各楼层地面、窗台、门窗顶部、檐口、屋脊、阳台底部、女儿墙、雨篷、台阶等处的标高尺寸。在所标注处画一条水平引出线，标高符号一般画在图形外，符号大小一致，整齐排列在同一铅垂线上。必要时为使尺寸标注更清晰，可标注在图内，如楼梯间的窗台面标高。应注意，不同的地方采用不同的标高符号。

○ 详图索引符号方面，一般在屋顶平面图附近有檐口、女儿墙和雨水口等构造详图，凡是需要绘制详图的地方都要标注详图符号。

○ 建筑材料和颜色标注方面，在建筑立面图上，外墙表面分隔线应表示清楚。应用文字说明各部分所用面材料及色彩。外墙的色彩和材质决定建筑立面的效果，因此一定要进行标注。

○ 图线方面，在建筑立面图中，为了加强立面图的表达效果，使建筑物的轮廓突出，通常采用不同的线型来表达不同的对象。屋脊线和外墙最外轮廓线一般采用粗实线（b），室外地坪采用加粗实线（1.4b），所有凹凸部位如建筑物的转折、立面上的阳台、雨篷、门窗洞、室外台阶、窗台等用中实线（0.5b），其他部分的图形（如门窗、雨水管等）、定位轴线、尺寸线、图例线、标高和索引符号、详图材料做法引出线等采用细实线（0.25b）绘制。

○ 图例方面，建筑立面图上的门、窗等内容都是采用图例来绘制的。在建筑物立面图上，相同的门窗、阳台、外檐装修、构造做法等可在局部重点表示，绘出其完整图形，其余部分只画轮廓线。

○ 比例方面，国家标准《建筑制图标准》（GB/T50104－2001）规定：立面图宜采用1：50、1：100、1：150、1：200和1：300等比例绘制。在绘制建筑物立面图时，应根据建筑物的大小采用不同的比例。通常采用1：100的比例绘制。

11.2.5 ▶ 建筑剖面图

建筑剖面图是假想用一个或一个以上垂直于外墙轴线的铅垂剖切平面剖切建筑，得到的图形称为建筑剖面图，简称剖面图。它反映了建筑内部的空间高度、室内立面布置、结构和构造等情况。

图11-29所示为某建筑剖面图。

图 11-29 建筑剖面图

建筑剖面图主要表达的内容如下：

○ 表示被剖切到的建筑物各部位，包括各楼层地面、内外墙、屋顶、楼梯、阳台等构造的做法。

○ 表示建筑物主要承重构件的位置及相互关系，包括各层的梁、板、柱与墙体的连接关系等。

○ 一些没有被剖切到的但在剖切图中可以看到的建筑物构配件，包括室内的窗户、楼梯、栏杆及扶手等。

○ 表示屋顶的形式和排水坡度。

○ 建筑物的内外部尺寸和标高。

○ 详细的索引符号和必要的文字注释。

○ 剖面图的比例与平面图、立面图相一致，为了图示清楚，也可用较大的比例进行绘制。

○ 标注图名、轴线及轴线编号，从图名和轴线编号可知剖面图的剖切位置和剖视方向。

绘制建筑剖面图，有如下几个方面的要求。

○ 在比例方面，国家标准《建筑制图标准》（GB/T50104—2001）规定，剖面图宜采用1：50、1：100、1：150、1：200和1：300等比例进行绘制。在绘制建筑物剖面图时，应根据建筑物的大小采用不同的比例。一般采用1：100的比例，这样绘制起来比较方便。

○ 在定位轴线方面，建筑剖面图中，除了需要绘制两端轴线及其编号外，还要与平面图的轴线对照，在被剖切到的墙体处绘制轴线及编号。

○ 在图线方面，建筑剖面图中，凡是被剖切到的建筑构件的轮廓线一般采用粗实线（b）或中实线（0.5b）来表示，没有被剖切到的可见构配件采用细实线（0.25b）来表示。绘制较简单的图样时，可采用两种线宽的线宽组，其线宽比宜为b：0.25b。被剖切到的构件一般应表示出该构件的材质。

○ 在尺寸标注方面，应标注建筑物外部、内部的尺寸和标注。外部尺寸一般应标注出室外地坪、窗台等处的标高和尺寸，应与立面图相一致，若建筑物两侧对称时，可只在一边标注。内部尺寸应标注出底层地面、各层楼面与楼梯平台面的标高，室内其他部分如门窗和设备等标注出其位置和大小的尺寸，楼梯一般另有详图。

○ 在图例方面，门窗都是采用图例来绘制的，具体的门窗等尺寸可查看有关建筑标准。

○ 在详图索引符号方面，一般在屋顶平面图附近有檐口、女儿墙和雨水口等构造详图，凡是需要绘制详图的地方都要标注详图符号。

○ 在材料说明方面，建筑物的楼地面、屋面等用多层材料构成，一般应在剖面图中加以说明。

11.2.6 ▶ 建筑详图

建筑详图主要包括屋顶详图、楼梯详图、卫生间详图及一切非标准设计或构件的详图。主要用来表达建筑物的细部构造、节点连接形式，以及构建、配件的形状大小、材料、做法等。详图要用较大比例绘制（如1：20等），尺寸标注要准确齐全，文字说明要详细。

如图 11-30所示为某建筑楼梯踏步和栏杆详图。

图 11-30　楼梯踏步和栏杆详图

11.3 创建建筑制图样板

事先设置好绘图环境，可以使用户在绘制各类建筑图时更加方便、灵活、快捷。设置绘图环境，包括绘图区域界限及单位的设置、图层的设置、文字和标注样式的设置等。用户可以先创建一个空白文件，然后设置好相关参数后将其保存为模板文件，以后如需再绘制建筑类图纸，则可直接调用。本章所有实例均基于该模板。

1. 设置绘图环境

（1）单击【快速访问工具栏】中的【新建】按钮，新建图形文件。

（2）调用UN命令，系统打开【图形单位】对话框，设置单位，如图11-31所示。

（3）单击【图层】面板中的【图层特性管理器】按钮，设置图层，如图11-32所示。

（4）调用LIMITS【图形界限】命令，设置图形界限。命令行提示如下：

```
命令: LIMTS        //调用【图形界限】命令
重新设置模型空间界限:
指定左下角点或 [开(ON)/关(OFF)] <0.0,0.0>:
                   //按Enter键确定
指定右上角点 <420.0,297.0>: 29700,21000
                   //指定界限按Enter键确定
```

2. 设置文字样式

（1）单击【注释】面板中的【文字样式】按钮，打开【文字样式】对话框，如图11-33所示。

（2）单击【新建】按钮，新建【标注】文字样式，如图11-34所示。

图11-31　设置单位

图11-32　设置图层

图11-33　【文字样式】对话框

图11-34 新建文字样式

（3）使用相同方法新建图11-35所示的【文字说明】样式及图11-36所示的【轴号】样式。

图11-35 【文字说明】样式

图11-36 【轴号】样式

3. 设置标注样式

（1）单击【注释】面板中的【标注样式】按钮 ，系统打开【标注样式】对话框，如图11-37所示。

图11-37 标注样式对话框

（2）单击【新建】按钮，弹出如图11-38所示的【创建新标注样式】对话框，在【新样式名】文本框中输入【建筑标注】。

（3）单击【创建新标注样式】对话框中的【继续】按钮，弹出【新建标注样式】对话框。【线】选项卡参数设置如图11-39所示，【超出尺寸线】设置为200，【起点偏移量】设置为100，其他保持默认值不变。

图11-38 【创建新标注样式】对话框

图11-39 【线】选项卡设置

（4）在【符号和箭头】选项卡中设置箭头符号为【建筑标记】，【箭头大小】为200，如图11-40所示。

（5）单击【文字】选项卡，设置【文字样式】为"标注"，【文字高度】设置为300，【从尺寸线偏移】设置为100，【文字位置】中【垂直】选择【上】，【文字对齐】设置为【与尺寸线对齐】，如图11-41所示。

图11-40 【符号与箭头】选项卡设置

图11-41 【文字】选项卡设置

（6）单击【调整】选项卡，【文字设置】设置为【尺寸线上方，带引线】，其他保持默认不变，如图11-42所示。

（7）单击【主单位】选项卡，【精度】设置为0，【小数分隔符】设置为【句点】，如图11-43所示。

图11-42 【调整】选项卡设置

图11-43 【主单位】选项卡设置

（8）设置完毕，单击【确定】按钮返回【样式管理器】对话框，单击【置为当前】按钮，然后单击【关闭】按钮，完成新样式的创建，如图11-44所示。

图11-44 设置完成

4. 保存为样板文件

（9）选择【文件】|【另存为】命令，打开【图形另存为】对话框，保存为"第11章\建筑制图样板.dwt"文件。

11.4 绘制常用建筑设施图

建筑设施图在AutoCAD的建筑绘图中非常常见，如门窗、马桶、浴缸、楼梯、地板砖和栏杆等图形。本节我们主要介绍常见建筑设施图的绘制方法、技巧及相关的理论知识。

11.4.1 绘制玻璃双开门立面

双开门通常用代号M表示，在平面图中，门的开启方向线宜以45°、60°或90°绘出。在绘制门立面时，应根据实际情况绘制出门的形式，也可表明门的开启方向线。

本小节绘制如图11-45所示的玻璃双开门立面图。

图11-45 玻璃双开门

（1）单击【快速访问】工具栏中【新建】按钮，新建图形文件。

（2）调用REC【矩形】命令，绘制2400mm×2400mm的矩形，如图11-46所示。

（3）调用X【分解】命令，分解矩形；调用O【偏移】命令，偏移线段，如图11-47所示。

图11-46 绘制矩形

图11-47 偏移直线

（4）调用TR【修剪】命令，修剪直线，如图11-48所示。

（5）调用REC【矩形】命令，按照图11-49所示的数据绘制出四个不同的矩形。

图11-48 修剪图形　　　图11-49 绘制矩形

（6）调用M【移动】命令，将四个矩形放置到相应位置，如图11-50所示。

（7）调用MI【镜像】命令，将四个小矩形镜像至另一侧，调用L【直线】命令，绘制中心线，如图11-51所示。

图11-50 移动矩形

图11-51 镜像图形

（8）调用H【填充】命令，选择【预定义】类型，选择【AR-RROOF】填充图案，角度设为45°，比例设为500，效果如图11-52所示。

图11-52 绘制矩形

设计点拨

门是建筑物中不可缺少的部分。主要用于交通和疏散，同时也起采光和通风作用。门的尺寸、位置、开启方式和立面形式，应根据人流疏散、安全防火、家具设备的搬运安装以及建筑艺术等方面的要求综合确定。

11.4.2　绘制欧式窗立面

窗立面是建筑立面图中不可或缺的部分，一般以代号C表示，其立面形式按实际情况绘制。

接下来学习绘制如图11-53所示的欧式窗立面图。

图11-53　窗立面

（1）单击【快速访问】工具栏中【新建】按钮，新建图形文件。

（2）调用REC【矩形】命令，绘制600mm×1400mm的矩形，如图11-54所示。

（3）调用O【偏移】命令，将矩形向内分别偏移70mm和50mm，如图11-55所示。

图11-54　绘制矩形　　　图11-55　偏移矩形

（4）调用CO【复制】命令，复制图形，并放置在相应位置，如图11-56所示。

（5）调用REC【矩形】命令，绘制出1400mm×135mm的矩形，如图11-57所示。

图11-56　复制矩形

图11-57　绘制矩形

（6）调用X【分解】命令，分解矩形；调用O【偏移】命令，偏移直线，如图11-58所示。

（7）调用TR【修剪】命令，修剪图形，如图11-59所示。

图11-58　偏移直线

图11-59　修剪图形

（8）调用ARC【圆弧】命令，绘制半径为70mm的弧形，并删除多余线段，如图11-60所示。

（9）调用CO【复制】命令，将刚绘制完成的图形移动复制到窗图形上下两侧，如图11-61所示。

图11-60　绘制弧形

图11-61　完成效果

> **设计点拨**
>
> 现代窗户由窗框、玻璃和活动构件(铰链、执手、滑轮等)三部分组成。窗框负责支撑窗体的主结构，材料可以是木材、金属、陶瓷或塑料，透明部分依附在窗框上，材料可以是纸、布、丝绸或玻璃。活动构件主要以金属材料为主，在人手触及的地方也可能包裹以塑料等绝热材料。

11.5 绘制居民楼设计图

供家庭居住使用的建筑称为住宅。住宅的设计，不仅要注重套型内部平面空间关系的组合和硬件设施的改善，还要全面考虑住宅的光环境、声环境、热环境和空气质量环境的综合条件及其设备的配置，这样才能获得一个高舒适度的居住环境。住宅楼按楼层高度分为低层住宅（1~3层）、多层住宅（4~6层）、中高层住宅（7~9层）和高层住宅（10层以上）。

11.5.1 绘制住宅楼一层平面图

一层平面图用于表示第一层房间的布置、建筑入口、门厅及楼梯、一层门窗及尺寸等。本例绘制结果如图11-62所示。

一层平面图 1:100

图11-62 一层平面图

1. 绘制定位轴线

（1）单击【快速访问工具栏】中【新建】按钮，新建图形文件。

（2）将【轴线】图层置为当前层。调用L直线命令，绘制长20770mm的水平直线、长16100mm的垂直直线，并调用M【移动】命令，分别将其向上、向下移动1150mm，如图11-63所示。

（3）调用0【偏移】命令，偏移出水平轴线网，如图11-64所示。

图11-63 绘制轴线

图11-64 偏移轴网

（4）继续调用O【偏移】命令，偏移出垂直轴线网，如图11-65所示。

图11-65 偏移轴网

2. 绘制墙体及门窗

（1）显示菜单栏，选择【格式】|【多线样式】菜单命令，打开如图11-66所示的【多线样式】对话框，单击【新建】按钮，新建【墙体】多线样式，打开【新建多线样式：墙体】对话框，设置多线样式，如图11-67所示。

图11-66 【多线样式】对话框

图11-67 【新建多线样式：墙体】对话框

（2）使用相同的方法，创建【墙体2】多线样式，如图11-68所示。

图11-68 【新建多线样式：墙体2】对话框

（3）创建【窗】多线样式，如图11-69所示；将【墙体】多线样式置为当前，单击【确定】按钮退出，如图11-70所示。

图11-69 【新建多线样式：窗】对话框

图11-70 设置完成

（4）将【墙体】图层置为当前层。调用ML【多线】命令，根据命令行提示，设置对正为无，比例为1，绘制出240mm的墙体，如图11-71所示。

（5）将【墙体2】多线样式置为当前，调用ML【多线】命令，根据命令行提示，设置对正为无，比例为1，绘制出120mm的墙体，如图11-72所示。

图11-71 绘制240mm墙体

图11-72 绘制120mm墙体

（6）用鼠标双击多线连接处，系统将弹出如图11-73所示的【多线编辑工具】对话框。

图11-73 【多线编辑工具】对话框

（7）选择合适的编辑工具，对墙体进行编辑，结果如图11-74所示。

（8）调用L【直线】命令，结合O【偏移】命令，绘制出门窗洞口辅助线，如图11-75所示。

图11-74 编辑墙体

图11-75 绘制门窗洞口辅助线

（9）调用TR【修剪】命令，修剪出门窗洞口，如图11-76所示。

图11-76 修剪

（10）调用I【插入块】命令，将各种【门】图块插入到平面图中，如图11-77所示。

（11）将【窗】多线样式置为当前，调用ML【多线】命令，绘制窗户，如图11-78所示。

图11-77 插入平开门

图11-78 绘制窗户

（12）调用REC【矩形】命令，绘制5120mm×1900mm的矩形，调用O【偏移】命令，将矩形向内偏移120mm，如图11-79所示。

（13）调用X【分解】命令，分解矩形，利用夹点编辑延长线段，并将其放置在合适位置，如图11-80所示。

图11-79 绘制辅助线

图11-80 绘制阳台

（14）调用MI【镜像】命令，绘制阳台的镜像，如图11-81所示。

图11-81 镜像阳台

3. 插入室内图块

（1）将【洁具】图层置为当前图层，调用PL【多段线】命令，绘制灶台，如图11-82所示。

（2）调用I【插入块】命令，插入随书光盘中的【灶炉】、【洗菜盆】、【烟道】、【马桶】、【淋浴室】、【漱洗池】和【洗衣机】图块，如图11-83所示。

图11-82 绘制灶台

图11-83 插入图块

4. 绘制楼梯

（1）将【墙体】图层置为当前图层，调用REC【矩形】命令，绘制120mm×3540mm的矩形，并放置在相应位置，如图11-84所示。

（2）将【楼梯】图层置为当前图层，调用REC【矩形】命令，绘制1110×260的矩形，如图11-85所示。

图11-84 绘制隔墙

图11-85 绘制矩形

（3）调用CO【复制】命令，将矩形移动复制到相应的位置，如图11-86所示。

（4）调用REC【矩形】命令，绘制出楼梯扶手，如图11-87所示。

图11-86 移动复制楼梯　　图11-87 绘制扶手

图11-88 文字标注

图11-89 镜像图形

5. 文字说明及图形标注

（1）将【标注】图层置为当前层，将【文字说明】文字样式置为当前。调用DT【单行文字】命令，输入文字标注，如图11-88所示。

（2）调用MI【镜像】命令，将平面图镜像至另一侧，如图11-89所示。

（3）将【标注】图层置为当前层调用DLI【线性标注】命令，结合DCO【连续性标注】，对平面图进行尺寸标注，如图11-90所示。

（4）调用C【圆】命令，绘制半径为400的圆，调用L【直线】命令，以圆的象限点为起点，绘制长200的直线；调用ATT【属性定义】命令，对其定义属性，最后将其创建为【轴号】属性块，如图11-91所示。

图11-90 标注尺寸

图11-91 绘制轴线图块

设计点拨

平面图中尺寸的标注，有外部标注和内部标注两种。外部标注是为了便于读图和施工，一般在图形的下方和左侧注写三道尺寸，第一道尺寸是表示外墙门窗洞的尺寸；第二道尺寸是表示轴线间距离的尺寸，用以说明房间的开间和进深；第三道尺寸，是建筑的外包总尺寸，指从一端外墙边到另一端外墙边的总长和总宽的尺寸。底层平面图中标注了外包总尺寸，在其他各层平面图中，就可省略外包总尺寸，或者仅标注出轴线间的总尺寸。三道尺寸线之间应留有适当距离（一般为7～10mm，但第一道尺寸线应距离图形最外轮廓线15～20mm），以便注写数字等。

（5）调用 I【插入块】命令，插入【轴号】属性块，并配合使用 RO【旋转】命令，标注一层平面图轴号，如图 11-92 所示。

图 11-92　插入轴号

平面图上定位轴线的编号，横向编号应用阿拉伯数字，按从左至右顺序编写；竖向编号应用大写英文字母，按从下至上顺序编写。英文字母的 I、Z、O 不得用作编号，以免与数字 1、2、0 混淆。编号应写在定位轴线端部的圆内，该圆的直径为 800～1000mm，横向、竖向的圆心各自对齐在一条线上。

（6）将【文字说明】文字样式置为当前，调用 T【多行文字】命令，添加图名及比例，如图 11-93 所示。

一层平面图　1:100

图 11-93　添加图名

为了说明房间的净空大小和室内的门窗洞、孔洞、墙厚和固定设备（如厕所、工作台、隔板、厨房等）的大小和位置，以及室内楼地面的高度，在平面图上应清楚地注写出有关的内部尺寸和楼地面标高。相同的内部构造或设备尺寸，可省略或简化标注。其他各层平面图的尺寸，除标注出轴线间的尺寸和总尺寸外，其余与底层平面图相同的细部尺寸均可省略。

（7）调用 PL【多段线】命令，添加图名下划线，最终结果如图 11-94 所示，至此，住宅楼一层平面图绘制完成。

一层平面图　1:100

图 11-94　最终效果

11.5.2　绘制住宅楼立面图

建筑立面图主要用来表示建筑物的体型和外貌、外墙装修、门窗的位置与形式，以及遮阳板、窗台、窗套、屋顶水箱、檐口、雨蓬、雨水管、水斗、勒脚、平台、台阶等构配件各部位的标高和必要尺寸。

本例绘制的住宅楼立面图如图 11-95 所示。

建筑立面图　1:100

图 11-95　建筑立面图

1. 整理图形

（1）单击【快速访问】工具栏中【新建】按钮，新建图形文件。

（2）调用 OPEN【打开】命令，打开绘制好的首层平面图，并将其复制到新建文件中。调用 TR【修剪】、E【删除】命令，整理图形，如图 11-96 所示。

图 11-96　整理图形

（3）将【墙体】图层置为当前层，调用XL【构造线】命令，过墙体及门窗边缘绘制构造线，进行墙体和窗体的定位，如图11-97所示。

图11-97 绘制构造线

设计点拨

一般以墙中线作为定位轴线，因此最右侧的构造线应位于该处墙体的中线位置。

（4）重复调用XL【构造线】命令，绘制一条水平构造线，并将其向上偏移900mm、2800mm，修剪多余的线条，完成辅助线的绘制，如图11-98所示。

（5）调用TR【修剪】命令，修剪图形，如图11-99所示。

图11-98 绘制辅助线

图11-99 修剪图形

2. 绘制外部设施

（1）调用REC【矩形】命令，绘制外置空调箱，如图11-100所示。

（2）调用L【直线】，绘制箱体百叶，如图11-101所示。

图11-100 绘制空调箱　　　图11-101 绘制百叶

（3）调用M【移动】、TR【修剪】命令，将空调箱放置在相应位置并进行修剪，如图11-102所示。

3. 绘制门窗

（4）将【门窗】图层设置为当前图层，调用REC【矩形】、L【直线】、O【偏移】命令，绘制窗图形，如图11-103所示。

图11-102 修剪图形　　　图11-103 绘制窗

（5）使用上述方式绘制另一个窗图形，如图11-104所示。

（6）按照上述方式，绘制两个立面门图形，如图11-105所示。

图11-104 绘制窗图形　　　图11-105 绘制门图形

（7）调用M【移动】命令，将各图形放置在相应的位置上，如图11-106所示。

4. 绘制阳台

（1）将【阳台】图层设置为当前图层，调用REC【矩形】命令，绘制5020mm×1400mm的矩形，如图11-107所示。

图11-106 放置图形

图11-107 绘制矩形

（2）调用X【分解】命令，分解矩形，调用O【偏移】命令，偏移线段，如图11-108所示。

（3）重复偏移，完成效果如图11-109所示。

图11-108 偏移线段

图11-109 完成效果

（4）调用TR【修剪】命令，修剪图形，阳台完成效果如图11-110所示。

（5）调用M【移动】命令，将阳台移动到相应位置，调用TR【修剪】命令，整理图形，如图11-111所示。

图11-110 绘制阳台

图11-111 修剪图形

5. 完善楼层

（1）调用MI【镜像】命令，镜像图形，删除多余的辅助线，如图11-112所示。

图11-112 镜像图形

（2）继续调用MI【镜像】命令，镜像图形，调用TR【修剪】命令整理图形，如图11-113所示。

图11-113 镜像图形

（3）调用CO【复制】命令，将一层立面图向上移动复制，如图11-114所示。

图11-114 复制楼层

6. 绘制屋顶

（1）新建【屋顶】图层，颜色为8，并将其置为当前层。调用L【直线】命令，绘制屋檐，如图11-115所示

图11-115 绘制屋檐

（2）调用CO【复制】命令，将屋檐复制移动到相应位置，配用ML【镜像】和L【直线】命令，完成屋檐绘制，如图11-116所示。

图11-116 绘制屋檐

（3）调用L【直线】命令，绘制屋顶，如图11-117所示。

图11-117 绘制屋顶

（4）调用H【填充】命令，选择【预定义】类型，选择【AR-RSHKE】填充图案，角度设为0°，比例设为100，如图11-118所示。

图11-118 填充屋顶

（5）调用PL【多段线】命令，设置线宽为50绘制地平线，如图11-119所示。

图11-119 绘制地平线

7. 标注图形

（1）将【标注】图层置为当前层，调用DLI【线性标注】命令，对图形进行标注，如图11-120所示。

图11-120 尺寸标注

（2）调用I【插入块】命令，插入本章素材中的【标高】图块到指定位置，并修改其标高值，如图11-121所示。

图11-121 标高

（3）调用C【圆】、L【直线】命令，绘制半径为400mm和长2100mm的直线，使用DT【单行文字】、CO【复制】命令，添加轴号如图11-122所示。

图11-122 添加轴号

（4）将【文字】图层置为当前层，调用T【多行文字】命令，添加图名及比例，字高为500mm，调用PL【多段线】命令，设置线宽为500mm，添加图名下划线，调用O【偏移】命令，将下划线向下偏移200mm，并将其分解，如图11-123所示。

建筑立面图 1:100

图11-123 添加图名及比例

11.5.3 绘制住宅楼剖面图

建筑剖面图用于表示建筑内部的结构，垂直方向的分层情况，各层楼地面、屋顶的构造及相关尺寸、标高等。本例绘制的为剖切位置位于楼梯处的住宅楼剖面图，如图11-124所示。

建筑剖面图　1:100

图11-124　住宅楼剖面图

设计点拨

剖面图的剖切位置和数量应根据建筑物自身的复杂情况而定，一般剖切位置选择在建筑物的主要部位或构造较为典型的部位，如楼梯间等处。习惯上，剖面图不画基础，断开面上材料图例与图线的表示均与平面图相同，即被剖到的墙、梁、板等用粗实线表示，没有剖到的但是可见的部分用中粗实线表示，被剖切断开的钢筋混凝土梁、板涂黑表示。

1. 绘制外部轮廓

单击【快速访问】工具栏中【新建】按钮，新建图形文件。

（1）调用OPEN【打开】命令，打开绘制好的一层平面图，将其复制到新建文件中，并顺时针旋转270°。

（2）复制平面图和立面图于绘图区空白处，并对图形进行清理，保留主体轮廓，使其呈图11-125所示分布。

图11-125　调用平、立面图形

设计点拨

业内绘制立面图的一般步骤是先根据平面图和立面图绘制出一个户型的剖面轮廓，再绘制细部构造，使用"复制"和"镜像"命令完善图形，然后绘制屋顶剖面结构，最后进行文字和尺寸等的标注。本例绘制的为剖切位置位于楼梯处的剖面图。在绘制时，可以先绘制出一层和二层的剖面结构，再复制出3～6层的剖面结构，最后绘制屋顶结构。

（3）将【墙体】图层置为当前层。调用RAY【射线】命令，过墙体、楼梯、楼层分界线，进行墙体和梁板的定位，如图11-126所示。

图11-126　绘制辅助线

（4）调用TR【修剪】命令，修剪轮廓线，结果如图11-127所示。

图11-127　修剪轮廓线

（5）调用O【偏移】和L【直线】命令，绘制地下室轮廓线，如图11-128所示。

图11-128　绘制地下室轮廓线

2. 绘制楼板结构

（1）新建【梁、板】图层，指定图层颜色为【白】，并将图层置为当前层。

（2）调用O【偏移】和TR【修剪】命令，绘制出各层楼板100mm的厚度，并对图形进行修剪，如图11-129所示。

图11-129　绘制楼板

（3）继续O【偏移】和TR【修剪】命令，绘制出一楼梁板，如图11-130所示。

（4）调用H【图案填充】命令，为梁板填充实体图案，如图11-131所示。

图11-130 绘制梁板　　　图11-131 图案填充

（5）重复上述操作完成其他梁板的绘制，如图11-132所示。

图11-132 完成效果

3. 绘制楼梯

（1）新建【楼梯、台阶】图层，并将其置为当前层。

（2）调用L【直线】命令，绘制高为150mm、宽为270mm的台阶，通过延伸捕捉从墙体处画直线，对齐最上边的台阶，并进行修剪，如图11-133所示。

图11-133 绘制楼梯第一跑及平台

（3）使用同样的方法绘制出左侧9级台阶，如图11-134所示。

图11-134 绘制楼梯第二跑

（4）使用相同的方式绘制出其他梯段和楼梯平台，并填充图案，如图11-135所示。

4. 绘制门窗

（1）调用TR【修剪】命令，修剪出剖面的门窗洞。

（2）运用绘制平面图窗图形的方法，创建【窗】多线样式并置为当前，将【门窗】图层设置为当前图层，调用ML【多线】命令，绘制剖面门窗，如图11-136所示。

图11-135 绘制楼梯平台　　　图11-136 绘制剖面门窗

（3）调用L【直线】命令，绘制立面门，并移动复制到相应位置，如图11-137所示。

5. 绘制楼梯栏杆和阳台

（1）指定【楼梯、台阶】图层为当前层。

（2）调用L【直线】命令，在楼面板与楼梯平台台阶处分别向上绘制高1100的直线，如图11-138所示。

图11-137 插入窗　　　图11-138 绘制扶手

（3）复制立面图阳台，调用TR【修剪】命令，对阳台进行修剪，如图11-139所示。

图11-139 绘制阳台

（4）调用CO【复制】命令，将阳台复制移动至相应位置，如图11-140所示。

图11-140 复制阳台

6. 绘制屋顶、檐沟

（1）将【屋顶】图层置为当前层，调用L【直线】命令，结合TR【修剪】命令，绘制屋顶，如图11-141所示。

图11-141 绘制屋顶板

（2）调用H【图案填充】命令，填充屋顶，如图11-141所示。

图11-142 填充屋顶

（3）调用L【直线】命令，绘制檐沟，如图11-143所示。

图11-143 绘制檐沟

（4）将绘制好的檐沟移动复制到屋顶边线位置，调用L【直线】命令，绘制连接屋顶的直线；调用MI【镜像】命令，镜像至另一侧，并删除多余的线段，完成效果如图11-144所示。

图11-144 完成效果

7. 图形标注

（1）标高标注。参照立面图标高标注方法，将标高图形复制对齐并修改高度数据，结果如图11-145所示。

图11-145 标注标高

（2）标注轴号。参照本章平面图轴号标注方法，标注轴号。结果如图11-146所示。

（3）将【文字】图形置为当前层，调用DT【单行文字】命令，标注图名及比例，在文字下端绘制一条宽50mm的多段线，将其向下偏移200mm，并分解偏移后的多段线，如图11-147所示。

图11-146 标注轴号

建筑剖面图　1:100

图11-147 标注文字说明